L. CHANCEREL

CONSERVATEUR DES EAUX ET FORÊTS
DOCTEUR ÈS SCIENCES, DOCTEUR EN MÉDECINE ET EN DROIT

PRÉCIS

DE

BOTANIQUE FORESTIÈRE

ET

BIOLOGIE DE L'ARBRE

EXPOSÉ SUIVANT UNE MÉTHODE NOUVELLE

ET COMPRENANT

L'ANATOMIE ET LA PHYSIOLOGIE VÉGÉTALES

AVEC APPLICATIONS PRATIQUES

À L'ARBORICULTURE ET A LA SYLVICULTURE

Avec 191 figures dans le texte

BERGER-LEVRAULT, EDITEURS

PARIS - NANCY - STRASBOURG

1920

PRÉCIS DE BOTANIQUE FORESTIÈRE

ET BIOLOGIE DE L'ARBRE

L. CHANCEREL

CONSERVATEUR DES EAUX ET FORÊTS
DOCTEUR ÈS SCIENCES, DOCTEUR EN MÉDECINE ET EN DROIT

PRÉCIS

DE

BOTANIQUE FORESTIÈRE

ET

BIOLOGIE DE L'ARBRE

EXPOSÉ SUIVANT UNE MÉTHODE NOUVELLE

ET COMPRENANT

L'ANATOMIE ET LA PHYSIOLOGIE VÉGÉTALES

AVEC APPLICATIONS PRATIQUES

A L'ARBORICULTURE ET A LA SYLVICULTURE

Avec 191 figures dans le texte

BERGER-LEVRAULT, ÉDITEURS

PARIS - NANCY - STRASBOURG

1920

AVANT-PROPOS

Le végétal par excellence est l'*arbre*.

Ce sont les *arbres* qui constituent *l'armature verte du globe*. Ce sont eux qui forment *la plus grande masse vivante* de l'univers.

Utiles par les fruits que bon nombre d'entre eux fournissent, ils sont indispensables pour assurer la salubrité et l'hygiène générale d'une contrée.

C'est grâce à eux que sont possibles les autres cultures.

Les forêts, associations d'arbres, maintiennent les terres et les pâturages sur les versants des montagnes ; elles suppriment les ravages des torrents ; leur action sur le climat et le régime des eaux est aujourd'hui universellement reconnue.

Aussi dans tout le monde scientifique s'est-il produit un grand mouvement en faveur de la protection des forêts, en faveur de l'arbre. Congrès forestiers, ligues de reboisement, sociétés scolaires forestières, conférences de sylviculture et d'améliorations pastorales, tout contribue à démontrer l'intensité de ce mouvement et la nécessité d'un *enseignement de l'arbre*.

L'étude de l'anatomie et de la physiologie de l'arbre s'impose actuellement.

Ce sont ces considérations qui nous ont conduit à composer cet ouvrage de *Botanique forestière*, indispensable à qui veut acquérir et vulgariser la connaissance scientifique de la forêt.

On expose habituellement les éléments de la botanique dans un ordre didactique immuable :

On prend à part les divers membres de la plante, tige, racine, feuille, fleur ; et, pour chacun séparément, on s'attache à décrire à la suite : forme extérieure, anatomie, physiologie. Le lecteur a déjà parcouru de longs chapitres sur la tige, et n'a pas encore la moindre notion sur la racine.

La logique nous paraît commander tout d'abord la description de ce qui frappe la vue dans l'ensemble des divers membres de la plante, c'est-à-dire les *formes extérieures* : c'est l'objet de la *morphologie externe.*

Il faut pénétrer ensuite dans la constitution intime du végétal et examiner la composition de ses tissus : c'est étudier sa *morphologie interne.*

Quand on connaît l'anatomie, on peut comprendre alors le jeu des organes et leurs fonctions, en d'autres termes, la *physiologie.*

C'est la méthode que nous avons suivie ; et, dans l'étude du végétal, à la suite de notions préliminaires dont la connaissance est nécessaire, nous avons passé successivement en revue :

La *morphologie externe,*

La *morphologie interne,*

La *physiologie,* avec les deux grandes fonctions de *nutrition* et de *reproduction.*

Notre but est de répandre la *culture de l'arbre,* et de favoriser la diffusion de l'enseignement arboricole et sylvicole.

Arboriculture et sylviculture concourent à la même œuvre que *labourage* et *pastourage : la mise en valeur de notre sol national.*

L'examen de *l'arbre en général,* au double point de vue anatomique et physiologique, doit précéder toute étude des diverses essences, de leur culture, de leur exploitation, de leur propagation.

C'est ce que nous nous sommes proposé dans ce travail. Puisse-t-il donner une direction scientifique aux efforts de nos arboriculteurs et sylviculteurs, et guider, dans leur noble mission, ceux qui veulent *sauver la terre de la Patrie.*

NOTIONS PRÉLIMINAIRES

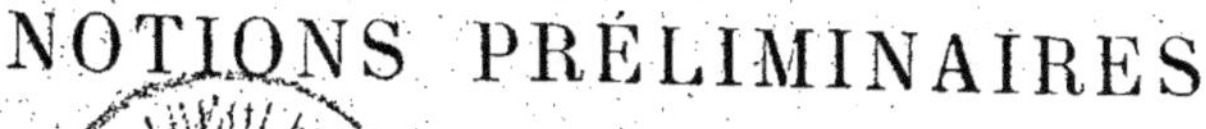

I. — LA CELLULE VÉGÉTALE ET SON CONTENU

(Protoplasme, noyau, membrane d'enveloppe)

La *botanique* est l'étude des *végétaux*.

Les végétaux se composent de *cellules* limitées par une *membrane* résistante, et renfermant la substance vivante ou *protoplasme*, qui contient un corpuscule arrondi et réfringent appelé *noyau*.

Le *protoplasme*, le *noyau*, la *membrane d'enveloppe*, telles sont les trois parties de la cellule (fig. 1).

P Protoplasme.

N Noyau.

M Membrane.

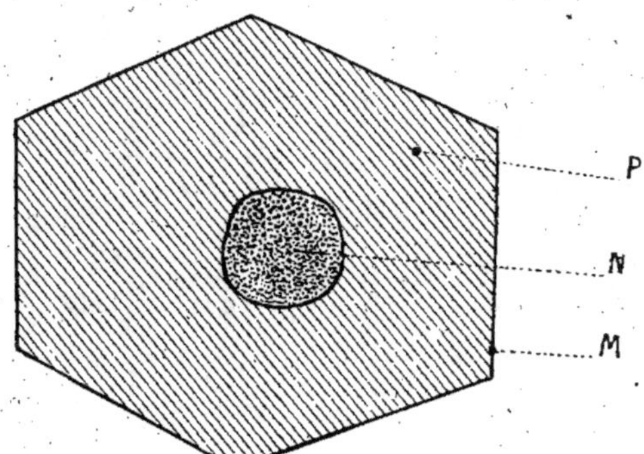

Fig. 1. — Une cellule végétale (schéma).

A — PROTOPLASME

Le protoplasme est la partie *essentielle* de la cellule : c'est la *substance vivante.*

Il est formé par un mélange d'eau et de *divers principes immédiats : principes azotés et albuminoïdes*, principes *ternaires* contenant du carbone, de l'hydrogène et de l'oxygène, *principes minéraux ;* tous sont en continuelle transformation chimique.

PRINCIPALES PROPRIÉTÉS PHYSIQUES DU PROTOPLASME

Le protoplasme est incolore, transparent, semi-fluide, non élastique, perméable à l'eau. Granuleux et fibrillaire, il contient, outre les *noyaux* des cellules, un certain nombre de grains plus petits, ordinairement arrondis, appelés *leucites*.

PRINCIPALES PROPRIÉTÉS CHIMIQUES DU PROTOPLASME

La composition du protoplasme varie suivant la nature des cellules végétales, et, dans chaque cellule, d'un instant à l'autre, suivant les conditions de la vie.

Il est constitué principalement par du *carbone,* de l'*hydrogène,* de l'*oxygène,* de l'*azote* et un peu de *soufre.* C'est un mélange de substances albuminoïdes, ternaires et minérales, souvent avec des diastases ou des alcaloïdes.

Le protoplasme possède la plupart des réactions des matières *albuminoïdes :* l'iode le colore en jaune, la fuchsine en rose ; il brûle en dégageant des vapeurs ammoniacales ; l'alcool le coagule ; la glycérine le rétracte au milieu de la cellule.

Les substances albuminoïdes du protoplasme sont des *nucléo-albumines* (composant des fibrilles et granulations, et contenant un peu de phosphore) et des *globulines* (constituant la partie *amorphe* et dépourvue de phosphore).

On trouve aussi, dans le protoplasme, du fer, des chlorures et des phosphates de *potassium, sodium, magnésium, cuivre,* des *lécithines* et des *cholestérines.*

PRINCIPALES PROPRIÉTÉS BIOLOGIQUES DU PROTOPLASME

Le protoplasme se *nourrit* et *respire ;* il est doué de *motilité ;* quand il est recouvert d'une membrane résistante, sa motilité se traduit par des mouvements *internes,* rendus visibles par les *déplacements des granules* qu'il contient.

Il est doué d'*irritabilité*, c'est-à-dire sensible à l'action de la température, de la lumière, de l'électricité.

B — *NOYAU*

Le *noyau* est un corpuscule arrondi, plus réfringent que le protoplasme. Le carmin et la fuchsine le colorent en rouge, le bleu d'aniline en bleu, le vert de méthyle en vert.

Il occupe le centre de gravité du protoplasme *pur* de la cellule ;

une membrane très fine, à structure hyaline, l'enveloppe ; cette membrane est constituée par de l'*amphipyrénine*, qui ne fixe pas les matières colorantes. La cavité du noyau est occupée par le *suc nucléaire*, substance semi-fluide, transparente, pauvre en substances albuminoïdes, mais riche en sels ; elle est soluble dans le sulfate de magnésie et le phosphate de potasse : on la désigne sous le nom de *paralinine*.

On trouve dans le suc nucléaire trois sortes d'éléments figurés (fig. 2) :

1° le *réseau de linine*,
2° les *grains de chromatine*,
3° les *nucléoles*.

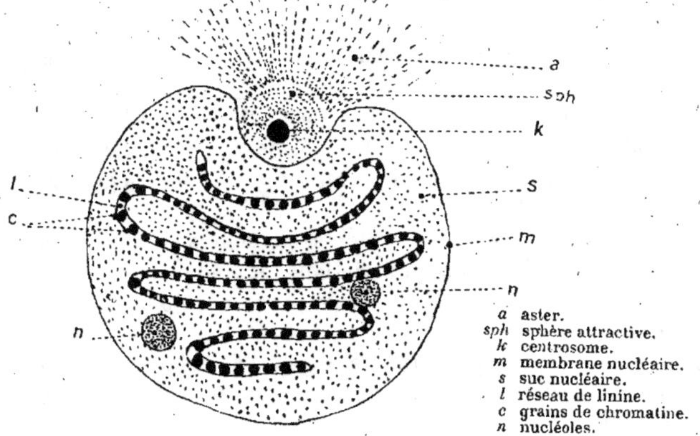

a   aster.
sph sphère attractive.
k   centrosome.
m membrane nucléaire.
s   suc nucléaire.
l   réseau de linine.
c   grains de chromatine.
n   nucléoles.

Fig. 2. — Constitution du noyau de la cellule (schéma).

Le réseau de linine est dit *achromatique*, parce qu'il ne fixe pas les matières colorantes. Il se présente ordinairement sous la forme d'un *long filament*, pelotonné un grand nombre de fois sur lui-même. La linine, qui le constitue, est un composé de nucléine et d'albumine, avec des traces de phosphore.

La linine n'est pas attaquée par le sulfate de magnésie ou le phosphate de potasse ; une solution de sel marin la gonfle en la transformant en une gelée.

Les *grains de chromatine* sont *superposés au réseau de linine ;* ils fixent très énergiquement les matières colorantes.

La chromatine est composée de nucléine et de cholestérine, avec un peu de phosphore. Elle est soluble dans une solution de sel marin ou de phosphate de potasse.

Les *nucléoles*, libres dans le suc nucléaire, sont formés de *paranu-*

cléine ou *pyrénine*, qui fixe les matières colorantes, mais est insoluble dans une solution de sel marin ou de phosphate de potasse ; cette paranucléine se dissout dans l'acide acétique à 5o °/₀, qui laisse intacte la chromatine.

CENTROSOME

En dehors du noyau, mais tout près de sa membrane d'enveloppe, se trouve un corpuscule arrondi appelé *centrosome*, de même nature albuminoïde que le protoplasme, mais en différant par sa réfringence particulière et son aptitude à fixer les colorants (fig. 2).

Quand la cellule n'est pas en voie de division, ce corpuscule est généralement invisible, dissimulé dans une dépression de la membrane nucléaire.

Au moment où la cellule est sur le point de se diviser, il apparaît, entouré d'une *zone transparente*, qui est elle-même environnée d'une couche de protoplasme différencié appelé *la sphère attractive*. C'est sur cette sphère que s'implantent des *stries protoplasmiques divergentes*, formant une figure désignée sous le nom d'*aster*.

C — *MEMBRANE D'ENVELOPPE DE LA CELLULE*

CELLULOSE

Les cellules végétales sont généralement entourées d'une membrane résistante formée de *cellulose*.

La cellulose est une substance élastique, composée de couches alternativement claires et sombres, parce qu'elles sont *inégalement réfringentes*, en raison de la plus ou moins grande quantité d'eau qu'elles contiennent ; les couches sombres sont les plus hydratées.

Trois corps simples se combinent pour constituer la cellulose : le carbone, l'hydrogène et l'oxygène. Sa formule chimique est $C^6H^{10}O^5$. C'est une combinaison d'atomes de carbone avec des molécules d'eau, en d'autres termes un *hydrate de carbone*.

Sa densité est 1,45.

La membrane de cellulose est très perméable à l'eau et aux gaz. On pense qu'elle a une structure cristalline, résultant de la juxtaposition de cristalloïdes prismatiques biréfringents.

Chimiquement, la cellulose se caractérise par la *coloration bleue* qu'elle prend, quand on la traite successivement par l'acide sulfurique et par l'iode ; par l'acide sulfurique, elle s'est transformée en amidon, ultérieurement coloré en bleu par l'iode (*iodure bleu d'amidon*).

Un seul liquide peut dissoudre la cellulose : c'est le *liquide de Sweizer*, solution ammoniacale d'azotite de cuivre (bleu céleste), qu'on obtient en faisant passer de l'ammoniaque sur de la tournure de cuivre.

CROISSANCE DE LA CELLULE

La croissance en surface de la membrane cellulosique est réglée par la croissance du protoplasme qu'elle renferme. Le protoplasme, en augmentant de volume, *distend la membrane de cellulose et écarte*

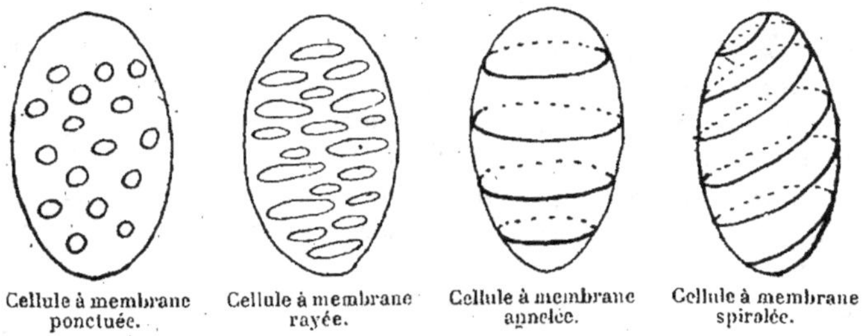

Cellule à membrane ponctuée.   Cellule à membrane rayée.   Cellule à membrane annelée.   Cellule à membrane spiralée.

Fig. 3. — Sculptures variées des cellules végétales.

ses molécules ; entre les molécules écartées viennent s'ajouter de nouvelles particules de cellulose formées dans le protoplasme de la cellule. La croissance se continue par la répétition du même phénomène.

Tout en s'étendant en surface, la membrane peut s'épaissir tantôt du côté intérieur, tantôt du côté extérieur, tantôt des deux côtés à la fois.

L'épaississement peut être *uni-*

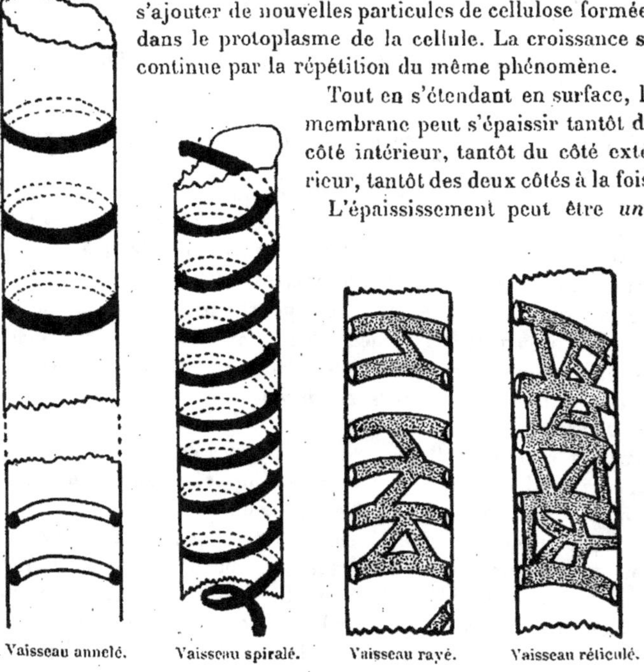

Vaisseau annelé.   Vaisseau spiralé.   Vaisseau rayé.   Vaisseau réticulé.

Fig. 4. — Sculptures variées des vaisseaux.

forme en tous les points de la membrane; mais il est le plus souvent inégal; alors la membrane présente des *sculptures variées*, caractéristiques de chaque cellule (fig. 3).

La membrane peut être *ponctuée*, et les ponctuations correspondent aux parties minces de la membrane; de même ces parties minces peuvent présenter la forme de *raies*, et la cellule est dite *rayée*.

Les épaississements peuvent se constituer en forme d'*anneaux* (membranes *annelées*), ou en forme de *spirales* (membranes *spiralées*).

Sur les cellules allongées en forme de vaisseaux on trouve les mêmes ornements (fig. 4).

Quand les ponctuations présentent un diamètre inégal à travers l'épaisseur de la membrane cellulaire, par exemple quand le diamètre des ponctuations est plus grand à l'extérieur de la cellule qu'à l'intérieur, elles se montrent, de face, pourvues d'un *double contour*;

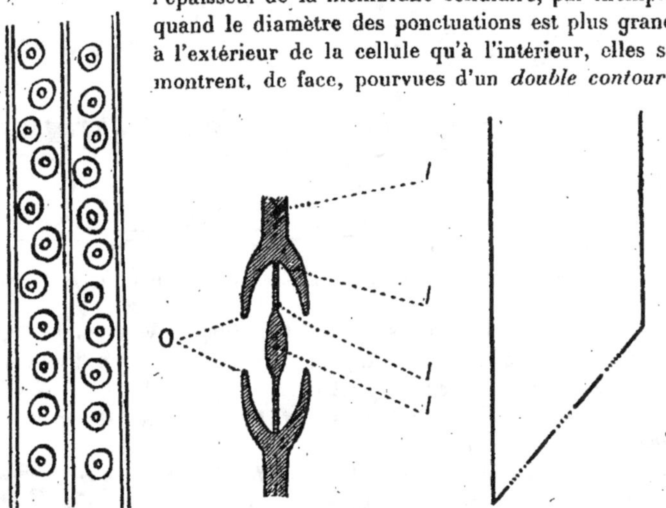

(a) Ponctuations aréolées vues de face.

(b) Coupe transversale d'une ponctuation aréolée.

Fig. 5. — Ponctuations aréolées.

Fig. 6. — Section longitudinale d'une membrane criblée (schéma).

o ouverture de la ponctuation aréolée ou cercle interne.
l, l, l, l diverses parties de la membrane cellulaire.

elles apparaissent sous la forme de *deux cercles concentriques*, dont le cercle externe forme une *aréole* autour du premier : les ponctuations sont dites *aréolées* (fig. 5).

Lorsque les ponctuations simples se disposent *en groupes*, de manière à former des ponctuations *composées*, on appelle ces groupes des ponctuations *grillagées*. Si les minces membranes de séparation des cellules se résorbent dans les ponctuations grillagées, on a des ponctuations *criblées* ou *cribles*, caractéristiques du *liber des végétaux* (fig. 6).

Quelle que soit la forme des ponctuations, *les parties minces se correspondent toujours d'une cellule à l'autre*. Cette disposition permet les échanges nutritifs entre les protoplasmes voisins. Ceux-ci peuvent même communiquer d'une cellule à l'autre à travers les fines membranes cellulosiques des ponctuations par des filaments protoplasmiques très ténus, qui traversent de très petits orifices. Il y a ainsi comme une sorte de *continuité entre tous les protoplasmes cellulaires*.

CUTINE ET SUBÉRINE

La cellulose, qui constitue la membrane de la cellule, peut se transformer en *cutine*, substance ternaire, moins riche en oxygène que la cellulose.

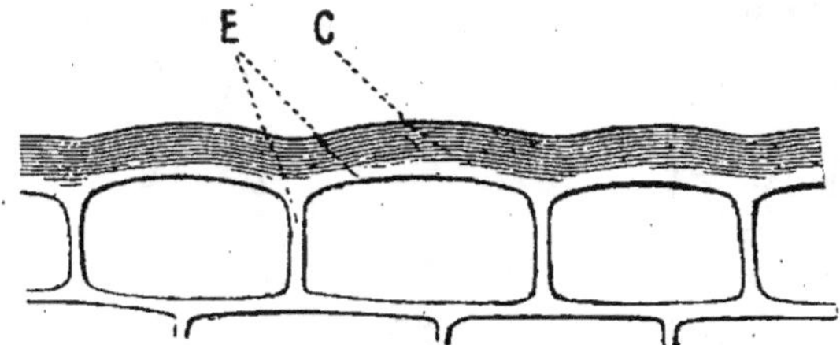

Fig. 7. — Cellules cutinisées vues en coupe longitudinale (d'après M. G. Bonnier).

La cutine se colore en rose par la fuchsine, en vert par le vert d'iode ; elle est insoluble dans le liquide cupro-ammoniacal de Sweizer, et résiste à l'action du bacille amylobacter.

Les cellules, dont les membranes d'enveloppe se transforment en *cutine*, sont les cellules *extérieures* de la plante ; la cutinisation va *de dehors en dedans ;* l'ensemble des couches cutinisées constitue la *cuticule*, qui protège le végétal (fig. 7).

Une transformation analogue peut se produire dans les membranes des cellules situées au-dessous de la surface externe de la plante ;

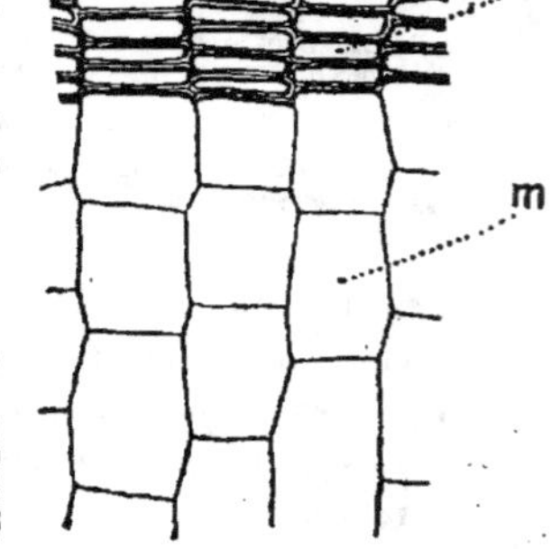

Schéma.

Liège mou (*m*) et liège dur (*d*) dans les végétaux.

Fig. 8. — Cellules tabulaires du liège.

la membrane devient imperméable, très élastique, très réfringente avec des reflets brillants : elle s'est transformée en *subérine*, substance analogue à la cutine.

Les cellules qui ont subi la *subérisation* forment le *liège* ou *suber*, par exemple dans le chêne-liège, l'orme champêtre, l'érable champêtre. Ces cellules subérisées sont des cellules *mortes*, qui se disposent généralement en *assises régulières* (fig. 8).

GÉLIFICATION DE LA MEMBRANE

La cellulose de la membrane cellulaire peut se *gélifier*, c'est-à-dire se transformer en une substance *isomère*, se gonflant et formant avec l'eau une *gelée* ou un *mucilage*.

Il en est ainsi dans les cellules de l'albumen du caroubier, dans les cellules mères du pollen, où la couche externe de la membrane subit cette gélification.

PECTOSE

La *pectose* est une substance le plus souvent associée à la cellulose ; elle est semblable à la cellulose par sa composition, mais en diffère par ses réactions : ainsi elle ne se colore pas en bleu par le chloro-iodure de zinc ; mais elle prend une teinte rose par le rouge de ruthénium.

La lamelle moyenne qui sépare deux cellules végétales voisines est ordinairement formée par la pectose unie à la chaux, et constituant un *pectate de calcium*.

CALLOSE

La *callose* est une substance qui est souvent associée à la cellulose ou à la pectose, et qui leur ressemble par sa composition. Elle diffère de la première par son insolubilité dans le liquide cupro-ammoniacal et de la seconde par le fait qu'elle ne se colore pas par le rouge de ruthénium.

On la trouve dans les cribles ou cellules criblées, et dans les cloisons transversales de certains vaisseaux du bois.

LIGNINE

Ce qui permet aux plantes de se soutenir dans l'espace, c'est la transformation en *lignine* de la cellulose des membranes cellulaires.

La lignine est une substance ternaire moins riche en oxygène que la cellulose, mais plus riche que la cutine et la subérine.

Les membranes lignifiées se colorent, comme les membranes cutinisées, en vert par le vert d'iode et en rouge par la fuchsine ammoniacale ; mais elles s'en distinguent par la coloration *rose* prise sous l'action de la phloroglucine additionnée d'acide chlorhydrique.

IMPRÉGNATIONS DE LA MEMBRANE

La cuticule des cellules superficielles des plantes peut s'imprégner de *cire*, qui la rend imperméable à l'eau.

La membrane jeune contient une certaine quantité de *sels minéraux*, constitués principalement par de la chaux, de la potasse, de la magnésie, de la soude, combinées aux acides phosphorique, silicique, sulfurique, et au chlore.

Quand la cellule avance en âge, les substances minérales peuvent s'accumuler en plus grande quantité dans la membrane cellulosique ; on trouve ainsi beaucoup de silice dans les cellules des feuilles de hêtre et de chêne.

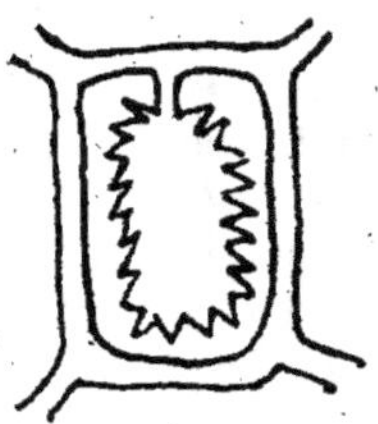

Fig. 9. —Section longitudinale d'un cystolithe dans une cellule de figuier élastique.

L'oxalate et le carbonate de chaux peuvent se déposer, sous forme de cristaux, dans l'épaisseur des membranes.

Le carbonate de chaux se dépose souvent sous forme de groupes cristallins, appelés *cystolithes* (fig. 9).

II — CORPS DÉRIVÉS DU PROTOPLASME

LEUCITES

Dans le protoplasme de la cellule végétale, on distingue, à côté du noyau, des grains plus petits, de forme ordinairement arrondie : ce sont les *leucites,* corpuscules albuminoïdes, de composition chimique analogue à celle du protoplasme ; ils ont la propriété, d'après l'opinion générale, de constituer, dans leur masse, diverses substances telles que la *chlorophylle* ou l'*amidon* (fig. 10).

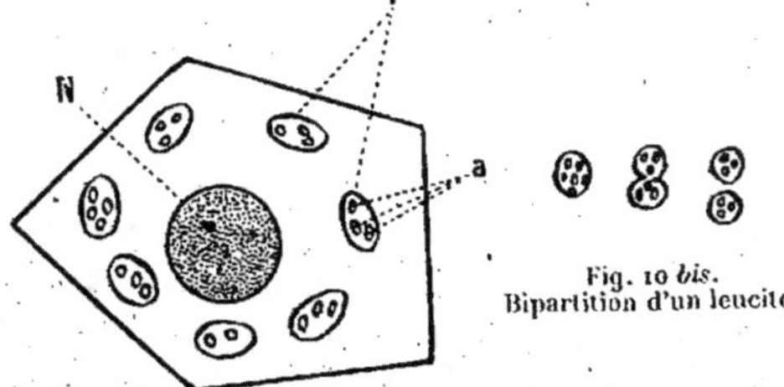

Fig. 10. — Une cellule à leucites (schéma).

Le leucite provient, par voie de *bipartition,* d'un leucite préexistant, et s'accroît en même temps que la cellule végétale (fig. 10 *bis*).

Quand ils demeurent *incolores,* les leucites sont appelés *leucoleucites ;* dans ce cas, ils produisent le plus souvent des grains d'amidon; et sont désignés sous le nom d'*amyloleucites.*

En général, ils donnent naissance à des *principes colorants,* et on les appelle alors *chromoleucites.*

Les chromoleucites *jaunes* sont imprégnés d'une matière colorante jaune, la *xanthophylle,* insoluble dans l'eau, mais soluble dans l'alcool ; on l'obtient en traitant par l'alcool les plantes *étiolées.*

On connaît encore des chromoleucites colorés en *rouge* par la *carotine,* par exemple dans la carotte, la tomate, les pétales de géranium, les feuilles des chênes rouges.

Mais les chromoleucites les plus importants et les plus nombreux sont ceux qui, déjà munis de xanthophylle, s'imprègnent en outre d'une matière *colorante verte,* la *chlorophylle :* ce sont les *chloroleucites.*

Ainsi les chloroleucites sont formés par la réunion de trois substances :

1° Un *corpuscule albuminoïde* incolore ;

2° La *xanthophylle,* pigment jaune ;

3° La *chlorophylle,* pigment vert, superposé à la xanthophylle.

CHLOROPHYLLE

On extrait la chlorophylle des feuilles en les pulvérisant et en les traitant par l'alcool fort ; on fait ensuite passer sur du noir animal cet alcool coloré ; le noir animal retient seulement la xanthophylle et la chlorophylle ; on n'a plus qu'à traiter le noir animal par l'huile légère de pétrole qui ne prend que la chlorophylle ; en évaporant la solution, on obtient des *cristaux de chlorophylle,* sous forme de petites aiguilles aplaties, du système prismatique rhomboïdal oblique.

La composition chimique de la chlorophylle varie avec chaque plante ; la moyenne est la suivante :

Carbone	74
Hydrogène	10
Oxygène	10,5
Azote	4
Cendres (phosphates alcalins et magné-	
siens, traces de chaux)	1,5

La chlorophylle est insoluble dans l'eau, soluble dans l'alcool, l'éther, la benzine, l'huile de pétrole.

La lumière est généralement nécessaire à sa formation ; cependant certains végétaux, tels que les conifères, le gui, les fougères, verdissent à l'obscurité. Dans le spectre solaire, le développement de la chlorophylle dans la plante a son maximum *dans le jaune*.

Sa formation commence à une lumière diffuse, puis augmente jusqu'à un optimum de lumière, et cesse quand l'intensité lumineuse dépasse une certaine limite.

En ce qui concerne l'action de la *température* sur cette formation, il y a également, pour chaque plante, une limite inférieure, une limite supérieure et un optimum.

Toutes circonstances égales, le phénomène est encore sous la dépendance de l'âge de la plante et de la partie du végétal considérée.

Les radiations lumineuses ne produisent pas la chlorophylle *immédiatement* dans les cellules végétales ; de même, quand on enlève la source lumineuse, la formation de la chlorophylle ne cesse pas *immédiatement ;* en d'autres termes, *cette formation est un fait d'induction photo-chimique.*

En examinant le spectre fourni par la chlorophylle, on constate qu'elle absorbe une partie des radiations lumineuses incidentes ; les radiations absorbées sont remplacées dans le spectre par autant de raies noires, au nombre de *sept,* dont la première, qui est la plus teintée et la plus importante, est située entre les raies B et C du spectre solaire (Voir Physiologie de l'arbre).

Ces radiations sont transformées en un double travail chimique : *décomposition de l'acide carbonique de l'air,* et *assimilation du carbone.*

Elles ont, en outre, pour effet de *vaporiser* une grande quantité d'eau : c'est le phénomène de la *chlorovaporisation,* étudié en physiologie.

AMIDON

L'amidon est une substance très répandue dans les organes végétaux. C'est la présence de cette substance qui contribue à distinguer un tissu végétal d'un tissu animal.

Industriellement on l'extrait des tubercules de pommes de terre en traitant la pulpe par un courant d'eau ; l'amidon se dépose sous la forme de grains ovales, de 0^{mm} og de diamètre environ (fig. 11).

Ces grains d'amidon de la pomme de terre sont formés chacun d'une série de stries en couches concentriques alternativement claires et sombres, emboîtées les unes dans les autres, et dont le noyau obscur commun est ordinairement en dehors du centre géométrique du grain ; la couche externe du grain est toujours claire ; le centre commun des stries est le *hile,* ou *noyau.*

Si l'on déshydrate les grains par l'alcool, les couches sombres s'éclaircissent. Si de l'eau leur est donnée par l'action d'un acide ou d'un alcali, les couches claires deviennent sombres. On en conclut que *les couches sombres sont les plus hydratées.*

Dans la série végétale les grains d'amidon ont les formes les plus diverses, avec des dimensions variant de $0^{mm}002$ à $0^{mm}185$.

Dans l'albumen du blé, le grain est arrondi et le hile central.

Dans l'avoine, le grain définitif est composé de plusieurs grains primitifs soudés ensemble.

Le grain d'amidon est *biréfringent ;* il se comporte, à la lumière polarisée, comme un groupe de petits cristaux à un axe, disposés perpendiculairement aux stries à partir du hile ; il présente une croix blanche à branches croisées au hile.

La croissance de chaque grain d'amidon s'effectue *par apposition d'éléments nouveaux à la surface ;* on le reconnaît en constatant, sur un grain corrodé, le dépôt des couches nouvelles amylacées.

La formule de l'amidon est $C^6 H^{10} O^5$, que l'on peut écrire : $C^6 (H^2 O)^5$, soit 6 atomes de carbone avec 5 molécules d'eau : c'est un *hydrate de carbone.*

L'amidon extrait du blé contient, en poids, 44,5 de carbone, 6,2 d'hydrogène, 49,2 d'oxygène, avec des traces de substances minérales (0,2 à 0,6 pour 100 parties de cendres).

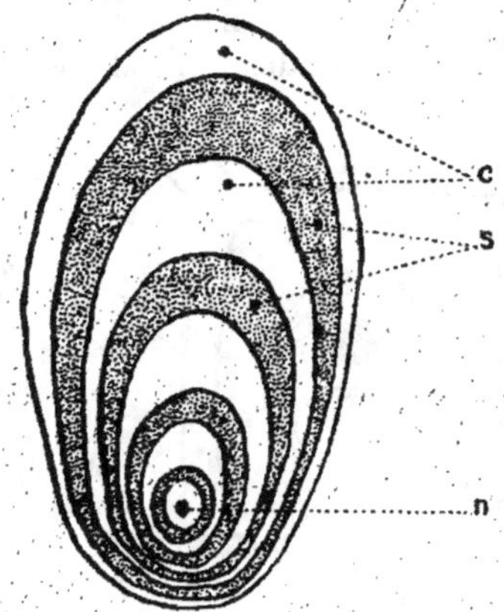

Fig. 11. — Un grain d'amidon (schéma).
c couches claires.
s couches sombres.
n noyau.

Il se colore *en bleu par l'iode* en présence de l'eau, en formant de *l'iodure bleu d'amidon.*

Insoluble dans l'eau, l'amidon, au contact de l'eau chaude, se gonfle et se transforme au-dessus de 50° en une masse gélatineuse, appelée *empois d'amidon.*

Au-dessus de 100° une partie de l'amidon devient *soluble dans l'eau.*

Sous l'action de la potasse ou des acides étendus, l'amidon devient soluble, et, fixant des molécules d'eau, se transforme progressivement en *dextrine,* puis en *maltose,* finalement en *glucose* et *lévulose,* *solubles et assimilables.*

Dans la nature, les ferments appelés *diastases* produisent la même série de transformations. L'*amylase* change l'amidon en maltose, la *maltase* transforme le *maltose* en *dextrose directement assimilable*.

En général, les grains d'amidon ont leur origine *dans les leucites ;* ils naissent soit dans l'intérieur du leucite, soit dans sa couche superficielle.

ALEURONE

L'aleurone se rencontre dans les cellules de l'albumen et de l'embryon d'un grand nombre de végétaux, sous forme de grains arrondis ou polyédriques, dont les dimensions varient de 0^{mm}001 à 0^{mm}055.

En observant les grains d'aleurone, par exemple ceux de l'albumen du ricin ou des cotylédons du pois, dans de la glycérine étendue d'eau, on distingue dans la masse un *globoïde* de composition minérale, et un *cristalloïde* qui est *albuminoïde* (fig. 12).

Les grains d'aleurone, généralement incolores, sont insolubles dans l'alcool, l'éther, la glycérine et les huiles grasses. Ils sont composés de matières albuminoïdes, tantôt homogènes c'est-à-dire sans enclaves, tantôt non homogènes c'est-à-dire pourvues d'enclaves.

Les *globoïdes* sont des glycéro-phosphates ou saccharo-phosphates de magnésie et de chaux.

Les *cristalloïdes* protéiques sont des matières albuminoïdes de réserve.

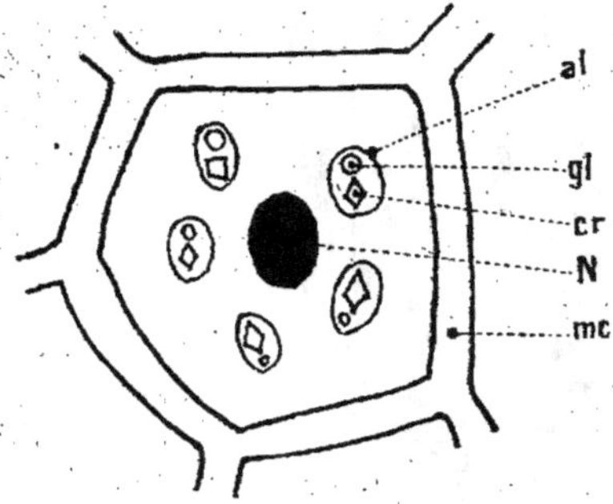

Fig. 12. — Une cellule de l'albumen du ricin.

al grain d'aleurone.
gl globoïde.
cr cristalloïde.
mc membrane cellulaire.
N noyau de la cellule.

Les grains d'aleurone ont leur origine dans des *leucites aquifères*, appelés *hydroleucites*, dont l'eau tient en dissolution des matières diverses et possède une réaction acide.

Ces hydroleucites, desséchés à l'instant où les graines mûrissent, solidifient la matière albuminoïde de leur vacuole autour de leur cristalloïde, quand il en existe un ; telle est l'origine des grains d'aleurone.

Au moment de la germination de la graine, les grains d'aleurone absorbent de l'eau, dissolvent leur matière albuminoïde, puis leur cristalloïde, et reconstituent autant d'hydroleucites.

La fuchsine colore en rouge les grains d'aleurone ; cette réaction les distingue des grains d'amidon, qui sont colorés en bleu par l'iode.

OXALATE DE CHAUX

L'oxalate de chaux, formé dans le végétal par le contact des sels solubles de chaux avec l'acide oxalique, cristallise soit dans le système du prisme rhomboïdal oblique avec deux équivalents d'eau, soit dans le système du prisme droit à base carrée avec six équivalents d'eau. Il se présente sous la forme de longues aiguilles appelées *raphides*, par exemple dans les cellules de la lentille d'eau, ou sous la forme de cristaux octaédriques en mâcles (cristaux en *oursins*), par exemple dans le pétiole du lierre.

SULFATE DE CHAUX

On trouve des hydroleucites contenant des cristaux de sulfate de chaux, par exemple dans l'écorce du saule et du bouleau.

DIASTASES

Les diastases sont des substances quaternaires, azotées, neutres, précipitées par l'alcool ; elles hydratent et dédoublent certains corps en composés plus simples et solubles, même lorsqu'elles agissent *en très petites quantités*.

La *cellulase*, contenue dans le bacille amylobacter, dissout les membranes cellulaires.

La diastase qui dédouble l'amidon en dextrine et maltose s'appelle l'*amylase*.

Celle qui dédouble le sucre de canne en glucose et lévulose est l'*invertine*.

La *pepsine* convertit en peptone soluble la matière albuminoïde.

La *saponase* décompose les matières grasses en glycérine et acides gras.

L'*émulsine* hydrate l'amygdaline des amandes amères et du laurier-cerise, et la transforme en glucose, essence d'amandes amères et acide cyanhydrique.

ASPARAGINE

L'asparagine est une substance quaternaire, azotée, qu'on trouve chez toutes les plantes, quand un organe bien pourvu de matières albuminoïdes se développe *sans avoir une quantité suffisante de matières ternaires*, par exemple chez les jeunes pousses d'asperge, chez les plantules de légumineuses.

Si l'on dissout l'asparagine par l'alcool et qu'on évapore celui-ci, elle se dépose sous forme de cristaux prismatiques (système du prisme rhomboïdal droit).

Dans le végétal, elle semble se combiner aux substances ternaires (hydrates de carbone), pour reconstituer des principes albuminoïdes.

La *glutamine*, la *leucine*, la *tyrosine* sont des substances azotées, qui accompagnent fréquemment l'asparagine.

ALCALIS ORGANIQUES

Les sucs cellulaires peuvent avoir en dissolution des alcalis azotés, le plus souvent quaternaires, par exemple la *morphine* et la *codéine* dans les *papavéracées*, la *quinine* et la *cinchonine* dans les quinquinas, l'*atropine* et la *nicotine* dans les solanées, la *strychnine* dans les strychnées, la *caféine* dans le café, la *théobromine* dans le cacaoyer.

INULINE

L'inuline est un corps ternaire, en solution dans le suc cellulaire, de même composition que l'amidon, mais déviant *à gauche* le plan de polarisation de la lumière : d'où son autre appellation de *lévuline* ou *sinistrine*.

On trouve l'inuline surtout chez les composées, dans leurs feuilles, dans leurs tubercules, par exemple dans les tubercules du topinambour ou du dahlia. Elle est dissoute dans le suc cellulaire.

Quand on enlève de l'eau à l'inuline par dessication ou par immersion dans l'alcool à 90°, on la voit apparaître dans les cellules végétales sous forme de *sphéro-cristaux*, amas sphériques de prismes rayonnants (fig. 13).

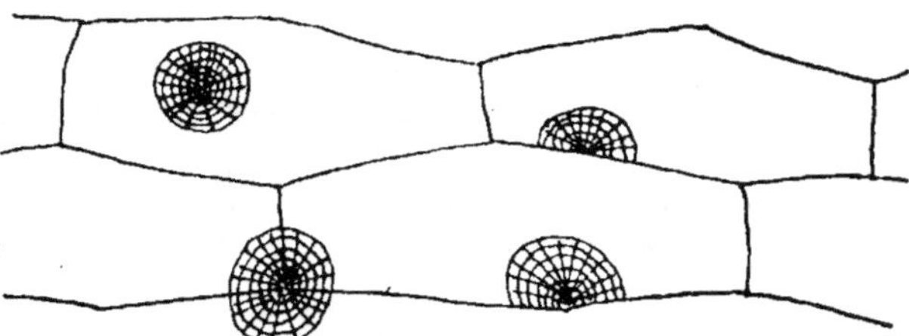

Fig. 13. — Sphérocristaux d'inuline dans les cellules.

Les acides sulfurique et chlorhydrique, étendus d'eau, hydratent l'inuline et la transforment en *lévulose*, assimilable par la plante.

GOMMES

Les gommes, de composition chimique semblable à celle de l'inuline, s'hydratent et se transforment en lévulose par les acides étendus ;

elles s'oxydent par ébullition avec l'acide citrique, en donnant de l'acide mucique.

La *viscine* de l'écorce du houx est voisine des gommes.

SUCRES

Les sucres, en dissolution dans les cellules de nombreux végétaux, sont des substances ternaires, formées d'oxygène, d'hydrogène et de carbone ; ce sont des *hydrates de carbone*.

On peut les diviser en trois groupes : *glucoses, saccharoses, mannites*.

1) **Glucoses**. — Leur formule est $C^6H^{12}O^6$ [ou $C^6(H^2O)^6$]. Une solution de glucose, chauffée avec la liqueur bleue de Fehling (tartrate double de cuivre et de potasse), donne un *précipité rouge brique d'oxyde de cuivre ;* 100 centimètres cubes de liqueur de Fehling sont réduits par 50 centigrammes de glucose.

Les glucoses sont solubles dans l'eau, et immédiatement assimilables. On en distingue deux catégories principales :

1° Le *glucose ordinaire*, ou *dextrose*, ou *sucre de raisin*, qui est *dextrogyre* (déviant à droite le plan de polarisation de la lumière) ;

2° Le *lévulose*, qui se trouve avec le glucose dans la plupart des fruits, et qui est *lévogyre* (déviant à gauche le plan de polarisation de la lumière) ; on appelle *sucre interverti* le mélange du dextrose et du lévulose.

Parmi les autres glucoses des végétaux, citons la *sorbine* ou *sorbose* des baies du sorbier, *l'inosine* du haricot, etc...

2) **Saccharoses**. — Leur formule est $C^{12}H^{22}O^{11}$ [ou $C^{12}(H^2O)^{11}$]. Ils comprennent le *sucre de canne* et le *sucre de betterave*. Ils sont dextrogyres, très solubles dans l'eau ; ils cristallisent en prismes rhomboïdaux obliques et ne réduisent pas le tartrate cupro-potassique.

Les saccharoses ne sont pas immédiatement assimilables.

En l'absence de *l'invertine* (qui les dédouble en glucose et lévulose), ils ne subissent pas la décomposition alcoolique.

Le *maltose* est un saccharose qui résulte du dédoublement de l'amidon par l'amylase ; il est dextrogyre et réduit le tartrate cupro-potassique. Traité par les acides étendus, il s'hydrate et se dédouble en glucose.

D'autres saccharoses se trouvent chez les végétaux : le **synanthrose** chez le topinambour, le *mélitose* chez les eucalyptus, le *mélézitose* chez le mélèze, le *mannitose* chez le frêne, etc...

3) **Mannites**. — Les *mannites,* que l'on réunit souvent aux glucoses, renferment un *excès d'hydrogène* sur les proportions de l'eau.

On trouve la mannite ordinaire dans l'érable, le frêne, l'olivier, etc. Elle est très soluble dans l'eau et peu lévogyre, cristallise en prismes rhomboïdaux droits très fins et d'un éclat soyeux, ne réduit pas le tartrate cupro-potassique, et subit la décomposition alcoolique avec dégagement d'hydrogène.

On a découvert d'autres mannites : la *dulcite* dans le fusain, la *sorbite* dans le sorbier, la *pinite* dans les pins, la *quercite* dans les chênes.

GLUCOSIDES

Les glucosides sont des corps ternaires neutres ou faiblement acides, qui, sous l'action d'acides étendus ou de diastases, s'hydratent et se dédoublent comme les saccharoses ; mais le résultat de ce dédoublement, au lieu d'être *deux glucoses,* est la production d'*un glucose* et d'un ou plusieurs corps neutres ou acides.

Entre autres glucosides du suc cellulaire, on rencontre :

La *salicine* du saule et du peuplier, se dédoublant en glucose et saligénine ;

La *phlorizine* des fruitiers en glucose et phlorétine ;

L'*esculine* du marronnier en glucose et esculétine ;

La *coniférine* des conifères en glucose et alcool coniférylique;

L'*amygdaline* des prunées en glucose, essence d'amandes amères et acide cyanhydrique.

TANINS

Les *tanins* sont encore des glucosides ternaires. Très répandus dans les organes végétaux, ils possèdent deux propriétés caractéristiques :

1° Ils précipitent les solutions de gélatine et de matières albuminoïdes (tannage des peaux);

2° Ils donnent aux solutions ferriques une teinte noire, bleue ou verte, suivant les cas (fabrication de l'encre).

Le plus souvent, le tanin est *en solution dans le suc des cellules;* mais, parfois, comme dans le chêne et le peuplier, on le trouve à l'état de gouttelettes ou de petites masses, colorées *en bleu* par une solution de sulfate ou de chlorure de fer.

Le tanin existe en très grande quantité dans les galles du chêne ou noix de galles, dans les feuilles et fleurs du thé, de la bruyère, etc...

Comme il est localisé *dans les hydroleucites* de la cellule, il ne coagule nullement le protoplasme et les autres matières albuminoïdes de cette cellule.

Avec les acides étendus, le tanin se dédouble en glucose et en acide tannique, réaction qui a lieu souvent dans les végétaux..

ACIDES ORGANIQUES

Les composés ternaires acides sont relativement répandus, en dissolution dans les sucs cellulaires. Citons :

L'acide gallique, dans les feuilles de sumac et les fleurs d'arnica ;
L'acide citrique, dans le citron, l'orange, la groseille ;
L'acide tartrique, dans le raisin ;
L'acide malique, dans les pommes, les poires, les sorbes ;
L'acide oxalique, chez les crassulacées et les cactées ;
L'acide benzoïque, dans la vanille et le benjoin ;
L'acide formique, dans les poils des orties, les feuilles du sapin.

CORPS GRAS

Les corps gras, chez les végétaux, prennent naissance au sein du protoplasme, parfois à l'état solide, le plus souvent à l'état liquide sous forme de gouttelettes. Ils se rencontrent très fréquemment *dans les graines*.

On les extrait des tissus végétaux par la pression.

Ils sont très réfringents, insolubles dans l'eau et plus légers qu'elle, solubles dans l'alcool chaud, l'éther, la glycérine, la benzine.

Formés de carbone, d'hydrogène et d'oxygène, ce sont des *éthers de la glycérine*, c'est-à-dire des combinaisons neutres de glycérine et d'un acide organique ; ainsi la *trimargarine* est formée de glycérine et d'acide margarique.

La *saponification* est le dédoublement des corps gras par les *alcalis* ou par les *oxydes métalliques*, à 100°, en glycérine et acides gras ; la combinaison de l'acide gras avec une base est un *savon*, soluble si la base est un alcali, insoluble si c'est un oxyde métallique.

La *saponase*, ferment émulsif, conduit à la saponification et rend assimilables les corps gras ; la glycérine et les acides gras s'oxydent et donnent finalement naissance à des hydrates de carbone et spécialement à de l'amidon.

Parmi les principaux corps gras des végétaux, notons :

L'huile de palme, retirée du péricarpe des fruits d'un palmier ;
L'huile d'olive, contenue dans le péricarpe de l'olive ;
Le beurre de cacao, renfermé dans le fruit du *theobroma cacao* ;
L'huile de hêtre, provenant du fruit du hêtre ;
L'huile de ricin, l'huile de colza.

ESSENCES ET RÉSINES

Les *essences*, ou *huiles essentielles*, sont des *carbures d'hydrogène*, généralement à l'état liquide, et se présentant sous forme de gouttelettes huileuses, volatiles, odorantes, très réfringentes. Ce sont elles qui donnent aux fleurs leur parfum.

A l'air, ces carbures d'hydrogène absorbent de l'oxygène, qui les rend plus fixes ; il en est ainsi pour le *camphre* qui se présente à l'état solide.

Quand l'oxydation est plus grande, ces carbures d'hydrogène deviennent des *résines*, restant dissoutes souvent dans l'excès d'huile essentielle : l'ensemble de ces deux corps est une *oléorésine*.

On extrait les essences des plantes *par pression* ou *par distillation*.

Les essences sont peu solubles dans l'eau, solubles dans l'alcool, l'éther, les huiles grasses ; elles se distinguent de ces dernières par leur volatilité et leur solubilité dans l'alcool à froid et l'essence de térébenthine ; de plus les taches qu'elles font sur le papier ne sont *pas persistantes*.

Le carbure d'hydrogène, qui produit l'huile essentielle, au lieu de se combiner à l'oxygène, peut s'unir au soufre, et donner *une essence sulfurée*, comme celle de l'ail.

Les *résines*, qui résultent de l'oxydation des huiles essentielles, sont des corps solides, le plus souvent durs et cassants, insolubles dans l'eau, solubles dans l'alcool, l'éther, les essences. On les obtient, soit directement par incision de la plante, soit par distillation des oléorésines. Ainsi le benjoin est une résine du *Styrax benjoin*, le baume de Tolu une oléorésine du *Myroxilon toluiferum*.

Le *caoutchouc* est également un carbure d'hydrogène, contenu dans le protoplasme de certaines plantes sous forme de *petits globules solides* en suspension ; quand on laisse reposer ou dessécher le suc cellulaire, tous ces globules de caoutchouc se réunissent en une masse unique, qui constitue le caoutchouc du commerce, soluble dans le sulfure de carbone, la benzine, le chloroforme. Parmi les espèces à caoutchouc, citons, pour l'Amérique le *Siphonia elastica* (euphorbiacées), pour l'Inde le *Ficus elastica* (urticées).

Une substance très analogue au caoutchouc se trouve dans les plantes de la famille des sapotées, et spécialement dans le *Palaquium gutta* : c'est la *gutta-percha*, très employée industriellement.

III — DÉVELOPPEMENT ET MULTIPLICATION DES CELLULES

La cellule végétale se développe en assimilant des substances alimentaires. Son protoplasme augmente de volume ; la membrane cellulosique, distendue par cet accroissement du protoplasme, écarte ses molécules entre lesquelles pénètrent de nouvelles molécules de cellulose constituées par le protoplasme.

Dans le cours de son développement, la cellule élimine aussi les matières nuisibles ou inutiles.

Ainsi la cellule *se nourrit* et *s'accroît*. De plus elle *se multiplie*.

La multiplication de la cellule peut avoir lieu, *soit par division indirecte (mitose ou karyokinèse), soit par division directe (amitose)*.

Le mode de reproduction par division indirecte, c'est-à-dire par *mitose* ou *karyokinèse*, est de beaucoup *le plus général*.

DIVISION INDIRECTE

Toute cellule naît d'une cellule antérieure préexistante. Quand la reproduction cellulaire a lieu par division indirecte (*mitose ou karyokinèse*), *la division du noyau précède la division du corps cellulaire.*

Tout d'abord le noyau de la cellule mère se désagrège.

Le *centrosome*, qui était caché dans un repli de la membrane du

Fig. 14. — La chromatine en peloton serré dans le noyau de la cellule.

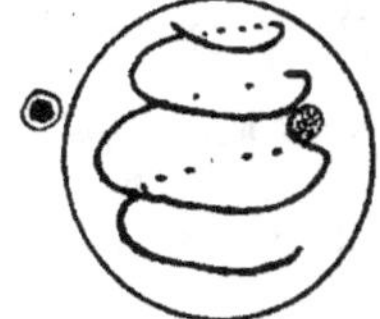

Fig. 15. — La chromatine en peloton lâche dans le noyau de la cellule.

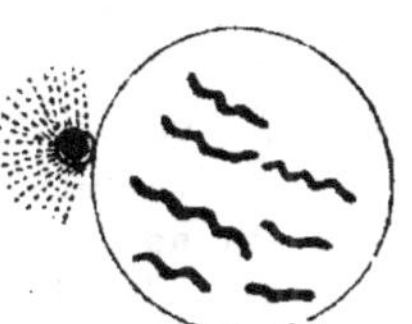

Fig. 16. — Le filament de chromatine divisé en chromosomes.

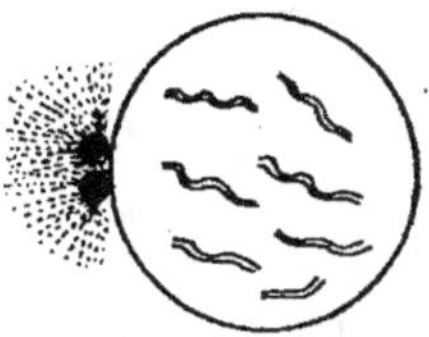

Fig. 17. — Segmentation longitudinale des chromosomes et division du centrosome.

noyau, apparaît ; les grains de chromatine s'agglomèrent en un filament long et continu ; le noyau est au stade de *spirème* ou *peloton serré ;* cette agglomération se fait *sur le réseau de linine* (fig. 14).

Le filament de chromatine ainsi constitué se raccourcit ensuite et s'épaissit en un cordon lâche : c'est le stade de *peloton lâche* (fig. 15).

Puis le filament de chromatine se coupe transversalement en un nombre variable de segments, appelés *anses chromatiques ou chromosomes* (fig. 16).

En même temps, *le nucléole du noyau disparaît,* et le protoplasme cellulaire se dispose en filaments, rayonnant autour du centrosome, et paraissant implantés sur la zone claire ou vésicule attractive qui entoure ce centrosome (fig. 16).

Les chromosomes ne tardent pas à se segmenter *longitudinalement* (fig. 17).

La membrane du noyau commence alors à se résorber.

Dans le protoplasme de la cellule, le centrosome, avec ses filaments, a d'abord formé une figure appelée *aster,* ressemblant à un astre émettant des rayons ; bientôt ce centrosome se dédouble, et il se constitue entre ses deux parties un fuseau central de filaments pâles et achromatiques (fig. 18).

Il y a ainsi deux nouveaux centrosomes avec deux nouvelles vésicules attractives.

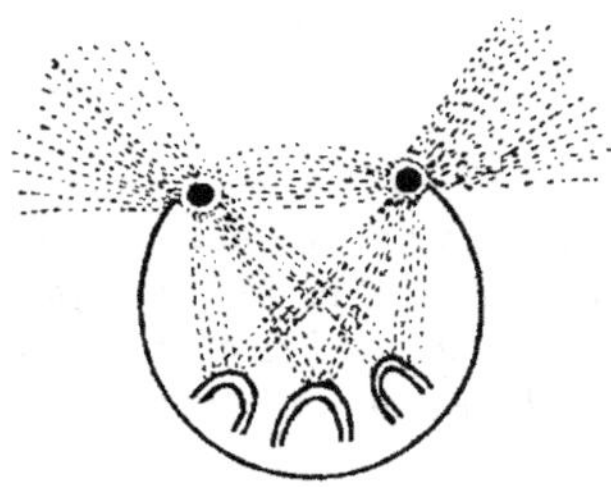

Fig. 18. — Formation des fuseaux.

Ces deux nouveaux centrosomes s'écartent l'un de l'autre et vont se placer en deux points opposés par rapport au centre du noyau (fig. 19).

La membrane nucléaire s'est résorbée complètement.

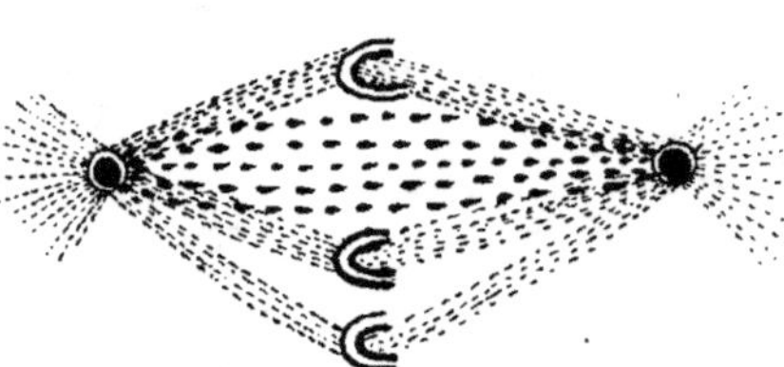

Fig. 19. — Les chromosomes en plaque équatoriale.

Des filaments protoplasmiques, achromatiques, relient les deux centrosomes aux chromosomes, et forment les *cônes d'attraction* ou *fuseaux périphériques ;* le fuseau de filaments protoplasmiques, qui relie les deux centrosomes entre eux, est le *fuseau central ;* enfin les filaments extérieurs aux deux centrosomes sont les *cônes antipodes* (fig. 19).

Quand les deux centrosomes sont arrivés aux deux points opposés, les chromosomes sont venus se placer *dans le plan perpendiculaire à la ligne des deux centrosomes* (fig. 19).

Ces chromosomes sont orientés ainsi : le sommet de chaque anse

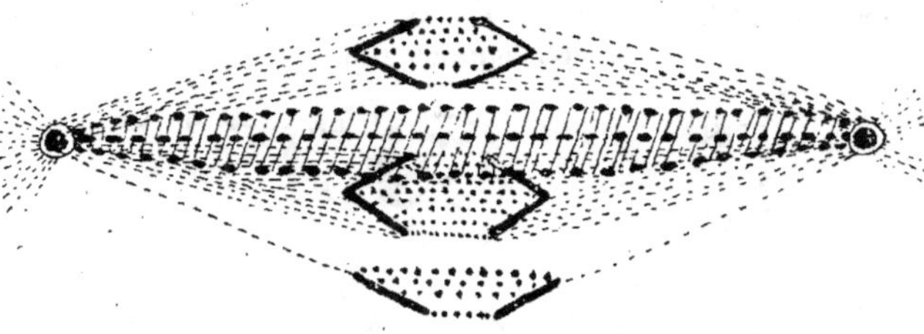

Fig. 20 — Orientation et direction des anses jumelles des chromosomes vers chacun des deux pôles.

chromatique a sa convexité du côté de la ligne des deux centrosomes ; les deux branches de l'anse chromatique divergent en dehors : les chromosomes sont alors *en plaque équatoriale* (fig. 19).

Les *anses jumelles des chromosomes* sont disposées de manière à regarder *chacune l'un des deux centrosomes*, c'est-à-dire l'un des deux pôles du fuseau central (fig. 20).

Ce sont les cônes d'attraction ou fuseaux périphériques qui relient, par leurs filaments protoplasmiques, chacun des deux pôles à chacune des anses jumelles des chromosomes.

Fig. 21. — Les anses chromatiques à chacun des deux pôles.

Tout se passe alors comme si les filaments protoplasmiques, fixés aux chromosomes, se contractaient et entraînaient les deux moitiés des chromosomes chacune vers le pôle correspondant (fig. 21).

Pendant le trajet de chaque moitié des anses jumelles des chromoso-

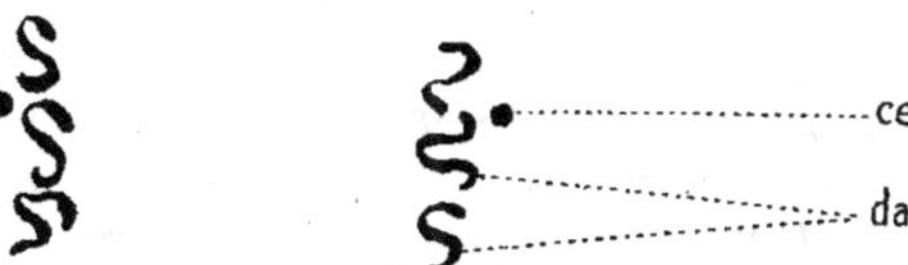

Fig. 22. — Réunion des demi-chromosomes près de chaque pôle.
ce centrosome.   *da* demi-anses chromatiques.

mes vers les pôles, des filaments protoplasmiques unissent l'une à l'autre chacune de ces moitiés respectives ; ce sont des *filaments connectifs*.

Bientôt tous les demi-chromosomes sont réunis, *en nombre égal, près de chaque pôle* (fig. 22).

Les demi-chromosomes de chaque pôle ne tardent pas à s'unir bout à bout, pour reconstituer, *à chacun de ces pôles, un filament chromatique unique,* d'abord à l'état de *peloton lâche,* puis à l'état de *peloton serré,* lequel s'entoure d'une membrane (fig. 23).

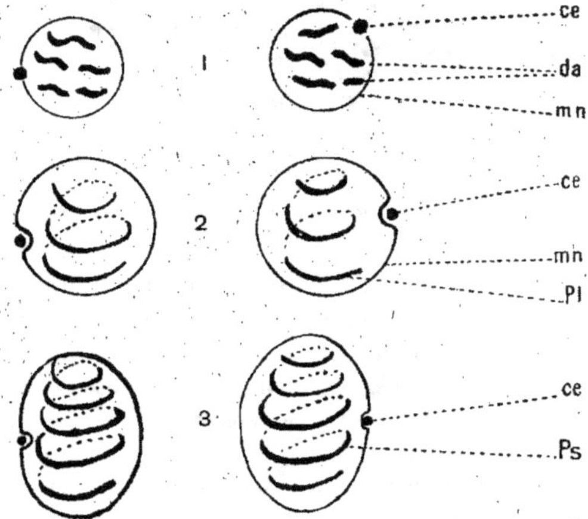

Fig. 23. — Formation successive des deux pelotons chromatiques secondaires et des deux noyaux secondaires issus du noyau primordial unique (stades 1, 2, 3).

ce   centrosome.
da   demi-anses chromatiques.
mn   membrane nucléaire.
Pl   peloton chromatique ou spirème lâche.
Ps   peloton chromatique ou spirème serré.

Pendant la division du noyau, au moment où les demi-anses chromatiques atteignent les pôles, le corps lui-même de la cellule a commencé sa division : *un sillon s'est montré dans le plan équatorial du fuseau central,* c'est-à-dire dans le plan perpendiculaire au milieu de la ligne des deux pôles (fig. 24).

Quand les *asters* ont disparu des pôles, ce sillon est devenu un cercle complet, et a partagé en deux la cellule et son protoplasme ; c'est le phénomène de *cloisonnement* cellulaire, qui s'effectue ainsi :

Entre les fils protoplasmiques achromatiques, qui ont formé le *fuseau central,* et à l'extérieur de ce fuseau, naissent de nouveaux fils ; bientôt l'équateur de ce fuseau central atteint la paroi cellulosique de la cellule ; vers le milieu de chaque fil protoplasmique se différencie *une granulation albuminoïde plus grande que les autres* ; l'ensemble de ces granulations constitue *une lame continue* perpendiculaire à la ligne des pôles et s'appuyant sur la face interne de la membrane cellulosique : le cloisonnement est achevé (fig. 24)

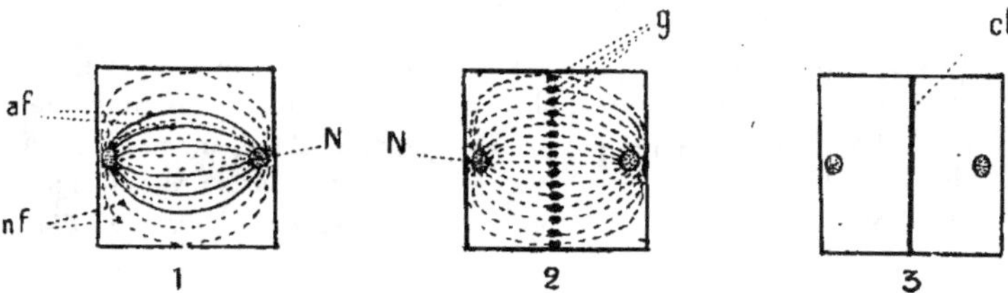

Fig. 24. — Schéma des phases successives du cloisonnement cellulaire (stades 1, 2, 3).

N noyaux secondaires.
af premiers fils protoplasmiques.
nf nouveaux fils protoplasmiques.
g granulations sur le milieu des fils protoplasmiques.
cl cloison définitive.

Les fils protoplasmiques disparaissent alors et la nouvelle cloison s'imprègne de *cellulose*.

La cellule mère s'est partagée en *deux cellules filles*.

DIVISION DIRECTE

La multiplication des cellules peut s'effectuer aussi par *division directe* ou *amitose* (fig. 25).

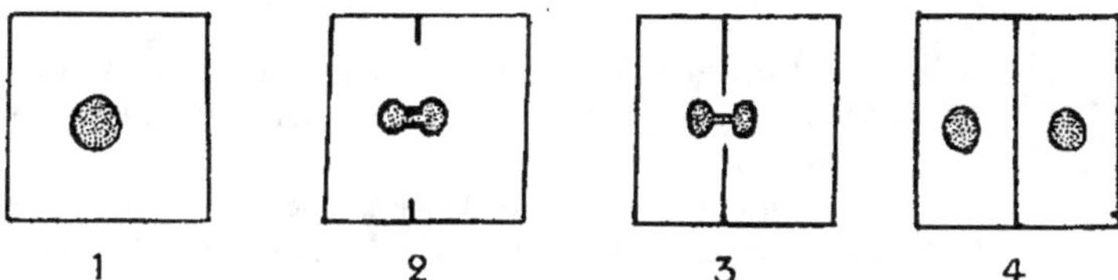

Fig. 25. — Schéma de la division cellulaire directe (Amitose).

Dans ce cas, le noyau cellulaire s'étrangle vers son milieu et prend la forme dite *en biscuit ;* puis les deux moitiés se séparent et forment deux noyaux indépendants ; le corps lui-même de la cellule se divise alors, et la cellule mère a produit *deux cellules filles*.

RÉNOVATION ET CONJUGAISON

La *division* n'est pas le seul mode de formation des cellules ; elles peuvent se constituer aussi par *rénovation* et par *conjugaison*.

Il y a rénovation quand le protoplasme de la cellule mère *quitte cette cellule*, pour donner une *cellule nouvelle*. Il en est ainsi, par exemple, pour la formation des zoospores des algues (rénovation *totale*), et pour la formation des anthérozoïdes des cryptogames (rénovation *partielle*).

Il y a *conjugaison* quand deux cellules nues s'unissent l'une à l'autre, noyau à noyau et protoplasme à protoplasme, pour constituer une nouvelle cellule unique, qui s'enveloppe d'une membrane de cellulose ; la combinaison a lieu avec *contraction* des protoplasmes.

Il en est ainsi dans la formation de *l'œuf, cellule mère du végétal*.

IV — TISSUS VÉGÉTAUX

Les cellules végétales, en se multipliant et en se différenciant, constituent les divers tissus qui composent la plante.

Un tissu est *un ensemble de cellules* douées de la même forme et des mêmes propriétés. Il peut naître soit de l'association de cellules d'abord libres, soit du *cloisonnement répété d'une cellule mère*. Ce second mode est le plus général.

Dans ce cas, le tissu est toujours plein au début de sa formation ; bientôt chaque cellule s'accroît et tend à prendre une forme sphérique ; au point de concours des membranes séparatives, il se produit une *délamination* de la cellulose, et c'est ainsi que se constituent les *méats intercellulaires*.

On appelle *méristème* un tissu jeune formé de cellules polyédriques à protoplasme compact, à gros noyau, étroitement adhérentes les unes aux autres, sans interstices.

Les parties jeunes du végétal en voie de croissance sont constituées par du *méristème*, qui donne bientôt les divers tissus définitifs de la plante.

Les tissus qui dérivent immédiatement du méristème primitif sont des tissus *primaires* ; les tissus *secondaires* naissent des cellules des tissus primaires.

On distingue les tissus *formés de cellules vivantes* ou *parenchymes*, et les tissus *formés de cellules mortes* ou *sclérenchymes*.

A — *PARENCHYMES*

TISSU CUTINEUX

Le tissu *cutineux* est composé de cellules dont la face externe s'est épaissie et transformée en cutine.

Ces cellules forment, à la périphérie de la tige et des feuilles, un revêtement continu appelé *cuticule,* dont le rôle est de protéger la plante (fig. 7).

TISSU SUBÉREUX

Le tissu *subéreux* est constitué par des cellules dont la membrane s'est transformée en *subérine,* substance imperméable et élastique analogue à la cutine.

Les cellules du tissu subéreux ont des parois de liège plus ou moins épaisses, plus ou moins dures (fig. 8).

Après la subérisation de sa membrane, la cellule reste longtemps pourvue de son protoplasme, de son noyau et de ses hydroleucites ; mais elle est généralement dépourvue de chlorophylle et transparente.

TISSU COLLENCHYME

Des membranes de *cellulose pure* constituent les cellules de *collenchyme,* qui sont plus ou moins allongées.

Dans le collenchyme à cellules courtes, l'épaississement de la membrane est habituellement localisé *aux angles* (Bégonia).

Les cellules de collenchyme, très solides et très ductiles, se laissent étirer, sans se rompre, dans l'allongement des organes végétaux.

TISSU SCLÉREUX

Le tissu scléreux est composé de cellules dont la membrane se lignifie plus ou moins. On le trouve surtout développé dans le bois secondaire des dicotylédones. Ses éléments ont une membrane épaisse et pourvue de ponctuations ; ils renferment du protoplasme, un noyau, du suc cellulaire, souvent des grains d'amidon.

TISSU GÉLATINEUX

Le tissu gélatineux est un ensemble de cellules dont la membrane se gélifie plus ou moins ; on le trouve par exemple dans la formation du pollen.

TISSU CHLOROPHYLLIEN

Il est caractérisé par des cellules renfermant, dans leur protoplasme, un grand nombre de corps chlorophylliens ou *chloroleucites.* On le rencontre surtout dans les feuilles et dans la zone externe des jeunes tiges.

Quand les cellules sont arrondies en forme de rein, et groupées deux par deux pour former entre elles des orifices appelés *stomates*, le parenchyme est dit *stomatique*.

TISSU AMYLACÉ

Les cellules qui le composent sont incolores et contiennent un grand nombre de grains d'amidon. On le trouve par exemple dans la pomme de terre, le haricot, l'albumen du blé...

TISSU OLÉAGINEUX

Le tissu oléagineux est formé de cellules renfermant des corps gras, par exemple celles de l'embryon des crucifères, de l'albumen des papavéracés et des euphorbiacées, etc...

TISSU AQUIFÈRE

Il est constitué par des cellules contenant, à l'intérieur d'une fine couche de protoplasme, un suc clair, aqueux ou un peu mucilagineux, résultant de la fusion des hydroleucites. On le trouve dans les tissus de beaucoup de plantes grasses ; il forme les tubercules contenant des sucres, comme la betterave ou la carotte.

TISSU ABSORBANT

Il est caractérisé par des cellules à parois cellulosiques minces, à contenu doué de propriétés osmotiques, et se prolongeant souvent en *poils absorbants* unicellulaires. On le rencontre dans l'assise périphérique des jeunes racines.

TISSU SÉCRÉTEUR

Il est formé par des cellules à parois minces, ordinairement sans sculptures, parfois ponctuées et subérisées, dans lesquelles se forment des produits de sécrétion de nature diverse : tanin, gommes, huiles essentielles, acide oxalique, résines, etc.

Les cellules de ce tissu affectent les formes les plus variées.

Elles renferment toujours une couche protoplasmique pariétale et un noyau.

Elles sont tantôt solitaires, tantôt groupées.

Ce sont elles qui forment les *articles rameux*, contenant le *latex* des euphorbiacées, des urticées, des apocynées (*vaisseaux laticifères*), les réseaux cellulaires des chélidoines et des bananiers, les poches sécrétrices des rutacées, les canaux résinifères des gymnospermes,

B — *SCLÉRENCHYMES*

SCLÉRENCHYME PROPREMENT DIT

Les cellules du sclérenchyme proprement dit ont leurs membranes épaissies et lignifiées ; elles ne possèdent plus ni protoplasme ni noyau ; elles renferment généralement un liquide clair et granuleux contenant parfois des grains d'amidon ou des cristaux d'oxalate de chaux ; leur rôle physiologique n'est plus qu'un rôle de *soutien*.

On distingue du sclérenchyme *à éléments courts,* c'est-à-dire formés de cellules de diamètres à peu près égaux dans tous les sens, et du sclérenchyme *à éléments longs,* terminés en pointe aux deux extrémités et appelés *fibres.*

Ainsi les cellules *pierreuses* des poires constituent du sclérenchyme à éléments *courts ;* les *fibres du bois* sont des éléments sclérenchymateux *longs ;* ces fibres soutiennent les plantes ; elles atteignent jusqu'à $2^{mm}6$ dans le tilleul, 10^{mm} dans le chanvre, 26^{mm} dans le chèvrefeuille, 40^{mm} dans le lin, 220^{mm} dans la ramie.

La membrane des fibres est parfois épaissie à tel point qu'elles n'ont plus de cavité ; elle présente souvent des ponctuations indiquant des inégalités dans cet épaississement ; elles sont *lignifiées* à des degrés divers.

TISSU CRIBLÉ

Le tissu criblé est formé de *cellules à membrane cellulosique épaissie* et munie de *ponctuations composées et perforées* comme des *cribles.* C'est l'élément principal du liber des végétaux.

Les cellules criblées sont habituellement allongées et superposées en files longitudinales, ou *tubes criblés,* qui parcourent la plante dans toute sa longueur.

Ces tubes peuvent se réunir en faisceaux, et, dans ce cas, leurs faces latérales en contact sont également munies de cribles.

Les cellules criblées peuvent atteindre $0^{mm}6$ dans la vigne, avec une largeur de $0^{mm}02$.

Leur membrane est molle et incolore, et, sauf au niveau des cribles, elle reste toujours formée de cellulose.

Les pores qui composent chaque crible peuvent atteindre un diamètre de $0^{mm}005$ (dans la courge) ; mais en moyenne ils ne dépassent pas $0^{mm}002$.

Pendant l'automne et l'hiver, les cribles sont généralement oblitérés par une substance qui épaissit la membrane et bouche les pores : c'est de la *callose,* substance voisine de la cellulose, mais ne se colorant pas

par l'iode et ne se dissolvant pas dans le liquide cupro-ammoniacal ;
elle se colore par l'*acide rosolique* additionné d'un peu d'ammoniaque
ou de carbonate de soude.

Au printemps, les pores des cribles se rouvrent, par suite de la
disparition ou de la contraction de la callose (fig. 26).

A l'intérieur de la cellule criblée, on
trouve une couche pariétale de matière
albuminoïde (sans noyau) entourant un
liquide clair et hyalin ; cette matière
contient, avec quelques grains d'amidon,

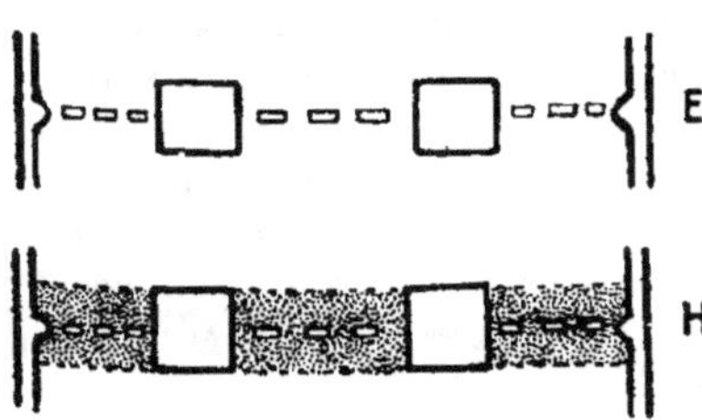

Schéma : E en été, H en hiver.

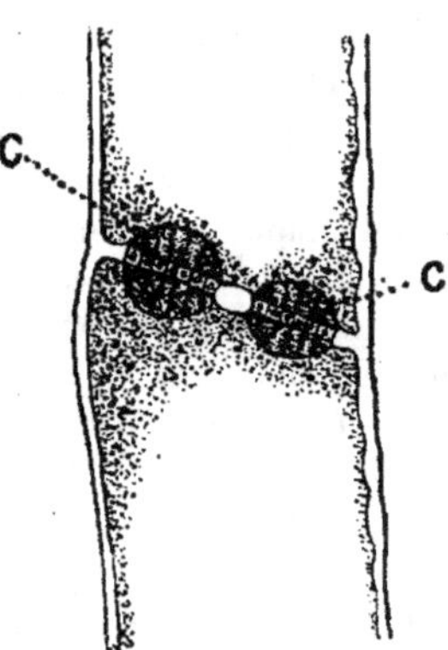

Deux cribles de la vigne, avec callose
(d'après LECOMTE).

Fig. 26. — Membranes criblées.

une petite masse de gelée jaune, de nature azotée, appliquée sous la
face inférieure de chaque crible. De petite cellules fusiformes, qui
n'existent pas chez les gymnospermes, constituent les annexes des
tubes criblés.

Le tissu criblé est un tissu *conducteur,* dont le rôle est de transporter
les substances plastiques, et notamment les matières gélatineuses insolubles, dans le corps du végétal.

TISSU VASCULAIRE

Le tissu vasculaire est constitué par des cellules mortes à membrane
épaissie, lignifiée et munie sur sa face interne de diverses sculptures
en relief ou en creux : anneaux, spires, réseaux, ponctuations simples
ou aréolées.

Ces cellules sont ordinairement allongées en forme de cylindre ou
de prisme, et superposées en files qui constituent des *vaisseaux.*

Les vaisseaux sont *annelés, spiralés, réticulés, ponctués…..* suivant
la forme de leurs épaississements latéraux (fig. 4).

Ils sont dits :

Fermés ou *discontinus,* quand la membrane des cellules vasculaires
persiste sur les faces terminales ;

Ouverts ou *continus*, quand cette membrane se résorbe sur les faces terminales, et qu'ainsi toutes les cellules constituant le vaisseau forment *un tube continu*.

Les cellules qui, par leur superposition, donnent un *vaisseau fermé*, sont ordinairement allongées et pointues aux deux extrémités ; leurs dimensions sont variables ; elles mesurent généralement de $0^{mm}16$ à 1^{mm} de longueur ; chez les pins, elles ont jusqu'à 4^{mm} de longueur ; chez le bananier et le balisier, elles atteignent 10^{mm} de longueur sur $0^{mm}1$ de largeur.

Les *vaisseaux fermés* sont de beaucoup les plus nombreux dans les végétaux ; ils composent la plus grande partie du bois des gymnospermes.

Les *vaisseaux ouverts* ont des diamètres très variables ; c'est dans les plantes grimpantes qu'ils sont les plus gros (jusqu'à $0^{mm}5$ de diamètre).

Que les vaisseaux soient ouverts ou fermés, leur rôle est de *transporter l'eau et les substances dissoutes,* de la région des poils absorbants des racines jusqu'aux feuilles.

ANATOMIE DE L'ARBRE

ANATOMIE DE L'ARBRE

I

MORPHOLOGIE EXTERNE DE L'ARBRE

PARTIES CONSTITUTIVES DE L'ARBRE

Dans toute plante phanérogame, on distingue *trois* parties constitutives :

La tige,
Les feuilles,
La racine.

CLASSIFICATION DES PLANTES PHANÉROGAMES

Au point de vue botanique, les plantes phanérogames sont caractérisées par le fait qu'elles se reproduisent au moyen de *graines* formées par des *fleurs*.

Parmi les phanérogames, il en est qui ont leurs graines portées extérieurement sur des écailles ou feuilles modifiées ; ils ont des feuilles *aciculaires,* désignées sous le nom d'*aiguilles* : ce sont les végétaux qui forment le sous-embranchement des *gymnospermes* ou *résineux* (fig. 27¹).

Les autres phanérogames ont leurs graines renfermées dans des *cavités closes,* constituées par des feuilles modifiées ; ils sont munis de feuilles à formes *aplaties,* plus perfectionnées que les feuilles aciculaires des résineux : ce sont les végétaux qui forment le sous-embranchement des *angiospermes* ou *feuillus* (fig. 27²).

Ce sous-embranchement des *angiospermes* ou *feuillus* comprend en majeure partie des plantes pourvues de *deux cotylédons* (organes nourriciers du premier âge), de feuilles à nervures ramifiées généralement, et de pièces florales le plus souvent disposées par groupes de *quatre* ou *cinq* semblables : c'est la classe des *dicotylédones* (fig. 28).

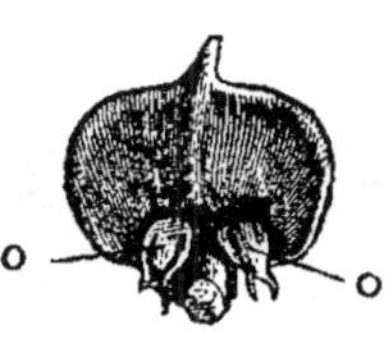

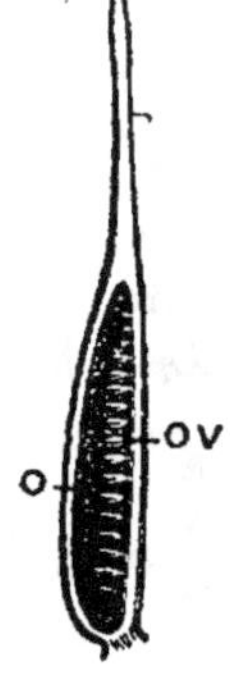

Ovules de gymnosperme, *o*, *sur* une feuille modifiée.

Ovules d'angiosperme, *o*, *dans* une cavité close, *ov*, constituée par une feuille modifiée (ovaire).

Fig. 27. — Comparaison des ovules de gymnosperme et d'angiosperme.
(D'après M. G. Bonnier).

Les autres angiospermes forment la classe des *monocotylédones*, qui ne possèdent qu'*un seul cotylédon*, avec des feuilles à nervures généralement non ramifiées, et des pièces florales semblables disposées le plus souvent par *trois* ou par *six* (fig. 29).

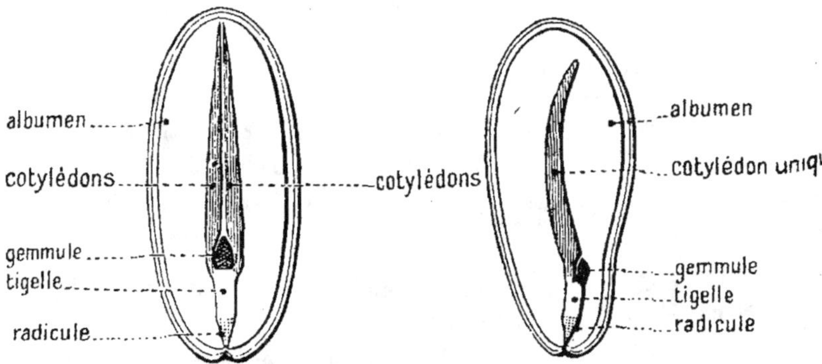

Fig. 28. — Graine de dicotylédone
(Coupe schématique).

Fig. 29. — Graine de monocotylédone
(Coupe schématique).

A — *ANGIOSPERMES OU FEUILLUS*

I — LA TIGE

La graine, placée dans des conditions favorables, germe et développe son embryon composé de la *radicule*, de la *tigelle*, de la *gemmule* et des *cotylédons* (fig. 3o).

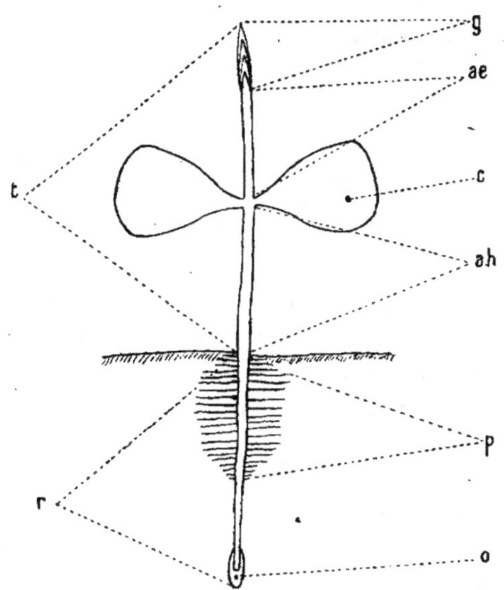

Fig. 3o. — Schéma d'un végétal ligneux au moment de la germination.

t tigelle.		*p* poils absorbants.	
r radicule.		*ah* axe hypocotylé.	
g gemmule.		*ae* axe épicotylé.	
o coiffe de la radicule.		*c* cotylédons.	

La *radicule* se dirige de haut en bas, en suivant la verticale, et se couvre de *poils absorbants*.

La *tigelle* se dirige de bas en haut, toujours en suivant la verticale, et pousse au-dessus des cotylédons, la *gemmule,* qui s'accroît progressivement.

COLLET

Le plan perpendiculaire à l'axe de la plante, et passant par le point d'insertion du *premier poil absorbant* de la radicule, marque le *collet* de la racine ; au-dessus de ce plan est la *tige,* au-dessous est la *racine* (fig. 3o).

AXE HYPOCOTYLÉ

La partie de la tige comprise entre le collet et l'insertion des *cotylédons* est l'*axe hypocotylé* (fig. 3o).

Souvent, cet axe hypocotylé a une structure intermédiaire entre celle de la racine et celle de la tige proprement dite.

NŒUDS ET ENTRE-NŒUDS

On appelle *nœud* la région de la tige où s'attachent les feuilles (fig. 3i).

L'intervalle qui sépare deux nœuds est un *entre-nœud.*

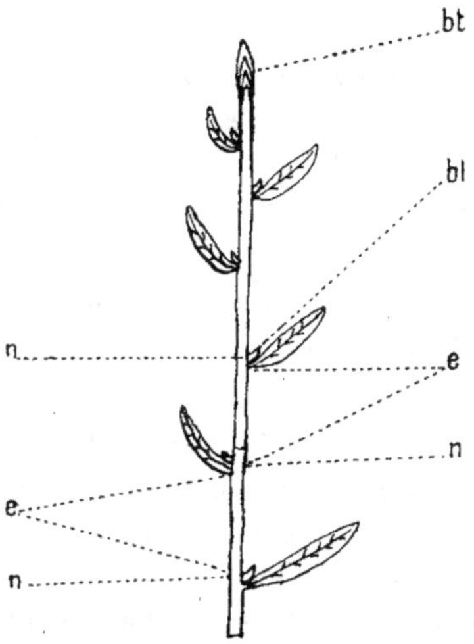

Fig. 3i. — Schéma d'une tige.

n nœuds.   bl bourgeons latéraux.
e entre-nœuds.   bt bourgeon terminal.

BOURGEON TERMINAL

Au sommet de la tige, à l'extrémité de la gemmule, les feuilles en formation, très rapprochées et se recouvrant les unes les autres, constituent le *bourgeon termi-nal* (fig. 32).

BOURGEONS LATÉRAUX ET RAMIFICATIONS

A l'aisselle de chaque feuille, c'est-à-dire immédiatement au-dessus du point d'insertion de cette feuille sur la tige, on voit un petit mamelon : c'est un *bourgeon latéral* destiné à s'allonger et à former un rameau ayant les mêmes caractères que la tige principale. Ce *rameau,* ou *branche* de premier ordre, produit aussi des *rameaux* ou *branches de second ordre,* et ainsi de suite.

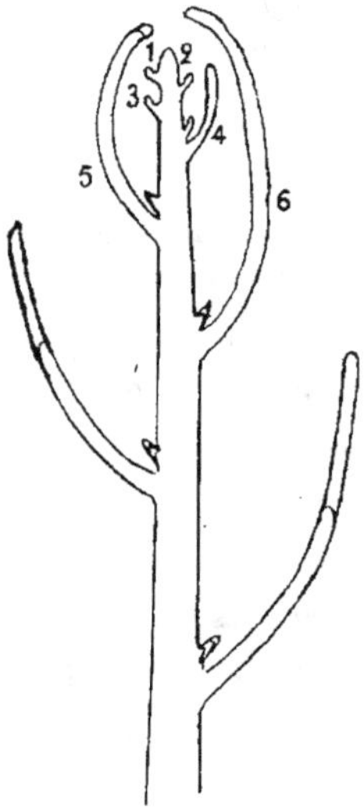

C'est ainsi que se forme la ramification des tiges.

Souvent ces *bourgeons axillaires* ne se développent qu'après la destruction de la partie supérieure de la tige ; le plus rapproché du sommet donne alors une branche qui vient remplacer la tige mère.

Fig. 32. — Coupe longitudinale du sommet d'une tige.

1, 2, 3, 4, 5, 6, feuilles successives.

Au bourgeon axillaire normal peuvent se substituer des *bourgeons de remplacement,* nés à côté de lui à l'aisselle de la même feuille.

ALLONGEMENT DE LA TIGE

L'*allongement* des tiges a lieu sur une certaine étendue, à partir et au-dessous du sommet ; cette étendue est variable avec les diverses espèces végétales.

L'allongement *terminal* est l'allongement du sommet lui-même.

L'allongement *intercalaire* est celui qui s'effectue au-dessous du sommet.

Les allongements des nœuds et entre-nœuds diffèrent avec chaque espèce et avec les conditions diverses de la végétation.

CIRCUMNUTATION

Le sommet de chaque tige en voie de croissance décrit une courbe en forme d'hélice, car l'intensité de l'accroissement varie successivement sur tout le pourtour de la tige. Les régions successivement en croissance plus grande deviennent convexes dans un sens donné et le sommet de la tige se penche en sens opposé. C'est le phénomène de la *circumnutation*, variable avec chaque espèce.

DURÉE DES TIGES

Les tiges des arbres ont une durée très différente suivant l'espèce, suivant le sol, suivant le climat.

Les couches annuelles d'épaississement du bois, d'après lesquelles on évalue l'âge d'un arbre, ne sont pas toujours absolument distinctes chez les vieux sujets. Cependant, on sait que les tiges de certaines essences telles que le chêne, le châtaignier, le baobab, le dragonnier peuvent atteindre un âge considérable.

Le chêne *Jupiter* de la forêt de Fontainebleau a plus de 700 ans ; le chêne signalé par Candolle avait, au moment où il fut abattu dans les Ardennes en 1824, plus de 1.500 ans ; le châtaignier de Sancerre a plus de 1.000 ans ; le fameux châtaignier de l'Etna mesure 53 mètres de circonférence, et son âge est considérable.

Au îles du Cap Vert, on a observé des baobabs de 9 mètres de diamètre, âgés de 6.000 ans.

Les dragonniers peuvent atteindre jusqu'à 8.000 années.

En général, si l'on considère l'ensemble des espèces ligneuses, la hauteur de la tige n'est pas proportionnelle à son épaisseur. Les *eucalyptus*, par exemple, peuvent s'élever jusqu'à 165 mètres sans avoir de grands diamètres.

Pour la même espèce, suivant l'état de *massif* ou d'*isolement*, suivant le *sol*, suivant le *climat*, en un mot suivant le *milieu*,

très variables sont les proportions entre la hauteur totale de la
tige et son épaisseur, entre le *fût de l'arbre* (partie de la tige
comprise entre le niveau du sol et celui des premières branches)
et la *cime* (*houppier* comprenant le reste de la tige et les
branches) [fig. 33 et 34].

FORMES DE LA TIGE

Quand il croît *isolé*, l'arbre prend sa *forme naturelle*, sa *forme
spécifique* (fig. 33).

Fig. 33. — Forme *spécifique* d'un arbre (schéma).

Cette forme spécifique varie avec la manière dont les branches
inférieures supportent le couvert des branches supérieures et

avec l'angle d'insertion des branches sur la tige. Il y a des arbres
à forme conique, d'autres à forme tabulaire. Chaque espèce *isolée*
a son *port spécial*. Ainsi le pin pinier a sa cime *en parasol*.

Fig. 34. — Forme *forestière* d'un arbre (schéma).

Quand l'arbre appartient à une espèce *social* et croît *en massif*,
il prend sa forme dite *forestière* (fig. 34).

Par le fait du couvert latéral, dû aux arbres voisins, les branches basses sont privées de lumière ; elles ne s'alimentent plus ; bientôt elles meurent en laissant une cicatrice qui se ferme naturellement, sans dommage pour le fût ; ce fût se dénude et s'élève de plus en plus : c'est l'*élagage naturel*.

On voit ainsi dans certains massifs des fûts extrêmement longs surmontés par des cimes très grêles.

Cependant, cette croissance en hauteur n'est *pas indéfinie*.

Quand le maximum est atteint, les branches de la cime grossissent et deviennent parties définitives du végétal.

En résumé, la forme *forestière*, due à la croissance en massif, fournit des fûts bien plus allongés que la forme *spécifique*, et par conséquent des bois plus précieux pour l'industrie.

Le *sol* a une influence importante sur la forme de l'arbre.

L'arbre a une tige d'autant plus élevée que le sol est plus profond, toutes circonstances égales d'ailleurs. Ainsi le chêne n'atteint jamais une hauteur considérable dans les sols de faible épaisseur.

Le *climat* agit sur la forme des tiges. On sait qu'aux expositions Nord et Est, la hauteur des tiges est plus grande qu'aux expositions Sud et Ouest, qui ont, en général, moins de fraîcheur et plus de soleil.

Des vents violents suppriment les branches du côté où ils soufflent. Ainsi, sur les rivages de l'Atlantique, la plus grande partie des branches se trouvent du côté de la terre ; au contraire, sur le littoral de la Provence, le mistral venant de la terre, les branches sont plus développées du côté de la mer.

En montagne, seuls résistent au poids des neiges les arbres à branches courtes de même longueur, ou à branches flexibles appliquées sur le tronc. On cite à ce sujet les *espèces columnaires* de la forêt du Risoux (Jura).

Chez certains arbres, comme le chêne et le hêtre, la croissance des branches domine à un certain moment celle de la tige proprement dite : la ramification est *diffuse*.

Chez d'autres, comme le sapin et l'épicéa, la tige proprement dite conserve toujours une avance sur les branches : la ramification a une forme *verticillée*.

II — LA FEUILLE

La feuille naît sur la tige, et elle est symétrique par rapport à un plan.

Parties constitutives de la feuille

La feuille se compose, en général :

D'un *limbe,* partie large et aplatie, portée par un *pétiole,* partie plus étroite et plus épaisse à laquelle fait suite une *gaine,* entourant plus ou moins la tige sur laquelle elle est fixée (fig. 35).

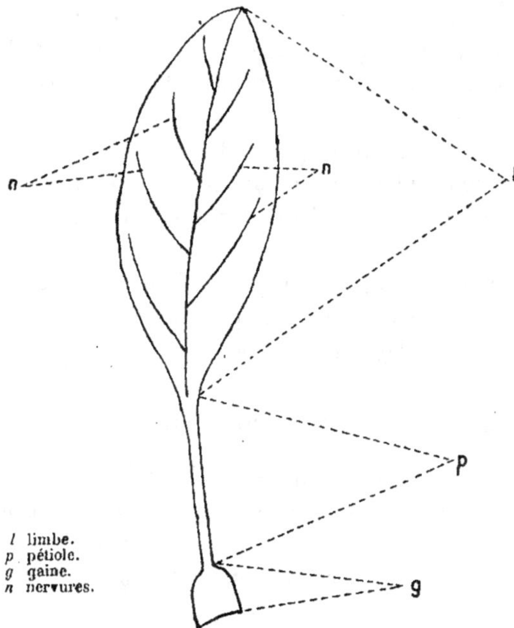

Fig. 35. — Schéma d'une feuille.

Toute feuille ne comprend pas nécessairement un limbe, un pétiole, une gaine.

Chez la plupart de nos essences forestières, *la gaine manque.*

Dans certaines plantes, la feuille *n'a pas de pétiole ;* elle est dite alors *sessile.*

Le *limbe* lui-même peut ne pas exister; la feuille peut être réduite à un pétiole.

NERVATION DE LA FEUILLE

La feuille est sillonnée par de petites lignes droites ou sinueuses, qu'on appelle des *nervures* (fig. 35).

Les nervures *principales* sont celles qui partent directement du pétiole; les autres sont les nervures *secondaires, tertiaires...*

La disposition des nervures dans la feuille, ou *nervation,* est variable avec chaque espèce.

La nervation est *palmée,* quand les nervures principales se réunissent toutes au point d'insertion du pétiole sur le limbe; l'une est disposée dans le plan de symétrie du limbe, les autres de part et d'autre.

La nervation est *pennée* quand les nervures secondaires sont disposée comme les barbes d'une plume et viennent s'insérer sur la *nervure principale unique,* située dans le plan de symétrie du limbe.

La nervation est *peltée* quand, le limbe étant perpendiculaire à l'axe du pétiole, les nervures principales partent du point d'insertion de ce pétiole sur le limbe.

FORMES DES FEUILLES

Une feuille est *entière* quand les bords ne sont pas découpés.

Elle est *dentée* quand le pourtour du limbe porte des *dents* plus ou moins longues, les extrémités des dents correspondant aux extrémités des nervures, et les échancrures aux intervalles de deux nervures.

Elle est *lobée* quand le pourtour du limbe présente des *lobes* plus ou moins profonds et arrondis.

Quand le limbe est divisé en plusieurs parties distinctes, nous n'avons plus une *feuille simple,* mais une *feuille composée.* Chacune des parties composantes est une *foliole.* C'est ainsi que le marronnier possède une feuille *composée palmée* et le frêne une feuille *composée pennée.*

STIPULES

Les *stipules* sont deux petits appendices aplatis, insérés de part et d'autre de certaines feuilles, à la fois sur la base du pétiole et sur la tige.

Chez beaucoup d'essences forestières, notamment chez le hêtre, les stipules ne sont que des écailles protectrices de la jeune feuille, et tombent après le développement de cette feuille ; ils sont *caducs*.

LIGULE

On appelle *ligule* un prolongement aplati porté par certaines feuilles du côté de la face supérieure.

INSERTION DES FEUILLES

Les *nœuds de la tige* sont les *régions d'insertion des feuilles*.

L'*angle de divergence* de deux feuilles est l'angle dièdre formé par les plans de symétrie de ces deux feuilles, plans de symétrie passant par l'axe de la tige.

Sur la tige les feuilles sont *isolées* ou *alternes* quand il n'en existe qu'une seule à chaque nœud.

L'angle de divergence de deux feuilles consécutives est le même pour chaque espèce, en général.

Chez beaucoup de dicotylédones, l'angle de divergence de deux feuilles consécutives (par exemple la feuille n° 1 et la feuille n° 2), est de $\frac{2}{5}$ de circonférence (fig. 36).

Alors l'angle de divergence des feuilles n° 1 et n° 3 sera de $\frac{2}{5} + \frac{2}{5} = \frac{4}{5}$ de circonférence.

Celui des feuilles n° 1 et n° 4 sera de $\frac{6}{5}$ de circonférence.

Celui des feuilles n° 1 et n° 5 sera de $\frac{8}{5}$.

Celui des feuilles n° 1 et n° 6 sera de $\frac{10}{5}$ ou *2 circonférences*.

La 6ᵉ feuille sera superposée à la 1ʳᵉ, la 7ᵉ à la 2ᵉ et ainsi de suite.

Les feuilles seront ainsi placées sur 5 lignes verticales. Si l'on remonte d'une feuille quelconque à la feuille située au-dessus, en suivant l'hélice d'insertion, on aura fait *deux* tours de spire et rencontré *cinq* feuilles.

Ces cinq feuilles constituent *un cycle*.

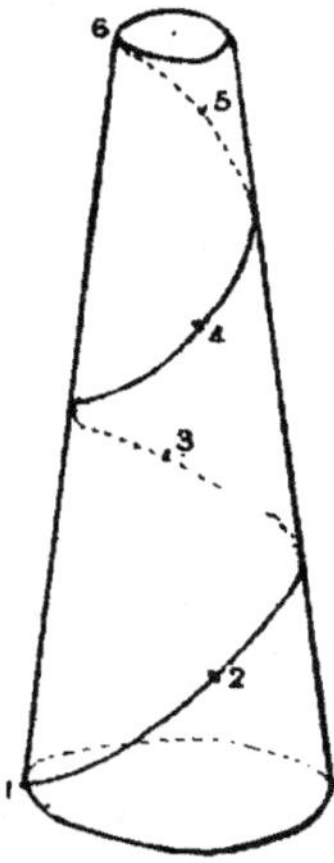
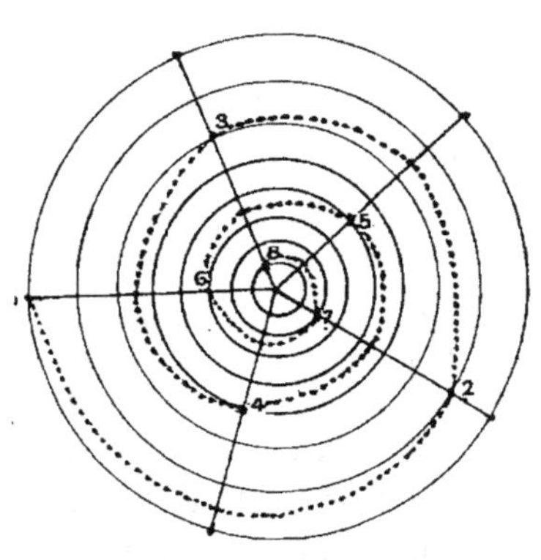

A. Projection verticale de la spirale d'insertion.   B. Projection horizontale de la spirale d'insertion.

1, 2, 3, 4, 5, 6, feuilles successives.   *1, 2, 3, 4, 5, 6*, feuilles successives.

Fig. 36. — Disposition des feuilles sur le chêne.

Chez d'autres dicotylédones, l'angle de divergence de deux feuilles successives n'est plus $\frac{2}{5}$, mais $\frac{1}{2}$ ou $\frac{1}{3}$ ou $\frac{3}{8}$...

L'angle de divergence de deux feuilles successives est exprimé par une fraction dont le numérateur est le nombre de tours faits en partant d'une feuille et en suivant l'hélice d'insertion, et le dénominateur le nombre de feuilles rencontrées sur la tige, pour atteindre la feuille immédiatement superposée.

Les feuilles ont une disposition *distique* quand leur angle de divergence est de $\frac{1}{2}$ ou 180°.

Il peut se trouver *plusieurs feuilles* à chaque nœud.

S'il y a *deux* feuilles à chaque nœud, elles sont insérées en face l'une de l'autre et ont le *même plan de symétrie ;* elles sont dites *opposées.* Pour deux nœuds successifs quelconques, les plans de symétrie des feuilles sont alors perpendiculaires l'un à l'autre.

Quand il y a plus de deux feuilles à chaque nœud, les feuilles sont dites *verticillées.* Les verticilles alternent entre eux.

Les entre-nœuds peuvent être de longueurs très inégales.

DURÉE DES FEUILLES

La durée des feuilles est variable avec les espèces. Il y a des plantes à *feuilles persistantes,* qui conservent leurs feuilles vivantes pendant plusieurs années. Il en est ainsi par exemple chez les *résineux* et chez *certains feuillus.*

Il y a des plantes à *feuilles caduques.* Parmi ces dernières, certaines conservent pendant une partie de l'hiver les feuilles mortes à l'automne ; ces feuilles sont dites alors *marcescentes.*

III — LA RACINE

La *racine* est la partie de la plante qui la fixe au sol. Elle est *symétrique par rapport à un axe,* et sa croissance est indéfinie.

Parties constitutives de la racine

Les parties constitutives de la racine sont au nombre de *quatre :*

La *coiffe,* située tout à fait à l'extrémité libre ;

La *région lisse,* au-dessus de la coiffe ;

La *région pilifère,* qui succède à la précédente ;

La *région subéreuse,* placée au-dessus de cette région pilifère (fig. 37).

LA COIFFE

La coiffe est une pellicule généralement brunâtre qui protège l'extrémité de la racine.

Elle est très visible sur les racines des asperges, des lentilles d'eau, des Cattleya, des Pandanus. Son existence est constante.

La région *pilifère* de la racine est remarquable par la présence des *poils absorbants*. Ceux-ci naissent, à quelques millimètres de l'extrémité de la racine, sur une longueur d'un à trois centimètres. A mesure que la racine s'allonge, ils disparaissent, et sont remplacés par de nouveaux, qui apparaissent successivement

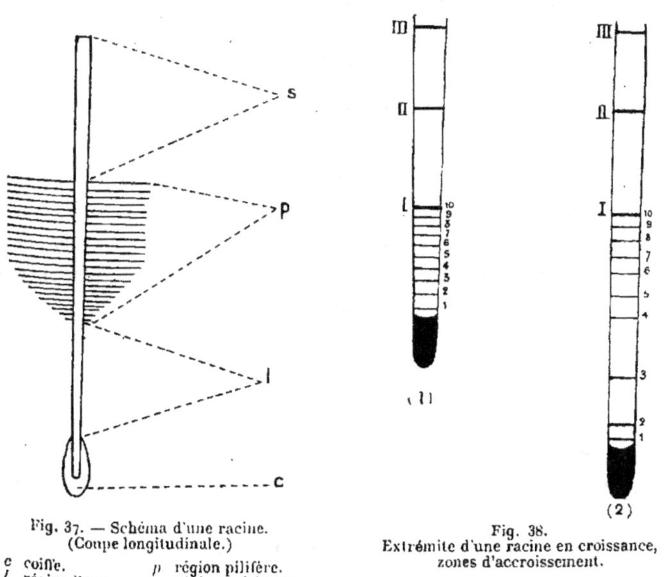

Fig. 37. — Schéma d'une racine.
(Coupe longitudinale.)

c coiffe.   p région pilifère.
l région lisse.   s région subéreuse.

Fig. 38.
Extrémité d'une racine en croissance,
zones d'accroissement.

toujours à la même distance de l'extrémité. La longueur du manchon de poils absorbants reste *constante*.

Les racines de certaines essences, telles que l'aune, le saule, le peuplier, ne possèdent *pas de poils absorbants;* chez ces essences, la région correspondant à la région pilifère joue le rôle de cette dernière au point de vue de l'absorption des liquides nutritifs.

L'allongement de la racine est localisé dans le voisinage de son sommet; c'est un *allongement subterminal,* presque toujours compris dans le *premier centimètre à partir de l'extrémité* (fig. 38).

Pour la même cause que la tige (croissance inégale sur le pourtour), le sommet de la racine, dans son développement, suit une hélice de *circumnutation*. Ce mouvement, bien que moins étendu que celui de la tige, facilite la pénétration dans le sol.

RAMIFICATION ET ORIENTATION DES RACINES

La racine principale produit latéralement des ramifications appelées *radicelles* (fig. 39).

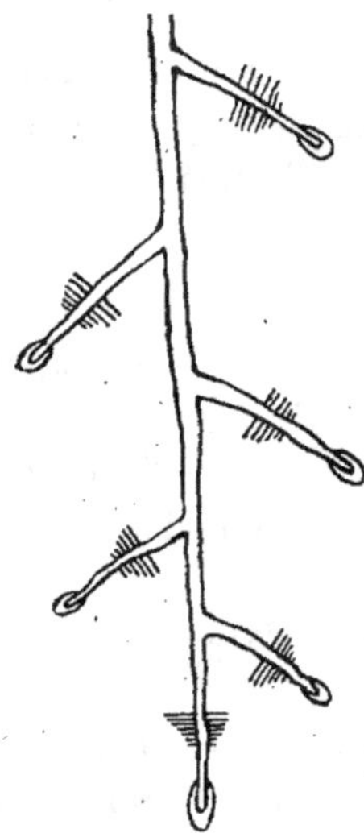

Fig. 39.
Schéma de la ramification
d'une racine.

Ces radicelles de premier ordre se ramifient à leur tour en radicelles de second ordre, celles-ci en radicelles de troisième ordre, et ainsi de suite.

La direction de la racine principale est *verticale* de haut en bas. Les radicelles de premier ordre font avec la racine principale un angle, toujours le même pour une espèce déterminée, angle qui dépasse généralement un peu 45°.

Les radicelles de second ordre et des ordres suivants font avec la verticale un angle quelconque.

Sur la racine principale, comme sur les racines secondaires de premier ordre et des ordres suivants, les radicelles qui naissent sont disposées en plusieurs rangées, dont le nombre n'est jamais inférieur à *trois chez les angiospermes*.

Ce qu'on appelle en sylviculture le *chevelu* est l'ensemble des radicelles de dernier ordre.

Quand la racine principale est et reste plus développée que les radicelles, on a un système de racines dit *pivotant* ou *profond*. Il en est ainsi pour le chêne.

Quand les radicelles des divers ordres deviennent rapidement prédominantes sur la racine principale, l'enracinement est *traçant* ou *superficiel*. Ainsi le genre *épicéa* possède un enracinement *traçant*.

On constate, chez les végétaux forestiers, *tous les intermédiaires* entre l'enracinement pivotant et l'enracinement traçant.

Dans le jeune âge, presque tous les végétaux forestiers ont des racines pivotantes ; ce n'est qu'au cours de la croissance que le pivot s'atrophie ou se ramifie plus ou moins et que l'enracinement se caractérise plus particulièrement dans le sens *pivotant* ou *traçant*.

En agriculture, on appelle *racines fasciculées un ensemble de racines nées sur la base de la tige*.

Il faut introduire dans des sols superficiels des espèces à racines *traçantes*, et dans les sols profonds des espèces à racines *pivotantes*. On obtient ainsi la meilleure utilisation de la couche végétale.

LES RACINES ADVENTIVES

Les racines *adventives* sont les racines qui naissent *latéralement sur la tige*.

La plupart des monocotylédones et beaucoup de dicotylédones remplacent bientôt leur système normal de racines par des racines *adventives*.

Les tiges aériennes peuvent produire soit des racines *aériennes*, soit des racines *souterraines*.

Tantôt les racines adventives apparaissent sans ordre déterminé sur la tige ; tantôt elles ne naissent qu'en certains points déterminés (voisinage de l'insertion des feuilles, base des bourgeons).

ORIGINE DES RACINES

La naissance des racines est *endogène*, c'est-à-dire qu'elles proviennent visiblement de l'intérieur des organes, en écartant les couches superficielles pour se faire jour.

DURÉE DES RACINES

Le système normal des racines a une durée égale à celle de la plante elle-même. Au contraire, les racines *adventives* durent ordinairement moins longtemps, et doivent être remplacées par de nouvelles.

IV — LA FLEUR

La *fleur* est la partie de la plante phanérogame qui sert à la reproduction.

Chez les *angiospermes*, la fleur est composée de *feuilles modifiées*, provenant d'un bourgeon spécial, le *bourgeon floral*, et groupées à l'extrémité d'un rameau.

Ce rameau, mince et dépourvu de feuilles, s'appelle un *pédoncule;* c'est l'entre-nœud plus ou moins allongé qui précède la fleur.

Les *bractées* sont des feuilles plus ou moins modifiées qui se trouvent près du bourgeon floral.

DISPOSITION DES FLEURS

Les divers *modes de groupement des rameaux* supportant les fleurs sont désignés sous le nom d'*inflorescences*.

Les fleurs peuvent être *isolées;* mais, le plus souvent, elles se trouvent rapprochées les unes des autres en nombre plus ou moins grand, c'est-à-dire en *inflorescences*.

INFLORESCENCES INDÉFINIES

Quand le rameau floral porte, à des intervalles réguliers, des bractées, à l'aisselle desquelles naissent des pédoncules à peu près tous de même longueur et terminés chacun par une fleur, l'inflorescence est une **grappe** *(fig. 40¹).*

Si les pédoncules floraux restent de plus en plus courts vers le sommet de l'inflorescence, de manière que les fleurs s'épanouissent à peu près toutes sur le même niveau, l'inflorescence est un **corymbe** *(fig. 40²).*

Si les pédoncules sont très courts, de façon que les fleurs paraissent insérées directement sur la tige qui les porte, à l'aisselle des bractées, l'inflorescence est un **épi** *(fig. 40³).*

*Si les pédoncules partent tous ensemble du sommet du rameau floral, les bractées étant rapprochées en forme de collerette (***involucre) *autour du pied des pédoncules, l'inflorescence est une* **ombelle** (fig. 40⁴).

Si l'on imagine une ombelle dont les pédoncules se raccourcissent de manière que les fleurs soient toutes insérées directement sur le sommet élargi de la même tige, l'inflorescence est un **capitule** (fig. 40⁵).

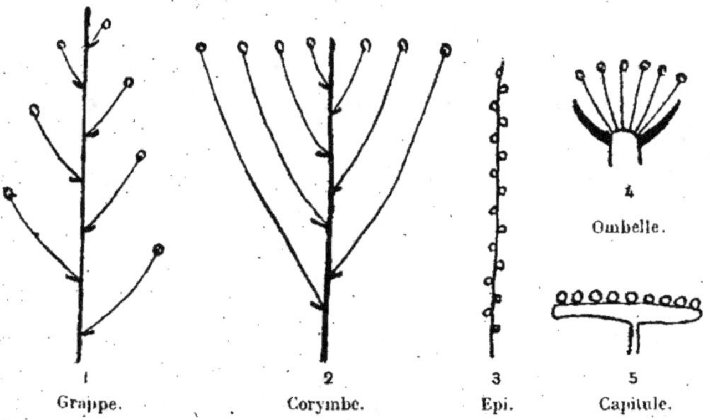

Fig. 40. — Inflorescences indéfinies (schéma).

Dans les inflorescences que nous venons de citer, *grappe, corymbe, épi, ombelle, capitule,* les *fleurs de la base ou du pourtour* de l'inflorescence s'épanouissent *les premières;* ce sont des *inflorescences indéfinies.*

INFLORESCENCES DÉFINIES

Quand l'axe principal de l'inflorescence se termine *par une fleur* épanouie *avant les autres,* on a une *inflorescence définie,* qu'on appelle une **cyme** (fig. 41).

Dans la *cyme unipare scorpioïde* : « *l'axe se termine par une fleur, la première épanouie; un axe d'un certain ordre ne porte qu'un axe de l'ordre supérieur; les bractées, étant situées toutes du même côté, l'ensemble de l'inflorescence se recourbe en spirale* » (fig. 41¹).

Dans la cyme *hélicoïde* : « *l'axe se termine encore par une fleur, la première épanouie; un axe d'un certain ordre ne porte encore qu'un axe de l'ordre supérieur; mais, les bractées sont disposées en hélice sur l'axe apparent et non rejetées toutes sur une même face de cet axe, comme dans le cas précédent* (fig. 41²).

« Quand l'axe principal se termine encore par une fleur épanouie avant toutes les autres, qu'il porte au-dessous de la fleur *deux* bractées au lieu d'une, qu'à l'aisselle de ces bractées naissent deux axes secondaires terminés chacun par une fleur et ainsi de suite, l'inflorescence est une *cyme bipare* » (M. G. BONNIER) (fig. 41³).

Il y a aussi les cymes *tripares... multipares.*

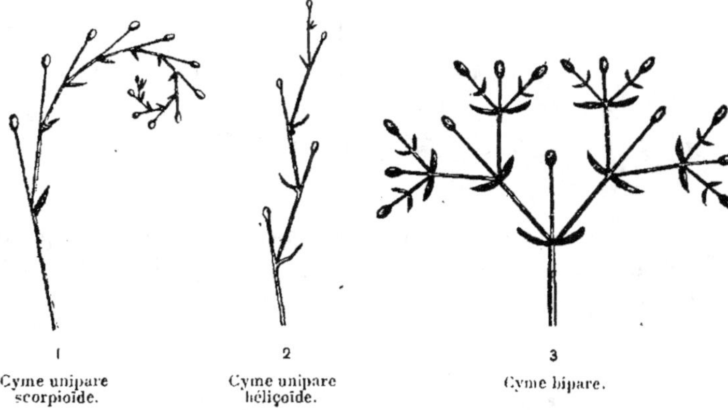

Fig. 41. — Inflorescences en cymes (schéma).

On peut trouver tous les intermédiaires entre l'inflorescence indéfinie (la grappe et ses dérivés), et l'inflorescence définie (la cyme et ses dérivés).

Chez de nombreux végétaux, il existe des inflorescences *composées*, par exemple, des *grappes d'ombelles.*

COMPOSITION DE LA FLEUR

Une fleur complète est composée des éléments suivants (fig. 42 et 43) :

1° Une enveloppe extérieure formée de feuilles modifiées appelées *sépales* : c'est le *calice.*

2° A l'intérieur de ce calice, une seconde enveloppe, également formée de feuilles modifiées, et habituellement colorées, appelées *pétales* : c'est la *corolle*.

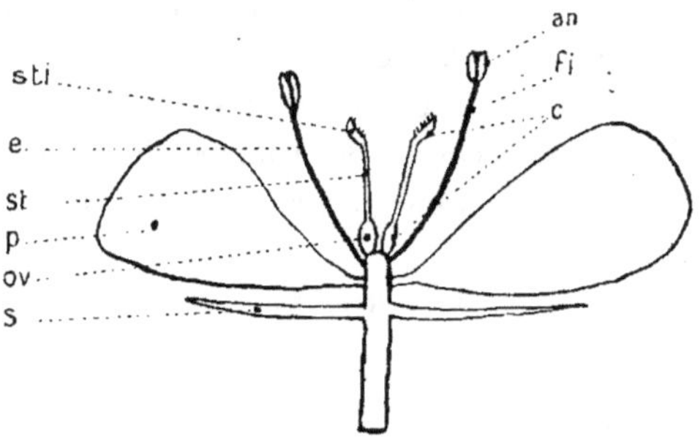

Fig. 42. — Coupe schématique d'une fleur.

s	sépales (constituant le calice).	*an*	anthère.
p	pétales (corolle).	*ov*	ovaire.
e	étamines (androcée).	*sti*	stigmate.
c	carpelles (gynécée ou pistil).	*st*	style.
fi	filet.		

3° A l'intérieur de cette corolle, un certain nombre de petits corps allongés, les *étamines*, organes *mâles*, dont l'ensemble forme l'*androcée*.

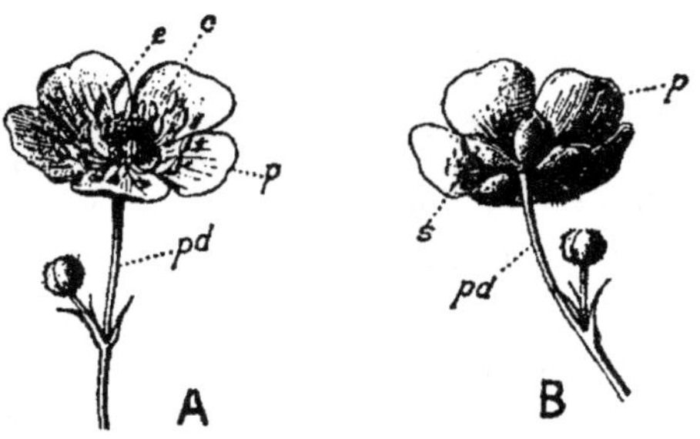

Fig. 43. — Fleur de renoncule (M. G. BONNIER).

A	Vue supérieure.	B	Vue inférieure.
e	étamines.	*p*	pétales.
c	carpelles.	*s*	sépales.
pd	pédoncule.		

[Chaque étamine est constituée par une partie mince appelée *filet*, supportant à son extrémité une partie renflée appelée *anthère,* qui contient les *grains de pollen* nécessaires au développement des graines (fig. 44 et 45).]

4° A l'intérieur du cycle des étamines, un certain nombre de petites pièces ordinairement vertes, les *carpelles,* organes *femelles,* dont l'ensemble forme le *pistil* ou *gynécée.*

[Chaque carpelle comprend une région *basilaire* arrondie, l'*ovaire,* surmonté d'une région plus mince, le *style,* celui-ci terminé par une partie renflée, le *stigmate* (fig. 46).]

Une seule ou bien deux enveloppes florales peuvent manquer. Dans ce cas, les fleurs sont dites *apétales.* Il en est ainsi par exemple chez le *frêne.*

Les fleurs sont *hermaphrodites,* quand elles ont à la fois des étamines et des carpelles ; elles sont *diclines,* quand elles manquent soit d'étamines, soit de carpelles (fig. 46).

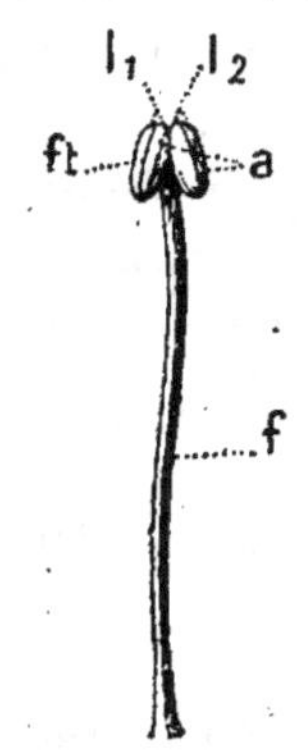

Fig. 44. — Une étamine.

f filet.
a anthère.
l₁ l₂ loges de l'anthère.
ft sillon médian d'une loge.

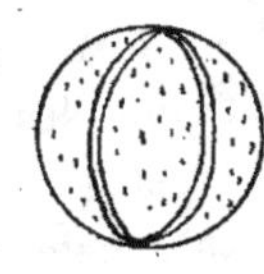

Fig. 45.
Un grain de pollen.

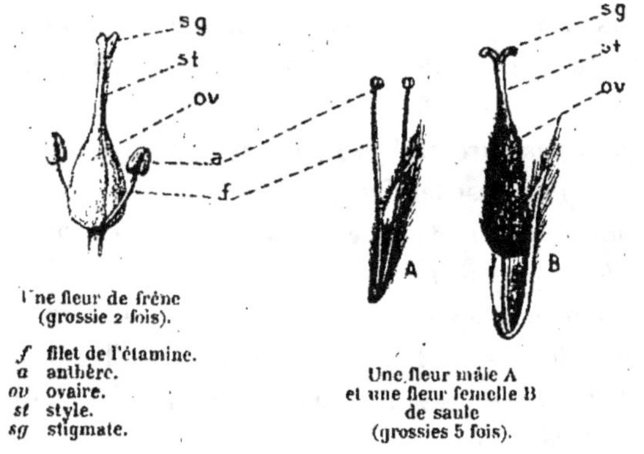

Une fleur de frêne
(grossie 2 fois).

f filet de l'étamine.
a anthère.
ov ovaire.
st style.
sg stigmate.

Une fleur mâle A
et une fleur femelle B
de saule
(grossies 5 fois).

Fig. 46. — Fleurs hermaphrodites, mâles, femelles (d'après M. G. BONNIER).

Quand les fleurs à étamines seulement, ou *fleurs mâles,* et les fleurs à pistils seulement, ou *fleurs femelles,* se trouvent sur des pieds distincts, la plante est *dioïque ;* quand elles se trouvent réunies sur le même pied, la plante est *monoique.*

Quand le même pied comprend à la fois des fleurs mâles, des fleurs femelles et des fleurs hermaphrodites, la plante est dite *polygame.*

On trouve des végétaux, comme les saules, qui présentent, dans certaines conditions d'alimentation, tous les intermédiaires entre les fleurs mâles, les fleurs femelles et les fleurs hermaphrodites.

SÉPALES ET PÉTALES

Les *sépales* ont habituellement l'apparence de petites feuilles colorées en vert clair,

Leur forme varie avec les espèces.

Comme les feuilles ordinaires, les sépales contiennent des *nervures.*

Les sépales peuvent être *égaux* entre eux, de manière que l'ensemble du calice est symétrique *par rapport à l'axe de la fleur.* Alors le calice est dit *régulier.*

Si les sépales sont *inégaux,* et si le calice a simplement un plan de symétrie, ce calice est *irrégulier.*

Un calice est *dialysépale,* quand il est formé de sépales *distincts* les uns des autres jusqu'à la base ; *gamosépale,* quand il est constitué par des sépales *réunis entre eux* sur une plus ou moins grande longueur.

La région basilaire effilée d'un sépale est l'*onglet ;* la région supérieure aplatie est le *limbe.*

La *corolle* (comme le calice) peut être *régulière* ou *irrégulière, dialypétale* ou *gamopétale.*

L'insertion des sépales et des pétales sur le réceptacle floral est régie par les mêmes lois que celles des feuilles ordinaires sur la tige ; mais les cycles sont plus serrés, par suite du moindre allongement de l'axe.

PRÉFLORAISON

La disposition des sépales et des pétales dans le bourgeon floral est la *préfloraison* (fig. 47).

Chez le tilleul, par exemple, les cinq sépales sont placés côte à côte, de manière que les bords ne se recouvrent pas mutuellement : c'est la préfloraison *valvaire*.

Dans la préfloraison *tordue,* chaque sépale ou pétale recouvre

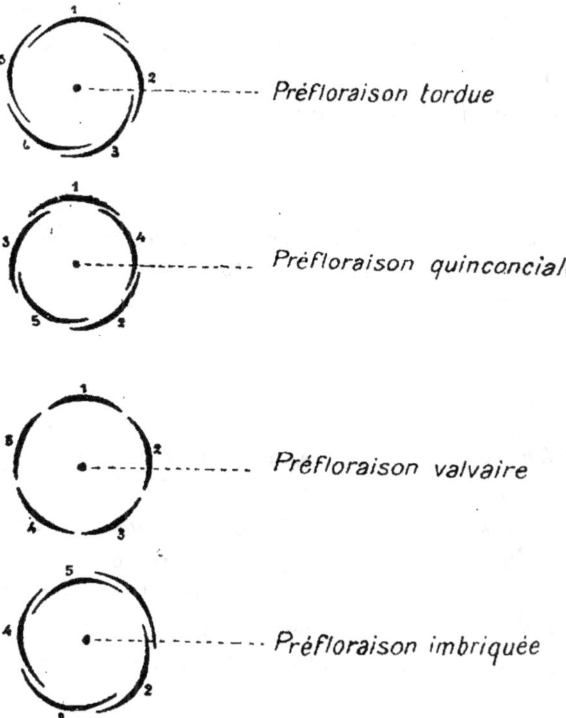

Fig. 47. — Préfloraisons.

par un de ses bords son voisin d'un côté et a son autre bord recouvert par son voisin de l'autre côté.

Dans la préfloraison *imbriquée,* une pièce florale est entièrement recouverte par les autres, une seconde pièce est entièrement recouvrante, les autres sont recouvrantes d'un côté et recouvertes de l'autre côté.

Dans la préfloraison *quinconciale,* sur cinq pièces florales, deux sont entièrement recouvertes, deux entièrement recouvrantes, la dernière, en partie recouvrante et en partie recouverte.

ANDROCÉE

L'*androcée,* constitué par les étamines (organes mâles de la fleur), peut être *régulier* (quand son ensemble est symétrique par rapport à *un axe*), ou *irrégulier* (quand son ensemble est symétrique par rapport à *un plan*).

GYNÉCÉE OU PISTIL

Le *gynécée,* situé à l'intérieur de l'androcée, comprend l'ensemble des *carpelles,* ou organes *femelles.*

V — LE FRUIT

DÉFINITION DU FRUIT

Le *fruit* succède à la fleur. Il résulte de la transformation des carpelles à la suite de la fécondation.

Les fruits ont *les formes les plus variables* d'une espèce à l'autre. Ils contiennent les *graines,* qui reproduisent le végétal.

La morphologie externe des organes femelles et des fruits sera étudiée en même temps que leur morphologie interne et leur physiologie, parce qu'elle est intimement liée à ces dernières.

NECTAIRES

Les *nectaires* sont des organes dans lesquels se forme un liquide sucré appelé *nectar.*

On les trouve souvent sous forme de disques munis de languettes à la base des étamines.

On peut les rencontrer aussi à la base des pétales, ou même en dehors de la fleur, à la base des feuilles les plus diverses.

Ce sont ces organes, contenus dans un grand nombre de fleurs, qui attirent les abeilles.

B — *GYMNOSPERMES OU RÉSINEUX*

Les *gymnospermes* ou *résineux* possèdent un appareil végétatif se rapprochant beaucoup de celui des dicotylédones. Leurs

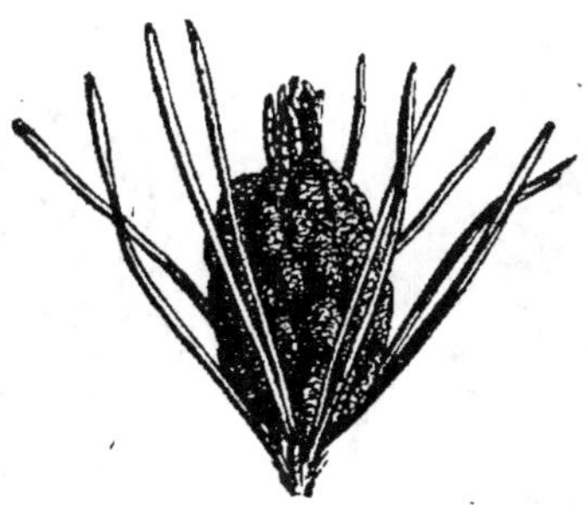

Fig. 48. — Groupe de fleurs mâles
de pin sylvestre (M. G. B.).

fleurs sont plus simples que celles des *angiospermes*. On n'y trouve ni *calice* ni *corolle*. Elles ne sont *jamais hermaphrodites*.

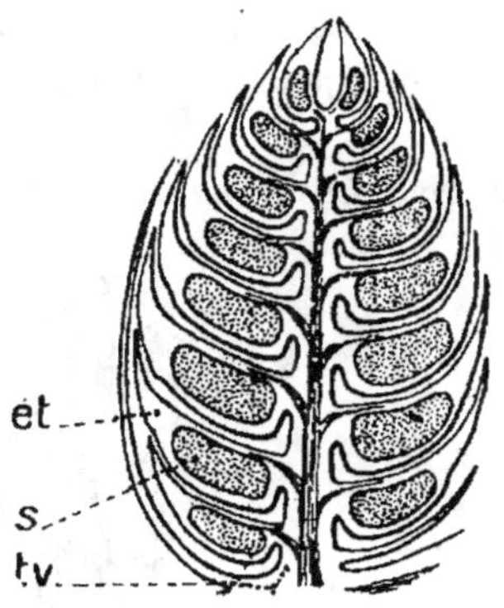

Fig. 49 — Coupe d'une inflorescence mâle
de pin sylvestre (M. G. B.).
(Grossie 3 fois.)

et étamine.
s sac pollinique.
tv tissu vasculaire.

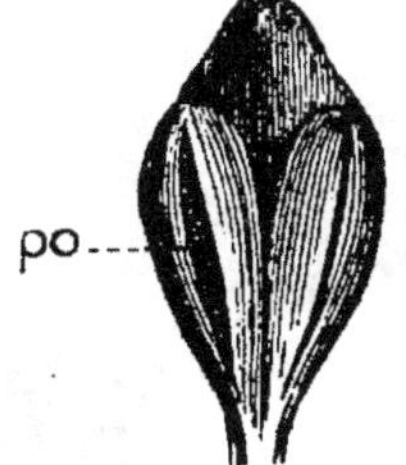

Fig. 50.
Une étamine de pin sylvestre
(M. G. B.).

po pollen.

Dans les groupes mâles, ou *cônes mâles*, les étamines, chez le pin par exemple, sont insérées régulièrement suivant une spirale ; elles ont la forme d'écailles, dont chacune recouvre celle qui est insérée plus haut ; à leur face inférieure, on voit deux renflements qui sont deux sacs polliniques. Chacun des sacs

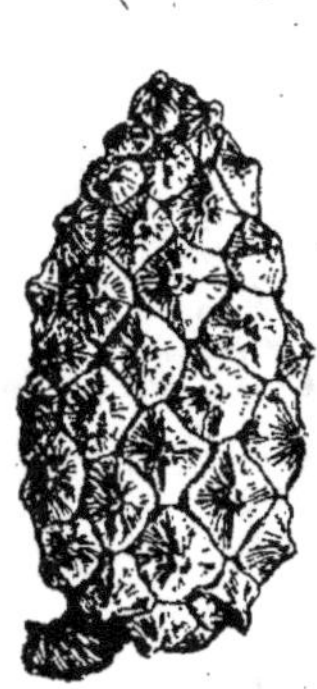

Fig. 51. — Cône de pin sylvestre
(M. G. B.).
(Réduit de 1/6.)

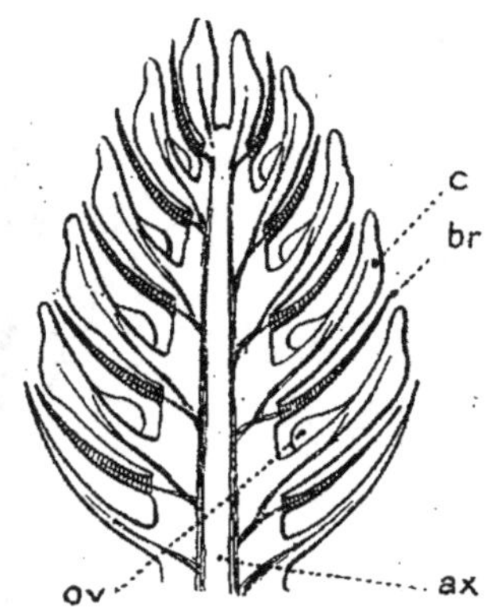

Fig. 52. — Coupe d'une inflorescence femelle
de pin sylvestre (M. G. B.).

ax axe.   c carpelle.
ov ovule   br bractée.

s'ouvre longitudinalement, à la maturité, pour disséminer les grains de pollen sous forme d'une poussière jaunâtre (fig. 48, 49, 5o).

Les carpelles des gymnospermes se présentent aussi sous l'as-

Fig. 53.
Un carpelle de pin sylvestre
avec ses deux ovules
(M. G. B.).

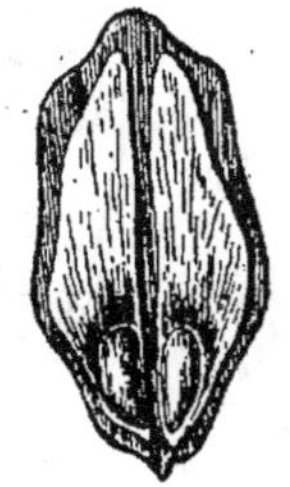

Fig. 54.
Écaille de pin sylvestre
munie de ses deux graines
(M. G. B.).

pect d'écailles portant des ovules (graines) plus ou moins découverts. On ne trouve jamais ni *ovaires clos* ni *stigmates*.

Ainsi, chez le pin, les carpelles sont disposés en *cônes* (*cônes femelles*), au sommet de certains rameaux. L'axe de l'inflorescence est constitué par le prolongement de la tige. Sur l'axe, on voit de petites bractées minces, insérées les unes contre les autres, régulièrement, suivant une spirale ; à l'aisselle de chacune de ces bractées, se trouve une écaille un peu plus épaisse, portant deux ovules à la base de sa face inférieure orientée vers le sommet du cône (fig. 51, 52, 53, 54).

Le *cône du pin* est un *fruit composé,* formé par l'ensemble des carpelles et des ovules ou graines.

MORPHOLOGIE INTERNE DE L'ARBRE

A — *ANGIOSPERMES OU FEUILLUS*

I — LA TIGE DES ANGIOSPERMES OU FEUILLUS

a) — Structure primaire

La structure *primaire* est la structure de la partie jeune de la tige.

ÉPIDERME — STOMATES

La tige est recouverte par une assise de cellules aplaties, qui est l'*épiderme*.

Les parois des cellules épidermiques sont constituées par de la cellulose.

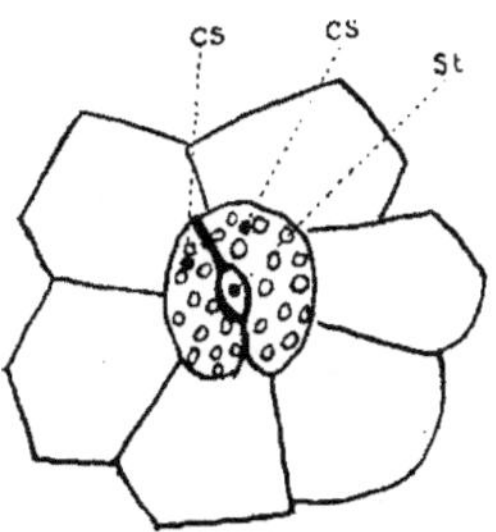

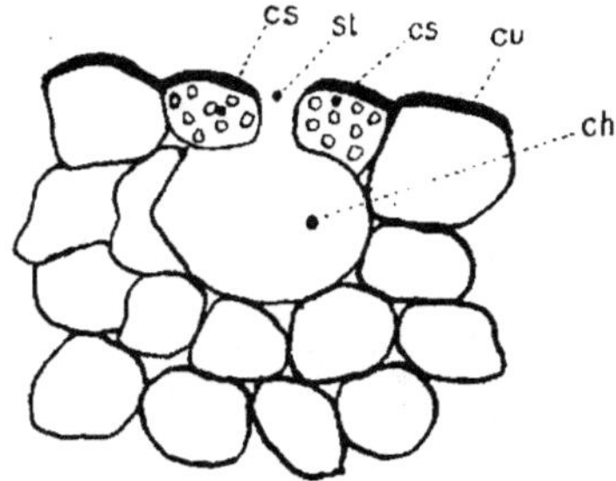

<table>
<tr><td>Vue de face.</td><td>Coupe perpendiculaire à l'axe de la tige.</td></tr>
</table>

Fig. 55. — Stomate de tige (schéma).

st stomate.	*cs* cellules stomatiques.	
cu cuticule.	*ch* chambre sous-stomatique.	

La partie externe de ces cellules épidermiques est transformée en *cutine :* c'est la *cuticule,* qui joue un rôle protecteur pour la tige (fig. 7 et 55).

Sur la jeune tige, on voit, de loin en loin, des cellules convexes d'un côté, concaves de l'autre, accolées deux à deux par leur face concave, laissant entre elles un orifice en forme de fente ; elles contiennent des grains verts de chlorophylle, tandis que les autres cellules épidermiques n'en possèdent pas.

Chaque groupe de deux cellules forme un *stomate ;* la fente qui existe entre elles est l'*ostiole.* Au-dessous de chaque stomate se trouve une cavité appelée *chambre sous-stomatique* (fig. 55).

ÉCORCE

Au-dessous de l'épiderme est l'*écorce* (fig. 56).

L'écorce est formée de cellules polygonales ou arrondies.

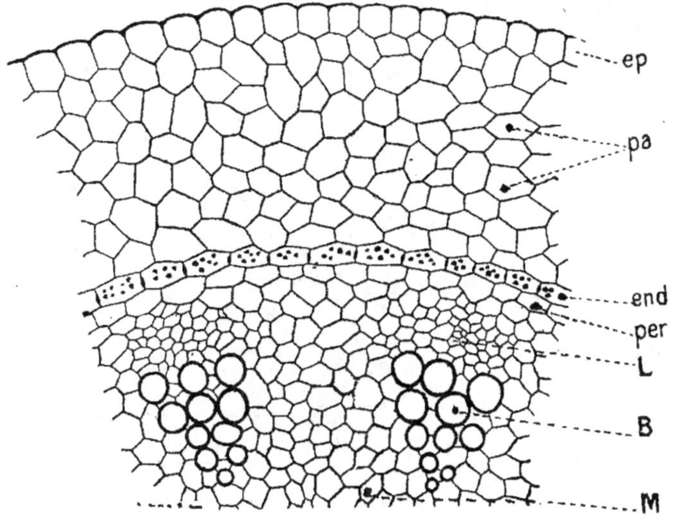

Fig. 56. — Fraction d'une coupe schématique transversale de tige primaire, montrant deux faisceaux libéro-ligneux.

ep	épiderme.	L	Liber.
pa	parenchyme de l'écorce.	B	Bois.
end	endoderme.	M	Moelle.
per	péricycle.		

Celles de la région externe renferment de la chlorophylle. Toutes contiennent des substances de réserve, qui servent à l'accroissement de la tige.

L'assise la plus interne de l'écorce est l'*endoderme ;* cette assise présente souvent, sur les faces radiales de ses cellules des *plissements cutinisés* disposés en échelons qui s'engrènent entre eux (fig. 57) ; dans certaines tiges, les cellules de l'endoderme possèdent de nombreux grains *d'amidon,* alors même que le parenchyme de l'écorce n'en a pas (fig. 58 et 59).

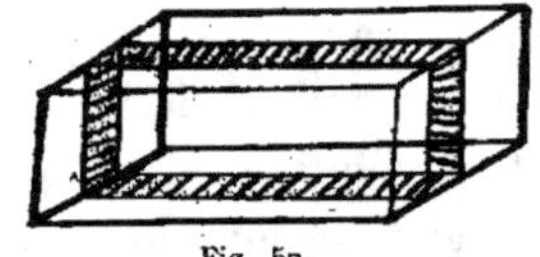

Fig. 57.
Une cellule de l'endoderme (schéma

CYLINDRE CENTRAL

L'ensemble des tissus situés en dedans de l'endoderme forme le *cylindre central* (fig. 58 et 59).

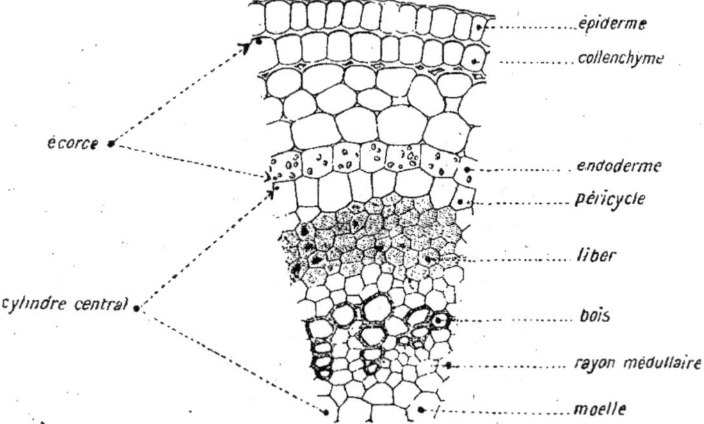

Fig. 58. — Structure primaire de la tige. Fragment de coupe transversale.

On distingue dans le cylindre central tout d'abord un certain nombre de faisceaux *libéro-ligneux* (fig. 60).

Ces faisceaux sont constitués *extérieurement* par un tissu composé de cellules allongées et de tubes *criblés :* ce sont les *faisceaux du liber*.

Intérieurement on trouve un tissu formé de vaisseaux lignifiés et de cellules allongées : ce sont les *faisceaux du bois.*

Les faisceaux libéro-ligneux sont entourés d'un parenchyme qui prend les dénominations suivantes :

Au centre : la *moelle,* comprenant au milieu la *moelle propre-*

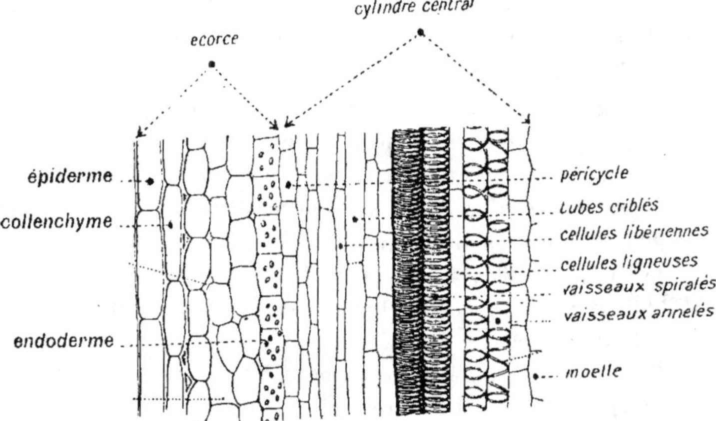

Fig. 59. — Structure primaire de la tige. Coupe longitudinale.

ment dite, formée de grandes cellules, et à la périphérie, près de la pointe des faisceaux du bois, la *zone périmédullaire,* formée de cellules plus petites (fig. 60).

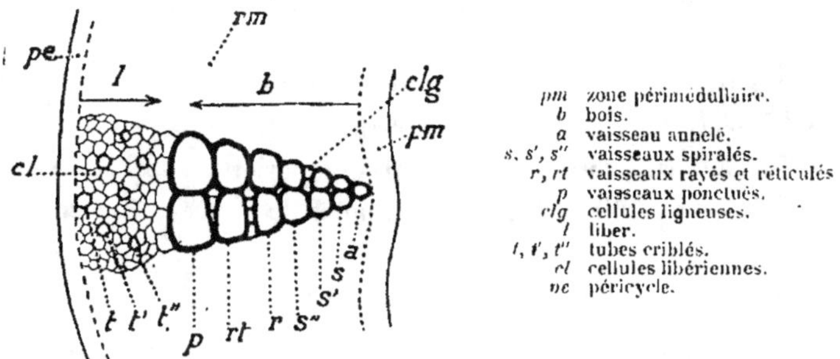

Fig. 60. — Schéma d'un faisceau libéro-ligneux, en coupe transversale
(d'après M. G. Bonnier).

En dehors des faisceaux libériens : le péricycle.

Entre les faisceaux libéro-ligneux : les rayons médullaires primaires.

FAISCEAUX DU LIBER

On trouve dans les faisceaux du liber deux sortes d'éléments :

Les *cellules libériennes,* allongées, disposées en files, et auxquelles se mêlent souvent, surtout vers la région extérieure, des fibres isolées ou disposées par groupes.

Les *tubes criblés,* de section généralement plus large, plus allongés, présentant la forme de tubes terminés supérieurement et inférieurement par des membranes finement perforées.

A ces tubes criblés, sont souvent accolées de petites cellules appelées *cellules compagnes.*

Les tubes criblés apparaissent à l'origine sous la forme de cellules à *parois nacrées,* plus épaisses et plus réfringentes que les cellules voisines.

Pendant que la différenciation nacrée commence à se produire sur les parois latérales, la paroi transversale, d'abord albuminoïde, devient *cellulosique,* sauf en certains points qui se gélifient et se résorbent pour constituer des perforations disposées par groupes. Un groupe de ces perforations forme un *crible* (fig. 26, p. 29).

Au moment où les tubes criblés remplissent leurs fonctions conductrices, les pores des cribles sont largement ouverts, et l'on voit une couche de protoplasme vivant le long des parois du tube.

Bientôt de la *callose* se dépose sur le réseau cellulosique de la plaque criblée : c'est le *cal* du crible. Celui-ci ne peut plus alors servir à la circulation ; le protoplasme pariétal disparaît, à moins que le tube criblé ne doive fonctionner de nouveau (fig. 26).

FAISCEAUX DU BOIS

Les faisceaux du bois sont constitués essentiellement par des *vaisseaux ligneux.* Les vaisseaux les plus larges (ponctués, réticulés, scalariformes, rayés) occupent le bord externe du bois voisin du liber ; les vaisseaux les plus étroits (spiralés, annelés) se trouvent dans la région interne (fig. 60) (On verra que c'est l'inverse dans le faisceau de la racine).

Entre les vaisseaux, on trouve des *cellules ligneuses* et des *fibres ligneuses*.

Les cellules ligneuses sont des cellules *vivantes,* qui ont conservé leur protoplasme et leur noyau.

Les fibres ligneuses sont des cellules considérablement étendues dans le sens de la longueur, et dont les extrémités se terminent en pointe ; ce sont des éléments *morts,* à membrane très épaissie et lignifiée ; ils ne jouent plus qu'un rôle de *soutien.*

Entre le bois et le liber, on rencontre généralement une zone de cellules dont la multiplication fournira plus tard les formations *secondaires.*

CONJONCTIF

Le *tissu conjonctif* est l'ensemble du *péricycle, des rayons médullaires primaires*, de la *zone périmédullaire* et de la *moelle.*

Les cellules de ce parenchyme, assez homogène, ont une section transversale polyédrique et une section longitudinale rectangulaire ; leurs parois ne sont pas lignifiées.

Le *péricycle* est une assise de cellules, à membrane unie, alternant avec celles de l'endoderme, auxquelles elles sont accolées ; ces cellules sont souvent allongées en *fibres* qui deviennent plus lignifiées que les autres fibres du cylindre central.

SOMMET DE LA TIGE

Le sommet de la tige est constitué par un groupe de cellules en voie de division ; c'est un tissu appelé *méristème terminal.*

Tout à fait à l'extrémité supérieure, les *cellules initiales de l'épiderme* constituent l'*épiderme de la tige,* en se cloisonnant *perpendiculairement à la surface* (fig. 61).

Au-dessous de l'épiderme, les *cellules initiales de l'écorce,* en se divisant, forment l'écorce.

En dedans, nous trouvons les *cellules initiales du méristème vasculaire,* qui, par leurs cloisonnements, produisent tout le cylindre central, moins la moelle.

A l'intérieur encore, un autre groupe de cellules initiales donne la *moelle*, sauf la zone périmédullaire, due à la multiplication du méristème vasculaire.

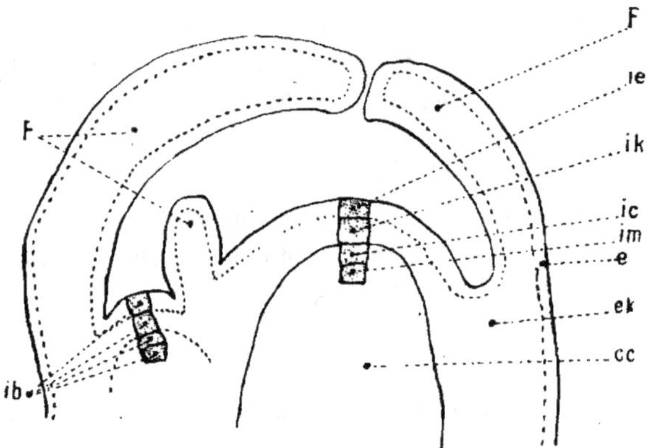

Fig. 61. — Coupe longitudinale du sommet d'une tige (schéma).

F	feuilles.	*ik*	initiale de l'écorce.
e	épiderme.	*ic*	initiale du cylindre central.
ek	écorce.	*im*	initiale de la moelle.
cc	cylindre central.	*ib*	les quatre initiales d'un bourgeon.
ie	initiale de l'épiderme.		

CARACTÈRES GÉNÉRAUX DE LA STRUCTURE PRIMAIRE DE LA TIGE

En résumé, la tige des angiospermes a une structure primaire ainsi caractérisée :

Symétrie radiale et liber superposé extérieurement au bois.

b) — Structure secondaire de la tige

Chez tous les arbres, la tige s'accroît en épaisseur par la formation de nouveaux tissus.

Ces nouveaux tissus proviennent d'une ou plusieurs zones de cellules primaires vivantes, disposées circulairement autour de l'axe de la tige et se divisant très rapidement.

On appelle ces zones de cellules *assises génératrices*. Les tissus qui en naissent sont des *tissus secondaires*.

FONCTIONNEMENT D'UNE ASSISE GÉNÉRATRICE

Chaque cellule d'une assise génératrice se cloisonne parallèlement à la direction de la rangée, en deux cellules secondaires ;
l'une de ces deux cellules secondaires, la plus externe, est rejetée
vers l'extérieur ; l'autre reprend les dimensions de la cellule primitive génératrice, *redevient cellule génératrice*, et se cloisonne de nouveau en deux (fig. 62). Ce cloisonnement détache,

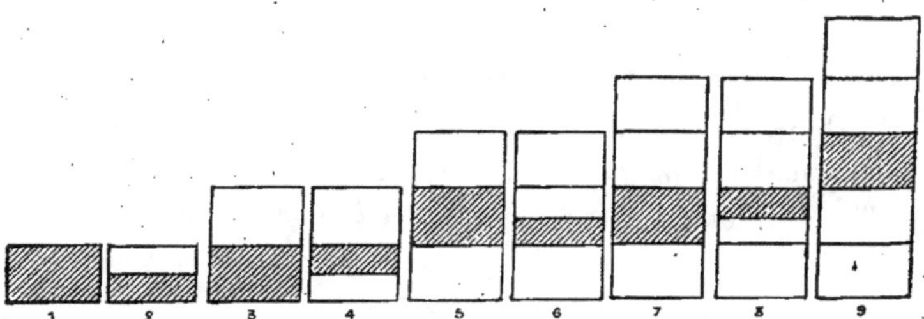

Fig. 62. — Fonctionnement d'une cellule génératrice.
2, 4, 6, 8 cloisonnements successifs.

vers l'intérieur, une *cellule secondaire nouvelle ;* la cellule
génératrice primitive est ainsi remplacée par trois cellules
superposées, une externe, une interne et une *moyenne,* qui va
redevenir génératrice.

Cette cellule moyenne *génératrice* se cloisonne de nouveau et
détache une cellule à l'extérieur ; puis la nouvelle cellule génératrice se cloisonne encore et donne une cellule à l'intérieur, et
ainsi de suite.

De semblables cloisonnements tangentiels continuent à se produire alternativement sur la face externe et sur la face interne de
la cellule génératrice.

Finalement, cette cellule génératrice se trouve comprise entre
deux piles de *cellules filles, une pile extérieure* dont les éléments
sont d'autant plus âgés qu'ils sont plus *externes, une pile intérieure* dont les éléments sont d'autant plus âgés qu'ils sont plus
internes.

L'assise entière des cellules génératrices est repoussée vers l'extérieur. Comme elle doit recouvrir alors une surface de plus en plus considérable, les cellules génératrices forment nécessairement, de temps en temps, des *cloisons radiales*, qui augmentent leur nombre et permettent à cette assise de suivre le développement de la tige.

Les cellules qui naissent des cloisonnements successifs de l'assise génératrice prennent progressivement leurs caractères définitifs, et la différenciation est d'autant plus avancée dans un de ces éléments qu'il est plus éloigné de l'assise génératrice.

DIVERSES ASSISES GÉNÉRATRICES DES DICOTYLÉDONES

On trouve en général *deux assises génératrices* (fig. 63).

L'une *entre le liber et le bois primaires*, qui donne *à l'extérieur le liber secondaire*, et *à l'intérieur le bois secondaire*.

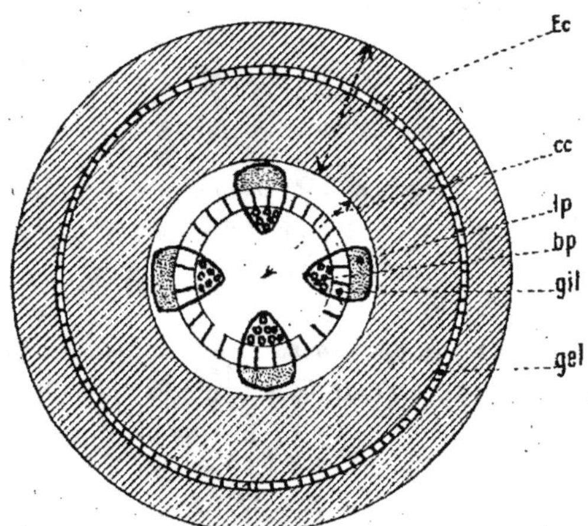

Fig. 63. — Situation des deux assises génératrices de la tige.

Ec	écorce.	
cc	cylindre central.	
lp	liber primaire.	
bp	bois primaire.	
gil	assise génératrice intra-libérienne.	
gel	assise génératrice extra-libérienne.	

L'autre, située *en dehors du liber primaire*, et qui fournit vers l'extérieur du *liège* ou *suber*, vers l'intérieur un parenchyme cortical secondaire ou *phelloderme*.

La première est l'*assise génératrice libéro-ligneuse*; c'est la plus importante, parce que c'est elle qui, en réalité, constitue **presque tout l'arbre.** On la désigne souvent sous le nom de *cambium.*

La seconde est l'*assise subéro-phellodermique ;* elle est destinée à remplacer le péricycle, l'écorce primaire et l'épiderme, disloqués par les formations libéro-ligneuses qui s'épaississent ; elle forme *extérieurement* du *liège* qui protège la tige ; *intérieurement* elle fournit un parenchyme ou *phelloderme,* qui peut, comme l'écorce primaire, contenir des substances de réserve ou de la chlorophylle.

DISPOSITION DU BOIS ET DU LIBER SECONDAIRES

Dans la structure primaire de la jeune tige, on observe tout d'abord entre le bois et le liber de chaque faisceau libéro-ligneux, une assise de parenchyme devenant *génératrice.* Des

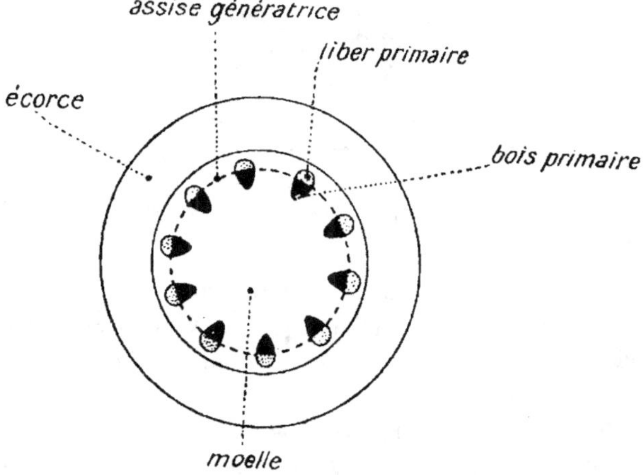

Fig. 64. — Formations secondaires, assise génératrice au début (dicotylédones).

cloisons se forment parallèlement à la ligne de séparation du bois et du liber de chaque faisceau.

Un peu plus tard, ces fragments d'assise génératrice, situés entre le bois et le liber primaires se réunissent entre eux *à travers les rayons médullaires primaires;* l'assise génératrice devient continue tout autour de la tige; elle forme, vers l'extérieur, du liber secondaire qui repousse en dehors le liber primaire, et, vers l'intérieur, du bois secondaire qui se superpose au bois primaire (fig. 64 et 65).

Il y a ainsi un anneau de liber secondaire vers l'extérieur et un anneau de bois secondaire vers l'intérieur (fig. 64 et 65).

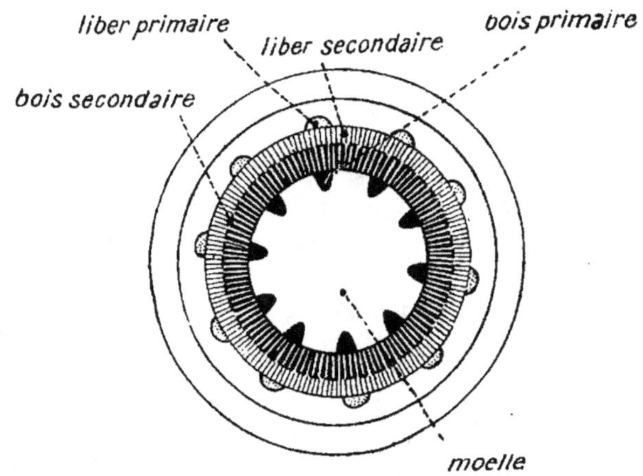

Fig. 65. — Formations secondaires libéro-ligneuses, la seconde année (dicotylédones).

En certains points, l'assise génératrice donne, en dedans comme en dehors, des cellules parenchymateuses allongées parallèlement au rayon de la tige : ce sont des *rayons médullaires secondaires* (fig. 66).

A la fin de l'automne, l'assise cesse de fonctionner. Au printemps, elle reprend son activité, et fournit, vers l'extérieur *un second anneau de liber,* vers l'intérieur *un second anneau de bois.*

Chaque année, il en est de même.

Les rayons médullaires, constitués dans le liber et le bois secondaires de première année, se continuent dans les formations secondaires des années suivantes ; de nouveaux rayons apparaissent progressivement, en même temps que s'accroît la tige ; finalement, pour chaque essence ligneuse, ces rayons

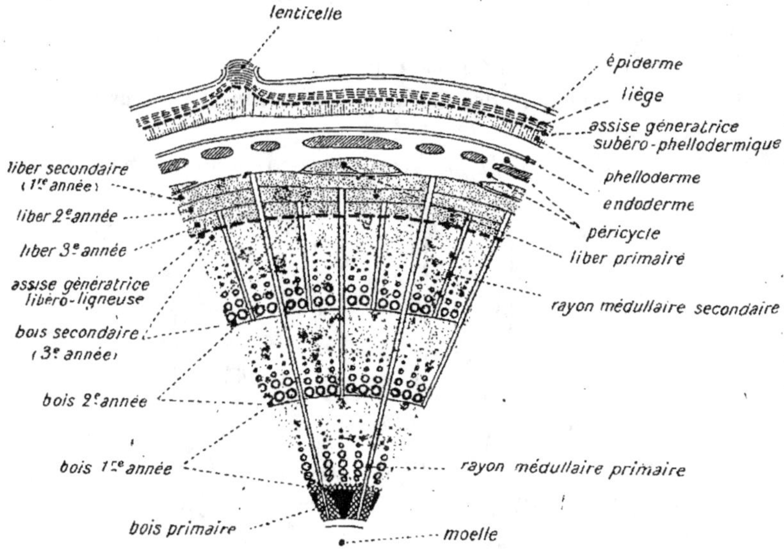

Fig. 66. — Structure d'une tige de dicotylédone à la fin de la troisième année (coupe transversale).

médullaires se trouvent approximativement à la même distance les uns des autres (fig. 66).

STRUCTURE DU LIBER SECONDAIRE

Le liber peut comprendre les éléments suivants (fig. 67) :

1° Des *fibres libériennes,* très allongées et terminées en pointe, se distinguant des fibres ligneuses par leur consistance molle et flexible (fig. 67);

2° Des *tubes criblés,* non lignifiés, et dont les parois transversales portent des plages criblés ou *cribles.*

(A l'automne, les cribles sont obturés par les *cals,* qui sont dissous au printemps suivant, afin de permettre la circulation

des substances albuminoïdes. Après deux ou trois ans d'existence, le protoplasme des tubes criblés disparaît; ces éléments
sont morts);

3° Des *cellules libériennes,* à section transversale plus petite
que celle des tubes criblés, peu allongées dans la direction de
l'axe de la tige, et renfermant ordinairement, avec un protoplasme peu abondant, des grains d'amidon plus ou moins nombreux;

4° Des *cellules compagnes,* très petites, remplies d'un proto-

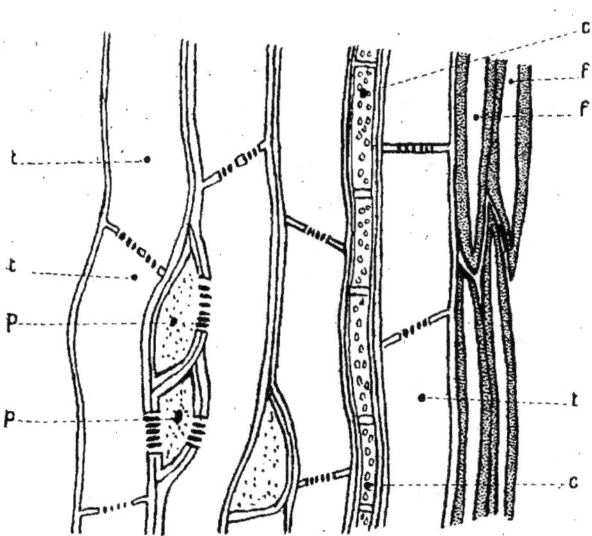

Fig. 67. — Structure du liber secondaire de la tige (coupe longitudinale).

f fibres libériennes.
t tubes criblés.
c cellules libériennes.
p cellules compagnes.

plasme épais, dépourvues d'amidon, placées en contact avec les
tubes et pouvant présenter des cribles pareils à ceux des tubes
criblés proprement dits;

5° Des *cellules de rayons médullaires.*

En résumé, le liber secondaire diffère surtout du liber primaire par la présence de *fibres* et de *cellules compagnes.*

STRUCTURE DU BOIS SECONDAIRE

C'est le *bois secondaire* qui constitue la *masse de l'arbre* (fig. 68).

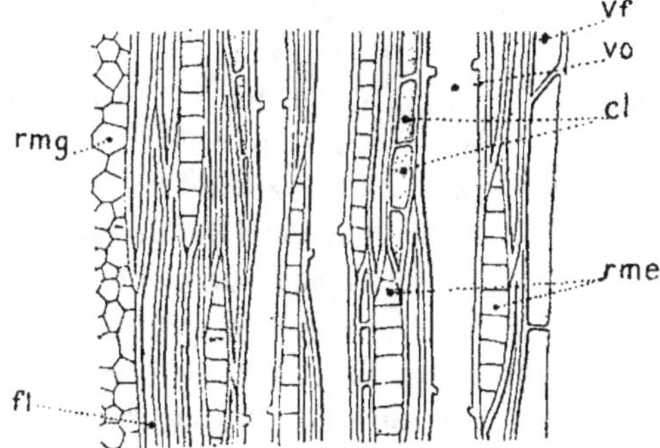

a) Coupe longitudinale du bois secondaire

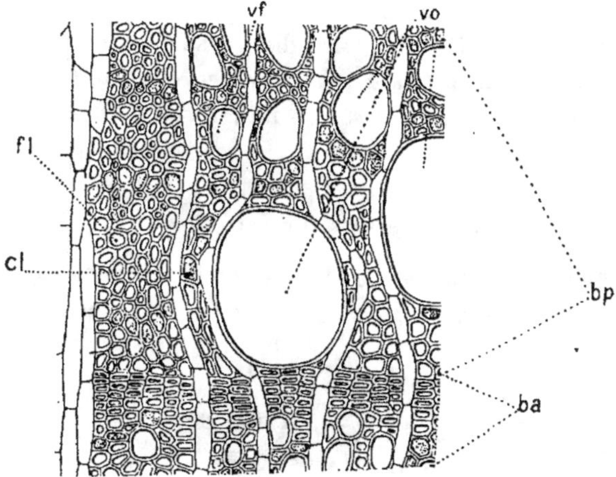

b) Coupe transversale du bois secondaire.

Fig. 68. — Structure du bois secondaire (tige de chêne).

ba	bois d'automne.	*cl*	cellules ligneuses.
bp	bois de printemps.	*fl*	fibres ligneuses.
vo	vaisseaux ouverts.	*rme*	rayons médullaires étroits.
vf	vaisseaux fermés.	*rmg*	rayons médullaires larges.

Nous y trouvons :

1° Des *rayons médullaires*, de même structure que ceux du

liber, composés de cellules allongées radialement, renfermant des *grains d'amidon* abondants, et limitées par des parois *lignifiées* (au lieu d'être *cellulosiques* comme dans les rayons du liber);

2° Des *vaisseaux ouverts,* à longue section transversale, dont les parois verticales sont résorbées, et des *vaisseaux fermés,* à section transversale moins grande et dont les parois verticales subsistent (vaisseaux le plus souvent *ponctués*);

3° Des *cellules ligneuses,* situées autour des vaisseaux, de formes allongées, à parois épaisses et lignifiées, restant longtemps vivantes et renfermant beaucoup de *matières de réserve,* notamment de *l'amidon;*

4° Des *fibres ligneuses,* très nombreuses et à parois épaissies et lignifiées (éléments de soutien ressemblant en section transversale aux cellules ligneuses, mais longitudinalement très allongées, terminées en pointe et à parois ne présentant que quelques rares ponctuations).

En résumé, le bois secondaire diffère surtout du bois primaire par la *présence de fibres nombreuses,* et surtout par *l'absence de vaisseaux annelés et spiralés,* qu'on trouve dans les faisceaux primaires.

BOIS DE PRINTEMPS ET BOIS D'AUTOMNE

Dans une couche annuelle de bois secondaire, couche annuelle appelée *cerne,* la partie *interne* formée la première au printemps

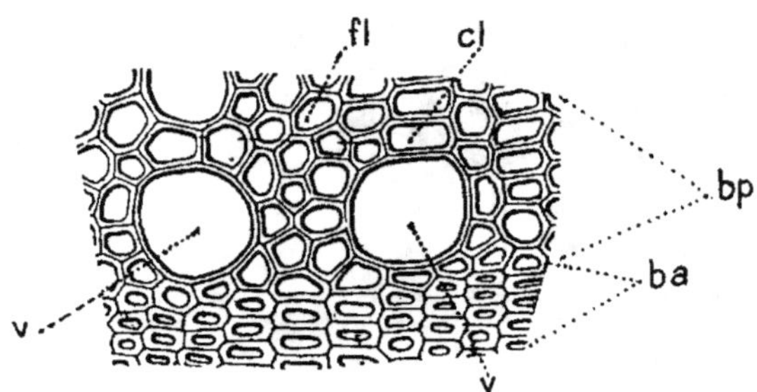

Fig. 69. — Jonction du bois de printemps et du bois d'automne (coupe transversale).

v vaisseaux du bois de printemps.
ba bois d'automne.
bp bois de printemps.
cl cellules ligneuses.
fl fibres ligneuses.

est constituée par des éléments larges à parois minces : c'est le *bois de printemps* (fig. 69).

La partie externe, formée la dernière à l'automne, est composée d'éléments à parois plus épaisses et à cavités plus étroites : c'est le *bois d'automne* qui comprend surtout des *fibres*.

Par la différenciation entre le bois d'automne d'une année et le bois de printemps de l'année suivante, on peut, sur une section de la tige, compter le nombre des couches annuelles ; par suite, on connaît l'*âge de l'arbre, dans nos régions*.

Dans les pays *tropicaux* et *subtropicaux,* où les variations de structure dépendent des *périodes de pluie,* et non plus des saisons, le nombre des couches annuelles indique seulement le chiffre des *périodes de pluie;* on ne peut alors en déduire le nombre d'années.

VARIATIONS DANS LES FORMATIONS SECONDAIRES LIBÉRO-LIGNEUSES

D'une espèce à l'autre, on peut trouver des variations dans le nombre relatif et les dimensions des rayons médullaires, dans le nombre et la disposition des tubes criblés par rapport aux fibres et aux cellules du liber, dans le nombre et la disposition des vaisseaux par rapport aux cellules et aux fibres du bois, dans la forme et les ornements des vaisseaux.

La forme de la moelle est souvent caractéristique d'une essence.

Le plus souvent les vaisseaux du bois sont *ponctués* ou *aréolés;* cependant on trouve des vaisseaux *scalariformes* dans le bois de la vigne. Lorsque (rarement) on voit des vaisseaux *spiralés,* les spirales sont très serrées au lieu d'être *espacées* comme elles le sont dans le *bois primaire*.

Les *cellules du bois* sont à parois épaisses et fortement lignifiées dans les bois *durs;* au contraire elles sont à parois minces et quelquefois *incomplètement lignifiées* dans les bois *tendres*.

ÉPAISSEUR DES COUCHES LIGNEUSES

Au cours du développement d'un arbre, l'épaisseur des couches annuelles de bois est variable ; elle augmente d'abord, passe par un maximum, puis diminue ; elle est plus ou moins grande, *suivant les essences ;* ainsi les peupliers et les saules ont des accroissements très rapides et épais, les orangers ont des accroissements extrêmement lents et minces.

Cette épaisseur des couches est en rapport avec les *accroissements de la surface foliacée totale* pendant l'année.

Quand on considère la surface de section transversale d'un arbre, on constate que les couches minces correspondent aux années où l'arbre s'est trouvé dans des conditions défavorables à son développement (*années sèches* ou marquées par des invasions d'insectes ou de cryptogames).

Les *conditions de nutrition* influent également sur l'épaisseur des couches annuelles. Ainsi, sur un sol en pente où les racines sont plus nombreuses du côté de l'amont, les branches feuillées sont plus nombreuses de ce côté et la couche de bois plus épaisse.

L'épaisseur de la couche annuelle varie encore suivant l'*orientation ;* en général l'épaisseur est plus grande du côté de l'Est, diminue vers l'Ouest, puis vers le Sud et est minima du côté Nord.

AUBIER ET BOIS PARFAIT

Chez certaines essences, notamment chez le chêne, les couches annuelles les plus rapprochées du centre de la tige sont plus colorées, plus dures et plus denses que les parties externes.

Sur la section transversale de l'arbre, on reconnaît alors deux zones dans le bois :

Une zone externe, plus claire, qui est l'*aubier ;*

Une zone interne, plus foncée, qui est le *bois parfait* ou *cœur du bois.*

La transformation de l'aubier en bois parfait ne se produit pas à la fois sur tout l'ensemble d'une même couche annuelle ; c'est donc une ligne souvent sinueuse qui limite ces deux parties du bois.

D'autre part, la proportion du bois parfait augmente avec l'âge ; la conséquence est qu'il faut couper les essences telles que le chêne à l'âge le plus avancé pour obtenir la quantité maxima de bois de cœur.

Le bois parfait est plus dur, plus résistant, plus durable que l'aubier ; il dégage plus de calorique à la combustion ; ses propriétés sont dues à des substances ternaires, riches en carbone et en hydrogène, qui incrustent les parois des éléments.

La différence entre l'aubier et le bois parfait est plus ou moins marquée suivant les essences.

Cette différence est très faible chez les *bois blancs*, tels que le peuplier et le saule.

L'industrie recherche le bois parfait, à l'exclusion de l'aubier, qui est exposé à la vermoulure et à la pourriture ; l'aubier contient en effet une plus grande quantité de substances alimentaires telles que le sucre et l'amidon, qui favorisent le développement dès larves et des champignons.

La rapidité de transformation de l'aubier en bois parfait varie, non seulement avec les diverses espèces ligneuses, mais encore avec les conditions de leur végétation.

THYLLES

On observe que certaines cellules ligneuses vivantes émettent des prolongements à travers les ponctuations des vaisseaux voisins ; ces productions sont désignées sous le nom de *thylles* (fig. 70).

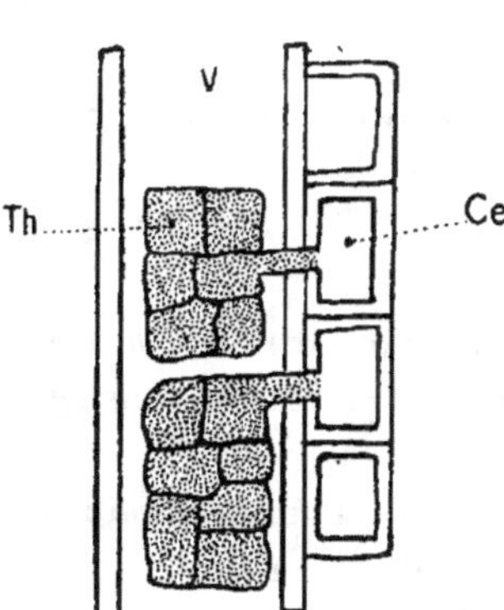

Fig. 70. — Schéma d'un vaisseau (v) envahi par les thylles (th) provenant des cellu'es (ce).

Chaque prolongement se développe dans le vaisseau, à son intérieur, se cloisonne à la base, et vient ainsi obstruer cet élément vide.

L'ensemble des thylles constitue une sorte de faux tissu, avec des recloisonnements intérieurs.

TACHES MÉDULLAIRES

Les taches médullaires sont des lames cellulaires, de couleurs diverses, qu'on peut trouver, chez les feuillus, dans la région moyenne ou externe des couches annuelles.

FORMATIONS SECONDAIRES SUBÉRO-PHELLODERMIQUES

L'assise génératrice subéro-phellodermique forme :

Du côté externe, des cellules à section quadrangulaire, presque égales, disposées très régulièrement, à parois subérifiées rapidement, et dont le protoplasme disparaît, remplacé peu à peu par de l'air : c'est le *liège ;*

Du côté interne, des cellules analogues à celles du parenchyme de l'écorce primaire, mais s'en distinguant par la disposition en files radiales, qui caractérise les tissus secondaires : c'est le *phelloderme* (fig. 71).

L'ensemble du liège et du phelloderme est appelé le *péri-derme.*

La couche de liège formée amène la disparition des tissus extérieurs, le rôle de protection de la tige étant joué désormais par ce liège.

De la chlorophylle et des substances de réserve s'accumulent dans le phelloderme.

Chaque année on voit se former une nouvelle couche de péri-derme due à une nouvelle assise génératrice.

L'ensemble du périderme et des tissus extérieurs morts est le *rhytidome.*

Quand le liège est formé de cellules toutes semblables entre elles, à section à peu près carrée avec des parois très minces, c'est du *liège mou.*

Quand les cellules ont des parois épaisses et une section rectangulaire allongée dans le sens tangentiel, c'est-à-dire perpendiculairement au rayon de la tige, c'est du *liège dur.*

Le bouleau contient dans son écorce des couches alternatives de liège mou et de liège dur ; les couches de liège mou se décomposent, isolent les lames de liège dur, qui se détachent par plaques.

Il y a d'ailleurs tous les intermédiaires entre les cellules du liège mou et celles du liège dur.

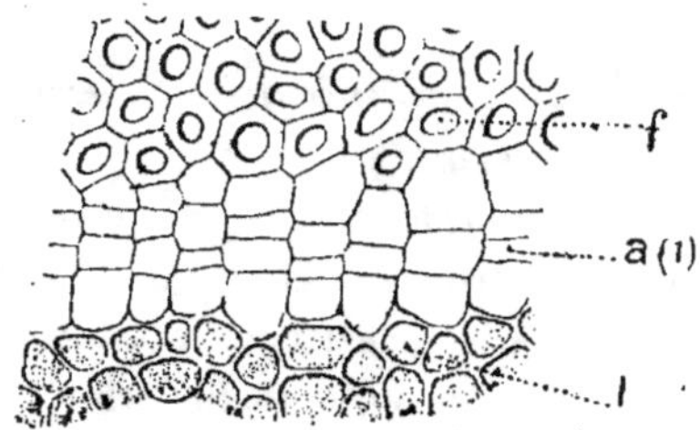

(1) Début de l'assise *a*.

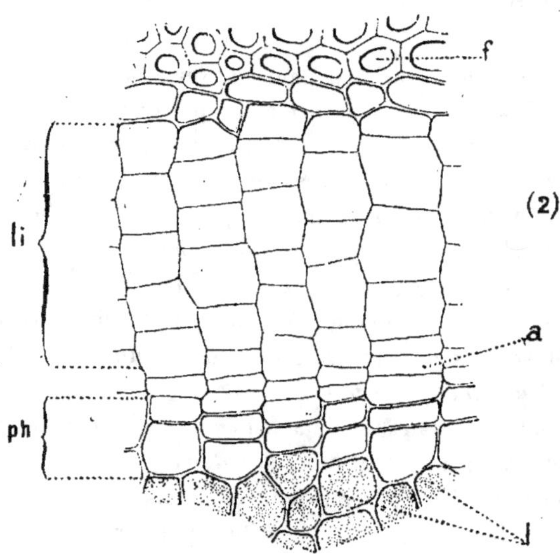

(2) Fonctionnement de l'assise *a*.

Fig. 71. — Formation de l'assise subéro-phellodermique dans une tige de vigne
(d'après M. G. Bonnier).
Coupes transversales. Gr. : 200 diamètres.

f fibres du péricycle.
a assise génératrice subéro-phellodermique.
l liber.
ph phelloderme
li liège.

Dans toutes les cellules du liège, le protoplasme et le noyau disparaissent de bonne heure, ainsi que le suc cellulaire. L'air remplit les cellules de liège mou ; celles de liège dur renferment une matière brune opaque.

Le liège est un *tissu mort*, dont le rôle principal est de *protéger la tige*.

L'emplacement de l'assise génératrice subéro-phellodermique est *variable suivant les essences*.

Dans la vigne, elle se forme *dans le péricycle* (fig. 71).

Le plus souvent, on la trouve plus près de la surface de la tige.

Dans le saule et le poirier, c'est l'*épiderme même* qui devient générateur et produit le liège et le phelloderme.

Chez le platane et le peuplier, c'est l'*assise sous-épidermique* qui est génératrice.

Chez d'autres espèces, c'est *dans l'endoderme* que se forme l'assise génératrice.

Dans une même espèce il peut arriver que l'assise subéro-phellodermique prenne naissance à des profondeurs différentes.

Quand une assise subéro-phellodermique cesse de fonctionner, elle est remplacée par une assise plus interne, qui repousse au dehors la couche des tissus morts, périderme et liber secondaire ; ceux-ci constituent alors le *rhytidome*.

Certains rhytidomes, comme ceux du chêne et du robinier, restent indéfiniment adhérents à la tige, se fendent irrégulièrement et présentent des crevasses de plus en plus profondes : ce sont des *rhytidomes persistants*.

D'autres, au contraire, se détachent en partie, comme dans la vigne et le platane ; ils sont alors *annulaires*, quand les couches génératrices ont l'aspect d'anneaux complets (vigne), ou *écailleux*, quand elles ont la forme d'écailles (platane).

LENTICELLES

Les lenticelles sont de petits bourrelets saillants qu'on voit à la surface des tiges et qui affectent souvent la forme de *lentilles* (fig. 72).

A leur niveau, l'assise génératrice subéro-phellodermique se cloisonne plus activement sur ses deux faces et produit ainsi une double proéminence ; le liège et le phelloderme ont des cellules

Fig. 72. — Aspect extérieur des lenticelles sur une branche de chêne.

toujours disposées en séries radiales, mais moins subérisées, plus arrondies et laissant entre elles des méats pleins d'air ; il y a ainsi communication entre l'atmosphère et les méats aérifères des tissus primaires.

Quand le périderme est superficiel (épidermique ou sous-épidermique), les lenticelles naissent généralement au-dessous des

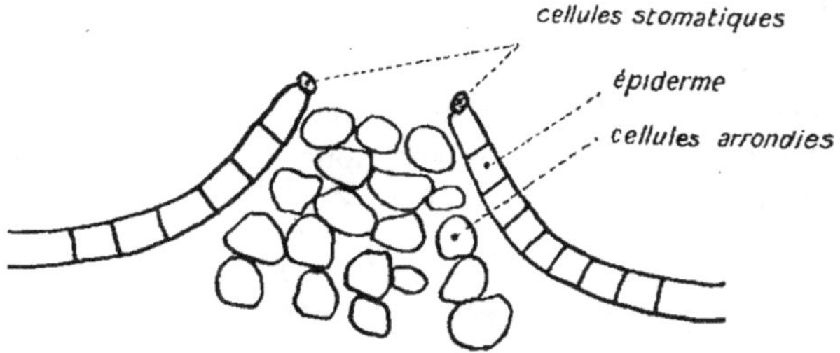

Fig. 73. — Coupe d'une lenticelle.

stomates et précèdent la formation de la couche de liège ; les cellules de l'écorce bordant la chambre sous-stomatique se cloisonnent les premières, en perdant leur chlorophylle ; le tissu qu'elles forment comble la chambre sous-stomatique, soulève l'épiderme, et écarte les cellules stomatiques; bientôt les cellules voisines de la chambre sous-stomatique se cloisonnent aussi et constituent le méristème phellogène qui se raccorde avec le méristème formateur de la lenticelle (fig. 73).

Quand le périderme est profond (endodermique ou péricyclique), les lenticelles naissent sans corrélation avec les stomates, et leur formation est postérieure à celle de la couche continue de liège appartenant à l'assise subéro-phellodermique.

FORMATIONS SECONDAIRES DES MONOCOTYLÉDONES

Chez les monocotylédones, il n'y a pas de formations secondaires dues à une assise libéro-ligneuse; quant aux formations secondaires subéro-phellodermiques, elles sont moins fréquentes que celles des dicotylédones.

La croissance de certaines tiges des monocotylédonés est due à une assise génératrice prenant naissance *en dehors* du liber des faisceaux libéro-ligneux primaires les plus extérieurs. Il en est ainsi chez le dragonnier.

Cette assise génératrice forme *à l'extérieur* une mince couche de parenchyme qui est une sorte de phelloderme, et, *à l'intérieur*, un parenchyme dans lequel se différencient un certain nombre de faisceaux libéro-ligneux comparables à ceux de la structure primaire.

C'est cette couche de tissus secondaires qui constitue finalement les tiges de dragonniers, pouvant acquérir un diamètre considérable.

ASSISES GÉNÉRATRICES SURNUMÉRAIRES

Il n'y a, en général, qu'une seule assise génératrice libéro-ligneuse, tandis qu'il peut y avoir plusieurs assises subéro-phellodermiques.

Cependant on peut trouver des assises libéro-ligneuses supplémentaires, par exemple dans le péricycle, chez la plupart des chénopodées, des amarantacées et des nyctaginées.

RAMIFICATION DES TIGES

La moelle des rameaux est en communication avec la moelle de la tige (fig. 74).

En effet, à chacun des nœuds de la tige, un certain nombre de faisceaux libéro-ligneux de cette tige passent dans les feuilles, en laissant un vide. C'est par ce vide que la moelle du rameau communique avec celle de la tige.

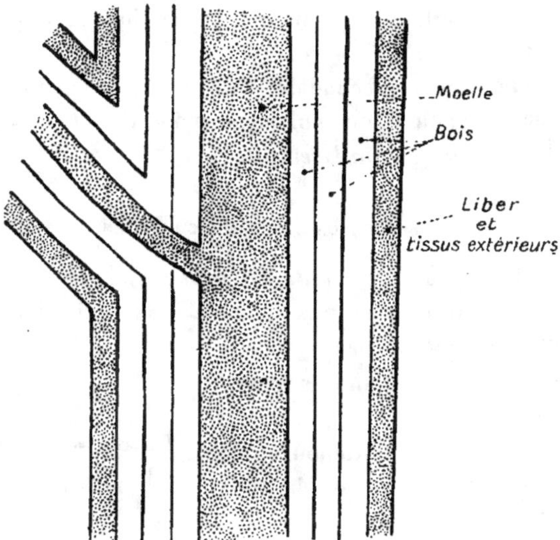

Fig. 74. — Jonction du bois secondaire d'une tige de trois ans et d'un rameau de deux ans.

Dans les formations secondaires, l'anneau ligneux et l'anneau libérien constitués pendant une année dans un rameau sont en continuité avec l'anneau ligneux et l'anneau libérien constitués pendant la même année dans la tige.

Ce qu'on appelle *un nœud* dans une tige correspond au point où un rameau se raccorde avec la tige mère.

C'est l'épiderme de la tige qui forme l'épiderme du bourgeon devant produire un rameau.

Le parenchyme cortical constitué dans le bourgeon est en continuité avec le parenchyme cortical de la tige.

Les faisceaux libéro-ligneux du bourgeon se raccordent avec ceux de la tige ; de même la moelle du bourgeon fait suite à la moelle de la tige.

BOURGEONS DE REMPLACEMENT

Il n'existe qu'*un seul bourgeon à l'aisselle d'une feuille.*

Si on en observe plusieurs autres, ce sont des bourgeons *latéraux,* en réalité issus, non pas de la tige, mais du bourgeon principal.

Ces bourgeons secondaires ne se développent qu'après le bourgeon principal, ou seulement quand il a été détruit. Ce sont des *bourgeons de remplacement.*

BOURGEONS DORMANTS OU PROVENTIFS

Les bourgeons *dormants* ou *proventifs* sont des bourgeons formés conformément aux lois de la ramification, mais qui restent pendant plusieurs années à l'état de repos sans se développer.

Leur moelle est toujours en continuité avec celle de la tige (fig. 75 et 76).

Quand un bourgeon dormant est protégé, il peut conserver pendant un grand nombre d'années la propriété de se développer.

Les bourgeons dormants ou proventifs restent dans l'écorce à l'état rudimentaire.

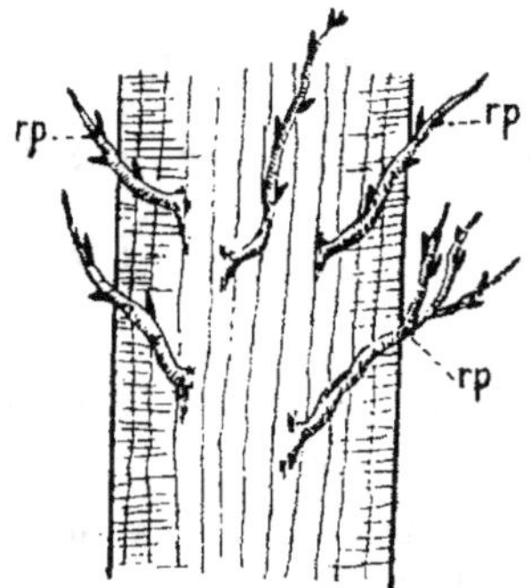

Fig. 75. — Rejets proventifs (*rp*) sur une tige (vue extérieure).

Chaque année ils s'accroissent d'une longueur égale à l'épaisseur de la couche ligneuse annuelle.

Ils vivent *à l'état latent,* jusqu'au moment où une cause accidentelle leur donne l'occasion de se développer, par exemple une blessure de la tige, une incision annulaire profonde, la suppression ou la mort de branches principales, l'amputation du tronc.

L'isolement brusque d'un arbre donne lieu également au développement de bourgeons proventifs.

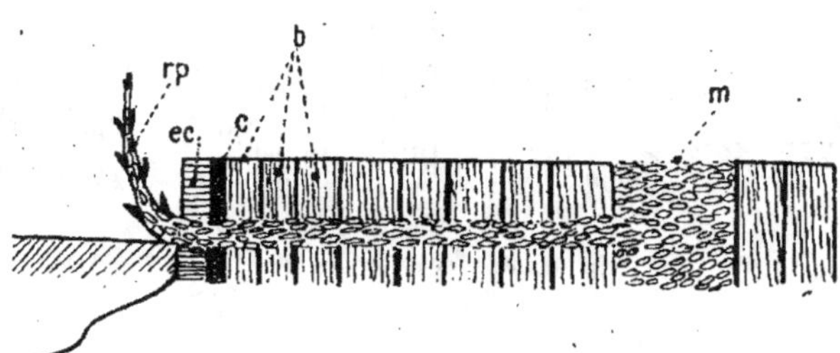

Fig. 76. — Rejet proventif sur une souche. Section longitudinale.

rp rejet proventif. b bois.
ec écorce. m moelle.
c cambium.

Il en est de même de toutes les causes qui peuvent apporter une lumière plus vive ou des aliments plus actifs.

La vitalité des bourgeons proventifs diffère suivant les essences, et, pour chaque essence, suivant l'âge du sujet.

BOURGEONS ADVENTIFS

Les bourgeons adventifs sont des bourgeons formés *en dehors des lois de la ramification*. Ils naissent en un point quelconque de la tige, dans le tissu cicatriciel ou bourrelet de recouvrement formé sur les bords des blessures ou sections de la tige.

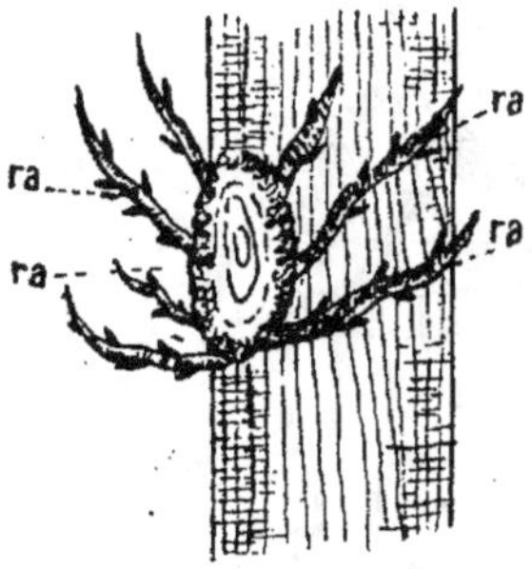

Leur moelle ne communique pas avec la moelle de la tige (fig. 77 et 78).

Ils sont insérés sur la section même de la souche, entre l'écorce et le bois, au-dessus de l'assise génératrice libéro-ligneuse.

Fig. 77. — Rejets adventifs (*ra*) sur une tige (vue extérieure).

Ces bourgeons adventifs fournissent des rameaux généralement grêles et fragiles.

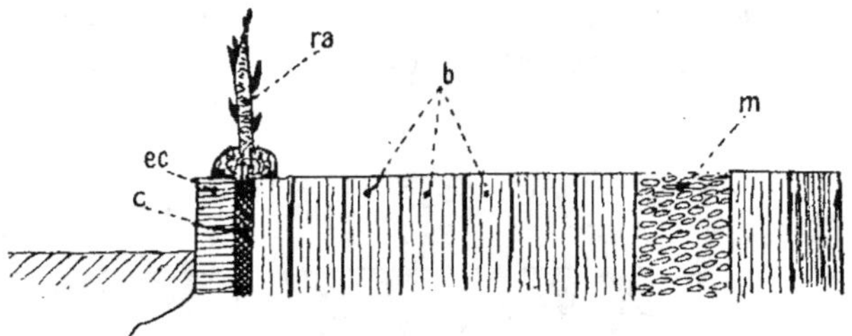

Fig. 78. — Rejet adventif sur une souche. Section longitudinale.

ra rejet adventif.	*b* bois.
ec écorce.	*m* moelle.
c cambium.	

II — LA FEUILLE DES ANGIOSPERMES OU FEUILLUS

LIMBE DE LA FEUILLE

Le *limbe* de la feuille est constitué au point de vue anatomique par :

l'épiderme,

le parenchyme,

les nervures (fig. 79).

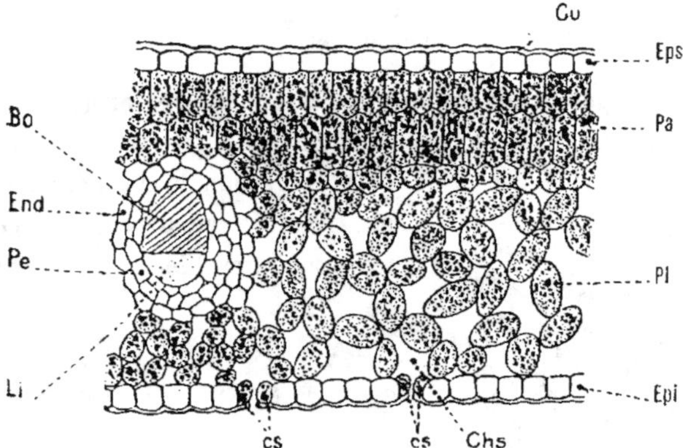

Fig. 79. — Coupe du limbe d'une feuille (schéma).

Cu cuticule.	*Epi* épiderme inférieur.
Eps épiderme supérieur.	*Chs* chambre sous-stomatique.
Pa parenchyme en palissade.	*Cs* cellules stomatiques.
Pl parenchyme lacuneux.	

Nervure : *Li* liber ; *Bo* bois ; *Pe* péricycle ; *End* endoderme.

ÉPIDERME DE LA FEUILLE

L'épiderme de la feuille se compose de cellules à section approximativement rectangulaires, sauf *les cellules des stomates,* qui sont plutôt ovoïdes et toujours plus riches en chlorophylle.

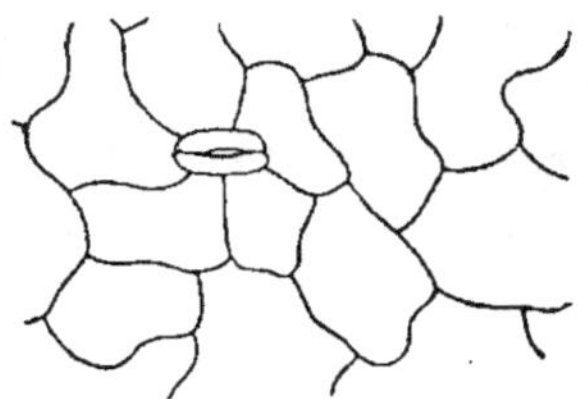

Fig. 80. — Stomate sur la face supérieure
d'une feuille.

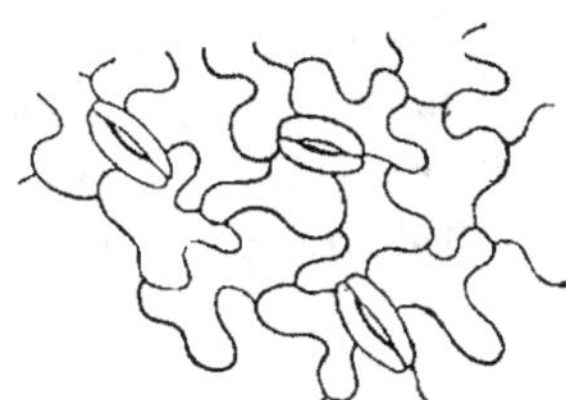

Fig. 81. — Stomates sur la face inférieure
d'une feuille.

La *cuticule* est très développée et incrustée de diverses substances : silice, cire...

Les *stomates* sont disséminés spécialement *sur la face inférieure des feuilles,* tantôt en séries régulières, tantôt sans ordre apparent. Ils sont formés de cellules plus petites que les autres, comprenant entre elles une petite ouverture ou *ostiole* (fig. 80 et 81).

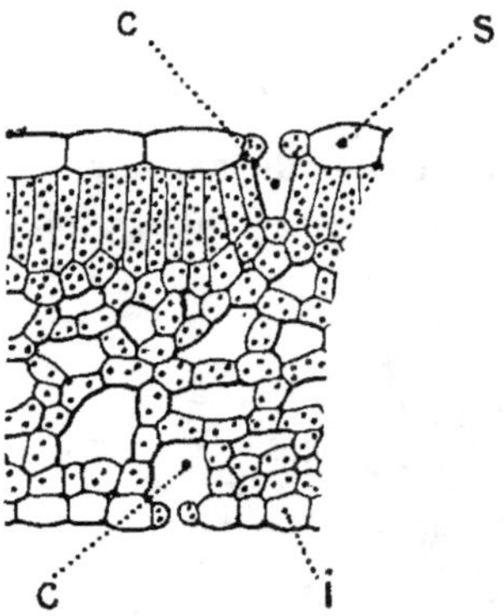

Le stomate résulte de la bipartition d'une cellule appelée *cellule mère ;* la paroi commune des deux cellules filles se dédouble pour former l'*ostiole* du stomate.

Dans les arbres, les stomates sont le plus souvent situés uniquement sur la face inférieure de la feuille (fig. 81).

Fig. 82. — Chambres sous-stomatiques (c)
à la face supérieure (s)
et à la face inférieure (i) d'une feuille.

Les cellules de parenchyme, qui se trouvent sous le stomate, forment un méat qui s'agrandit et donne la *chambre sous-stomatique* (fig. 82).

PARENCHYME DE LA FEUILLE

Dans la région de la face supérieure de la feuille, on trouve des cellules allongées perpendiculairement à la surface, serrées les unes contre les autres, et remplies de nombreux grains de chlorophylle : c'est le *tissu en palissade* (fig. 79).

Dans la région de la face inférieure sont des cellules disposées d'une façon quelconque, contenant moins de chlorophylle que les cellules du tissu en palissade, et séparées les unes des autres par de très grandes lacunes : c'est le *tissu lacuneux* (fig. 79).

NERVURES

Les nervures de la feuille, situées au milieu du parenchyme foliaire, sont constituées par les faisceaux libéro-ligneux qui viennent de la tige (fig. 79).

Les faisceaux du bois sont à la partie supérieure, les faisceaux du liber à la partie inférieure.

Un *endoderme* enveloppe chaque faisceau libéro-ligneux.

TERMINAISONS DES NERVURES — STOMATES AQUIFÈRES

Dans leur trajet à travers le parenchyme de la feuille, les nervures deviennent de plus en plus petites. Les tubes criblés dis-

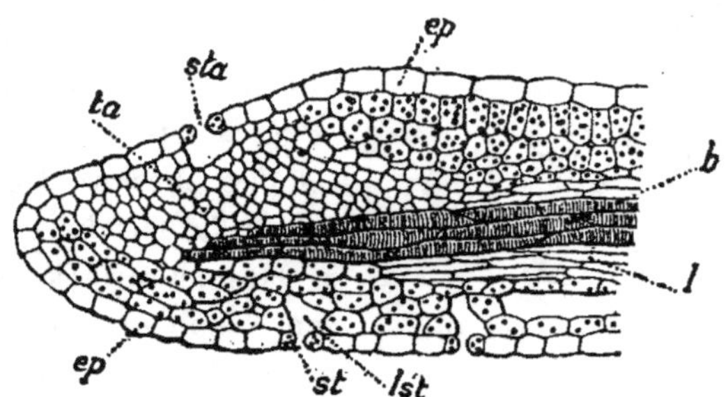

Fig. 83. — Coupe d'un stomate aquifère (d'après M. G. B.).
Gr. : 100 diamètres.

sta stomate aquifère.	*b* bois (cellules spiralées).	
ep épiderme.	*l* liber.	
st stomate ordinaire.	*lst* lacune sous-stomatique.	
ta tissu aquifère.		

paraissent les premiers; le liber se réduit à quelques cellules étroites et le bois à quelques vaisseaux spiralés.

Les petites nervures se terminent, le plus souvent, en s'anastomosant entre elles.

De place en place, généralement au sommet de chacune des dents de la feuille, les terminaisons des nervures sont libres et rattachées à l'épiderme par un massif de petites cellules dépourvues de chlorophylle et remplies d'un liquide aqueux (fig. 83).

Au-dessus de ce parenchyme aquifère se trouvent des *stomates,* dont la fonction est de rejeter à l'état liquide l'eau arrivée en excès par les nervures; ces stomates spéciaux sont les stomates *aquifères.*

LE PÉTIOLE DE LA FEUILLE

En ce qui concerne le contour extérieur et la disposition des faisceaux libéro-ligneux, le pétiole est symétrique par rapport à *un plan,* au lieu de l'être par rapport à *un axe,* comme la tige (fig. 84).

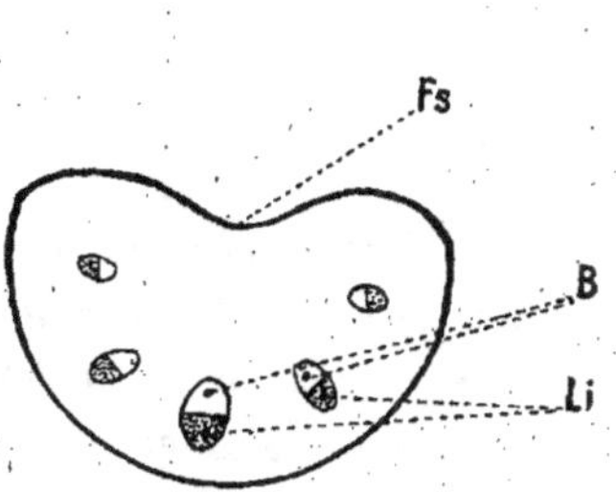

Fig. 84. — Coupe transversale d'un pétiole.

B bois.
Li liber.
Fs face supérieure.

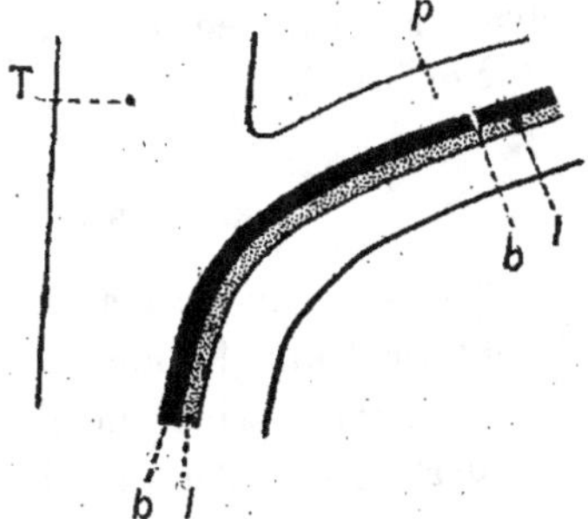

Fig. 85. — Passage d'un faisceau libéro-ligneux de la tige (*T*) dans le pétiole (*p*).

b bois.
l liber.

Les faisceaux libéro-ligneux du pétiole sont constitués comme ceux de la tige et du limbe de la feuille; ils viennent de la tige et passent dans le limbe (fig. 85).

Observons que, l'endoderme de la feuille étant assimilable à celui de la tige, le parenchyme du limbe (tissu en palissade et tissu lacuneux) et celui du pétiole correspondent à *l'écorce de la tige*. Les faisceaux de la feuille et le parenchyme qui les entoure jusqu'à l'endoderme exclusivement correspondent au cylindre central de la tige.

Chez certaines espèces, la structure des tissus, si l'on excepte ceux des nervures, est la même sur les deux faces de la feuille.

Dans d'autres feuilles, on rencontre des fibres nombreuses réunies en faisceaux parallèles à la direction du limbe ; il en est ainsi chez les palmiers.

LES STIPULES

Les *stipules* sont des expansions foliacées insérées sur la tige, et dont les faisceaux proviennent de ceux de la feuille.

LA LIGULE

La *ligule* est une dépendance de la gaine de la feuille ; elle prend naissance entre cette gaine et la tige ; ses faisceaux sont issus de la gaine.

FORMATIONS SECONDAIRES LIBÉRO-LIGNEUSES

On peut, dans certaines feuilles, voir fonctionner une assise génératrice entre le bois et le liber des nervures. Par exemple, dans la nervure principale d'une feuille de chêne, à la fin de l'été, on constate des éléments disposés en files radiales, et qui sont des formations *secondaires* de bois et de liber (fig. 86).

Ces formations ne peuvent acquérir qu'un faible développement, en raison de la limite de croissance des feuilles.

La plupart des arbres possèdent, dans leurs feuilles, des formations secondaires. Les nervures du limbe deviennent ainsi plus résistantes.

Les feuilles des monocotylédones n'ont jamais de ces formations secondaires.

Parfois, on constate dans la feuille une assise génératrice subéro-phellodermique ; c'est ainsi que la base de certains pétioles ou les écailles de certains bourgeons possèdent du *liège*.

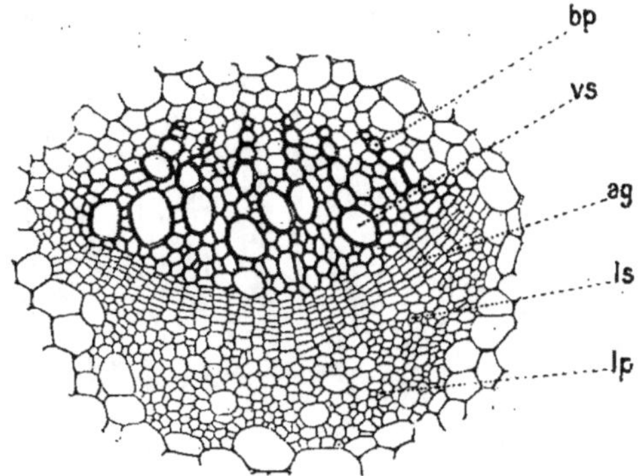

Fig. 86. — Formations secondaires des feuilles.
Coupe de la nervure principale d'une feuille de chêne en été (d'après M. G. B.).

bp bois primaire.   *ls* liber secondaire.
vs vaisseaux du bois secondaire. *lp* liber primaire.
ag assise génératrice libéro-ligneuse.

POILS

Les poils qui forment le feutrage de beaucoup de feuilles sont des cellules épidermiques allongées au-dessus de la surface de la feuille, tout en restant très étroites.

Ils peuvent être simples ou ramifiés, constitués par une ou par plusieurs cellules.

DÉVELOPPEMENT DE LA FEUILLE

Les feuilles naissent tout près du sommet de la tige ou du rameau, sous la forme d'un petit bourrelet.

Les cellules superficielles de l'épiderme de la tige constituent l'épiderme de la feuille ; les cellules situées au-dessous de l'épiderme se cloisonnent pour former les autres tissus.

Le mamelon foliaire s'étale en prenant une forme aplatie et s'allonge plus vite sur sa face externe que sur sa face interne pour couvrir le sommet de la tige.

La feuille s'accroît d'abord par son sommet (fig. 87), puis la croissance devient *intercalaire;* la feuille se divise en deux parties : la *gaine* en bas, le *limbe* en haut ; la région étranglée qui les sépare s'allonge et devient le *pétiole.* Le limbe peut

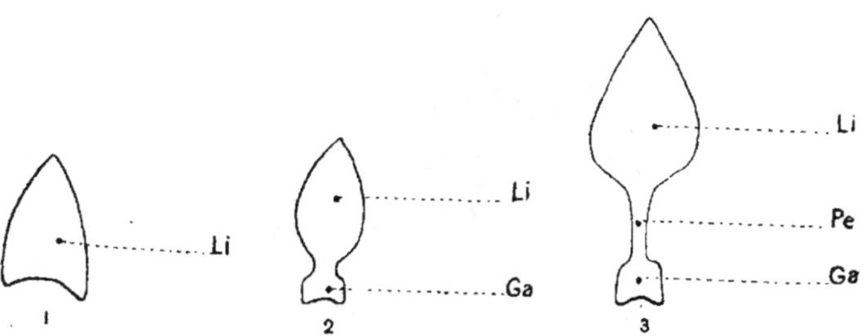

Fig. 87. — Développement d'une feuille.

Li limbe.   *Pe* pétiole.   *Ga* gaine.

continuer longtemps sa croissance, qui est habituellement localisée à sa base (croissance *basipète*). Ainsi la croissance est *basipète* chez le chêne. Elle peut être *basifuge,* par exemple chez le tilleul, le robinier.

CHUTE DES FEUILLES

A la fin de l'été, en faisant une section longitudinale dans la base du pétiole et la partie voisine de la tige, on constate la formation d'une couche de *liège* à travers la base de ce pétiole (fig. 88).

Ce liège se raccorde avec celui de la tige, sans toutefois que les faisceaux libéro-ligneux soient atteints.

Plus tard, un peu au-dessus de cette couche de liège, on voit se constituer deux ou trois assises de cellules à contenu épais et riche en amidon : c'est la *couche séparatrice.* Elle englobe les parenchymes du bois et du liber des faisceaux.

Au moment de la chute des feuilles, deux assises séparatrices s'écartent par la *destruction de la lamelle moyenne* de leur membrane commune. Alors la feuille n'est plus reliée à la tige que par les vaisseaux, les fibres et les tubes criblés ; ces éléments se rompent sous l'influence du vent, de la pluie, ou simplement du poids du limbe; et la feuille tombe.

La plaie qui en résulte est déjà presque cicatrisée par la couche de liège déjà formée.

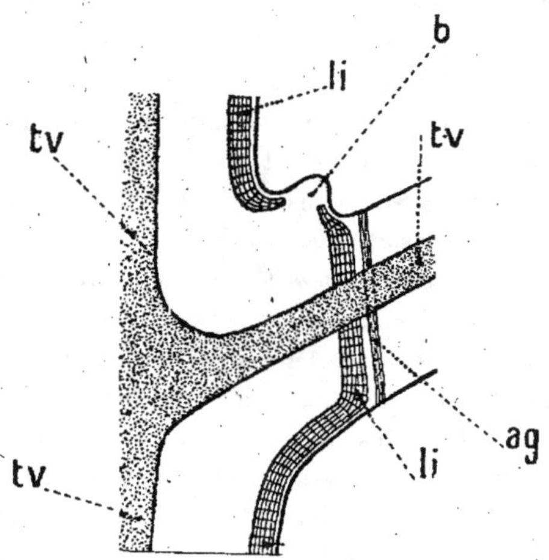

Fig. 88. — Chute de la feuille.
Coupe de la base d'un pétiole à la fin de l'été.

tv tissus vasculaires.   *ag* assise génératrice séparatrice.
li liège.   *b* bourgeon.

POLYMORPHISME DES FEUILLES

Normalement, on peut voir des feuilles de formes différentes chez la même espèce ligneuse.

Ainsi, chez le lierre, les feuilles portées sur des tiges fixées à son support possèdent cinq lobes; celles qui se trouvent sur les tiges se soutenant elles-mêmes sont entières et beaucoup plus allongées.

Chez le mûrier à papier (*Broussonetia papyrifera*), on constate, sur le même rameau, des feuilles presque entières et d'autres plus ou moins profondément divisées.

Dans les très jeunes plantes issues de la germination d'une graine, les deux premières feuilles, appelées *cotylédons*, ont généralement une forme différente de celle des feuilles ordinaires;

elles sont simples, relativement larges et épaisses, munies d'un court pétiole; ce sont les deux feuilles, contenues déjà dans la graine, et qui ont joué le rôle d'organes *nourriciers* pendant la germination, en digérant le tissu voisin appelé *albumen*.

A ces deux *feuilles-cotylédons* font suite fréquemment d'autres feuilles qui n'ont pas encore la forme normale, et qui sont plus simples que les feuilles ordinaires : ce sont les feuilles dites *primordiales;* elles existent par exemple chez les légumineuses.

On voit aussi des feuilles dont les limbes sont transformés en *épines* (épine-vinette), d'autres chez lesquelles la transformation en épines porte sur les *stipules* (robinier).

On rencontre aussi des *feuilles-vrilles* (bryone dioïque), des *feuilles-bractées* (artichaut).

Les *écailles des bourgeons* ne sont pas autre chose que des feuilles d'une forme spéciale. Elles ont les mêmes caractères anatomiques, sauf que les stomates leur font défaut.

En beaucoup de cas, vers la face extérieure de l'écaille, notamment chez le marronnier et le chêne, on constate plusieurs assises de *liège,* destinées à rendre l'écaille imperméable et à protéger plus efficacement le bourgeon.

Chez certaines essences, par exemple, chez l'*Acacia hetero-phylla,* on trouve des feuilles spéciales dont le pétiole est aplati dans un plan passant par l'axe de la tige : ce sont des *phyllodes.*

Les eucalyptus et les acacias possèdent d'abord des feuilles à limbe horizontal, puis des phyllodes aplatis dans un plan verti-cal ; c'est ce qui donne aux forêts d'eucalyptus, en Australie, un aspect très différent de celui de nos forêts et un couvert extrê-mement léger.

On voit encore des *feuilles charnues* contenant de grandes réserves d'eau, des *feuilles souterraines,* qui constituent les écailles des *rhizomes,* ou tiges souterraines, des feuilles spéciales formant les *écailles des bulbes,* des feuilles *aquatiques,* dont la forme et la structure sont devenues différentes par suite de leur adaptation au milieu aquatique (feuilles divisées en lanières n'ayant ni stomates ni tissu en palissade, mais possédant un tissu lacuneux).

En résumé, les deux principaux caractères constants de la feuille sont les suivants : *symétrie bilatérale* et *liber superposé extérieurement au bois*.

III — LA RACINE DES ANGIOSPERMES OU FEUILLUS

a) — Structure primaire

PARTIES CONSTITUANTES DE LA RACINE

Dans une section transversale de racine, faite au voisinage de son extrémité, on distingue, en dedans d'une assise périphérique

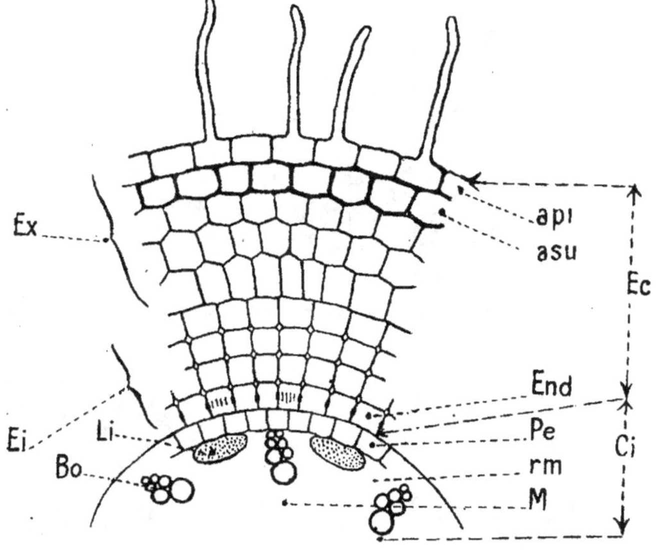

Fig. 89. — Section transversale d'une racine primaire (schéma).

Ec	écorce.	*End*	endoderme.
Ci	cylindre central.	*Pe*	péricycle.
api	assise pilifère.	*rm*	rayon médullaire primaire.
asu	assise subéreuse.	*M*	moelle.
Ex	zone corticale externe.	*Li*	liber.
Ei	zone corticale interne.	*Bo*	bois.

généralement prolongée par des poils, deux zones concentriques d'aspect différent (fig. 89) :

Extérieurement, c'est une couche épaisse formée d'un parenchyme à peu près homogène : l'*écorce* ;

Intérieurement, c'est un massif hétérogène, formé d'éléments plus petits : le *cylindre central.*

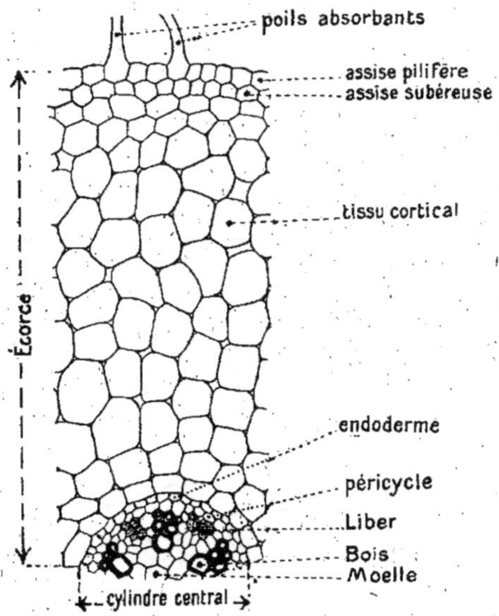

Fig. 90. — Coupe transversale d'une racine de dicotylédone (d'après M. G. BONNIER).

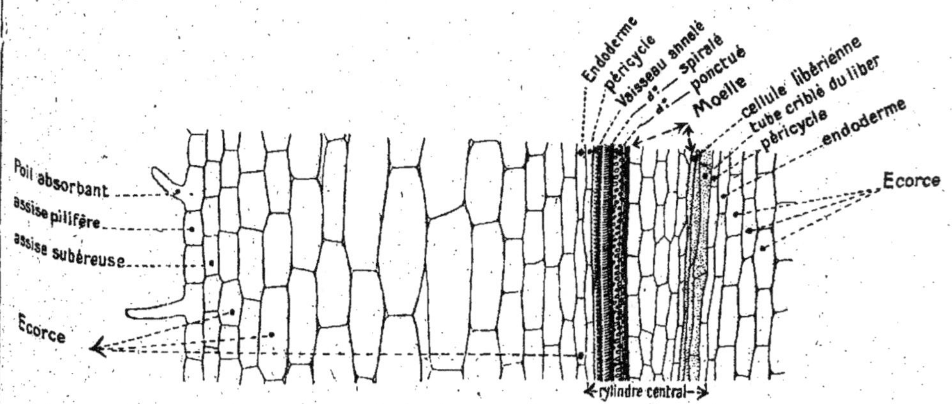

Fig. 91. — Coupe longitudinale d'une racine de dicotylédone (d'après M. G. BONNIER).

Dans ce massif hétérogène, on voit un certain nombre de taches sombres formées d'éléments à parois épaisses : ce sont les *faisceaux du bois*.

Les taches sombres alternent avec un même nombre d'autres taches plus claires formées d'éléments à parois brillantes : ce sont les *faisceaux du liber*. Le reste du cylindre central est composé de *parenchyme*, qui prend les noms de *péricycle, rayons médullaires, moelle* (fig. 90 et 91).

ASSISE PILIFÈRE

C'est l'assise cellulaire qui est à la périphérie de l'écorce. Un grand nombre de ses cellules s'allongent extérieurement pour former les *poils absorbants*. D'où le nom d'*assise pilifère*.

On n'y constate *jamais de stomates* comme dans l'épiderme de la tige et des feuilles.

Les poils sont généralement très visibles dans la région jeune de la racine.

Dans la partie plus âgée, l'assise pilifère est flétrie et s'exfolie; sa durée est liée à celle de la *fonction des poils;* ce n'est pas, comme l'épiderme de la tige, un organe de protection.

ÉCORCE

Elle comprend extérieurement, sous l'assise pilifère, une assise de cellules *subérifiées* destinées à la protection de la racine après la chute des poils absorbants : c'est l'*assise subéreuse* (fig. 90 et 91).

Au-dessous de l'assise subéreuse se trouve le *parenchyme cortical,* avec des cellules irrégulièrement disposées dans la région externe, et des cellules rangées en *files radiales* dans la *région interne*.

L'assise la plus interne de l'écorce est l'*endoderme,* composé de cellules à sections rectangulaires et possédant sur leurs parois radiales des plissements cutinisés.

CYLINDRE CENTRAL

Le cylindre central comprend :

1° Les *faisceaux du liber* ;

2° Les *faisceaux du bois* ;

3° Le *parenchyme*, désigné sous le nom de *péricycle* quand il est situé entre l'endoderme et l'extrémité externe des faisceaux du bois et du liber, sous le nom de *moelle* quand il est situé à l'intérieur des mêmes faisceaux, sous le nom de *rayons médullaires primaires*, quand il est situé entre les faisceaux du bois et ceux du liber (fig. 90 et 91).

Les faisceaux du liber sont composés d'éléments réfringents et à contenu épais : ce sont des *tubes criblés* et des *cellules libériennes*. Les éléments libériens les premiers formés sont les plus éloignés de l'axe de la racine, et la différenciation marche de l'extérieur vers l'intérieur.

Les faisceaux du bois sont constitués par des éléments à parois épaisses et lignifiées, dont le diamètre va en croissant de l'extérieur vers l'intérieur. Contrairement au bois primaire de la tige, les vaisseaux les plus larges sont du côté de la moelle.

Les éléments des faisceaux dans la racine sont respectivement plus gros que ceux de la tige.

Les faisceaux du bois ne comprennent que des vaisseaux ; à l'extérieur, se trouvent les vaisseaux *annelés* et *spiralés*, qui sont les plus petits ; puis viennent les vaisseaux *réticulés* et *ponctués*.

Les premiers vaisseaux formés sont les vaisseaux annelés et spiralés. La formation est *centripète*, à l'inverse de ce qui a lieu dans la tige.

STRUCTURE DU SOMMET DE LA RACINE

Nous trouvons dans la structure du sommet de la racine, *chez les dicotylédones*, trois régions distinctes (fig. 92) :

1° La *coiffe* et l'*assise pilifère* ;

2° L'*écorce* ;

3° Le *cylindre central*.

La *coiffe* est formée d'assises de cellules emboîtées les unes dans les autres et qui se détachent successivement, sauf les cellules du bord, restant unies au parenchyme cortical et constituant l'assise pilifère.

L'assise pilifère et la coiffe ont ici une origine commune : c'est un groupe de deux ou trois cellules situées à la partie interne de la coiffe, suivant l'axe de la racine, et appelées *initiales*

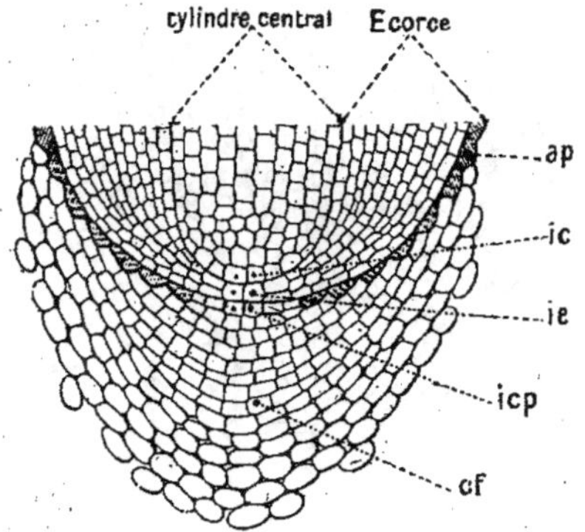

Fig. 92. — Coupe longitudinale du sommet
d'une racine de dicotylédone (d'après M. G. Bonnier).
Gr. : 70 diamètres.

ic   initiales du cylindre central.
ie   initiales de l'écorce.
icp initiales de la coiffe et de l'assise pilifère.
ap assise pilifère.
cf coiffe.

de la coiffe et de l'assise pilifère. Ce sont elles qui, par leurs cloisonnements, donnent la coiffe et l'assise pilifère.

En dedans des initiales de la coiffe et de l'assise pilifère, on voit une ou deux autres cellules en voie de division, qui donnent naissance à toutes les cellules de l'écorce : ce sont les *initiales de l'écorce*.

En dedans encore des initiales de l'écorce, on trouve les *initiales du cylindre central*. C'est un groupe de deux ou trois cellules, dont les cloisonnements fournissent le *méristème du cylindre central*. Dans ce méristème, à une certaine distance du sommet, les cellules se divisent *longitudinalement,* pour constituer les *faisceaux* du bois et du liber.

Les trois groupes d'initiales forment le *méristème subterminal*.

Chez les *monocotylédones* (fig. 93), le groupe des initiales les plus extérieures donne naissance *seulement à la coiffe*. L'assise pilifère provient donc, dans ce cas, des mêmes initiales que

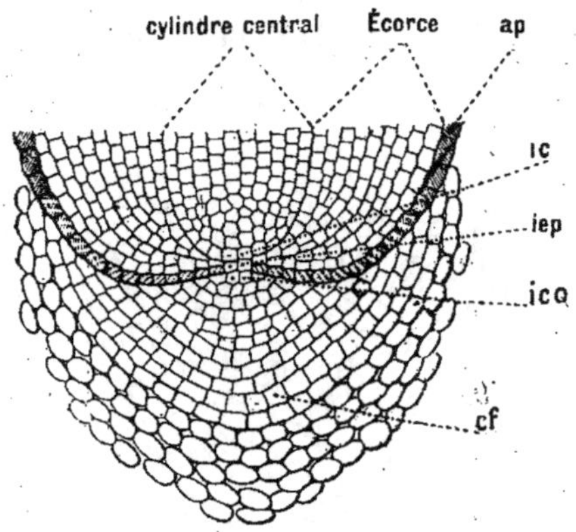

Fig. 93. — Coupe longitudinale du sommet d'une racine de monocotylédone
(d'après M. G. Bonnier).

ic initiales du cylindre central.
iep initiales de l'écorce et de l'assise pilifère.
ico initiales de la coiffe.
ap assise pilifère.
cf coiffe.

l'écorce. Parmi les dicotylédones, une famille, celle des *nymphéacées*, se comporte à cet égard comme les monocotylédones.

VARIATIONS DE LA STRUCTURE PRIMAIRE

Les cellules de l'endoderme peuvent avoir les parois internes et radiales épaisses et lignifiées, sauf vis-à-vis de la pointe des faisceaux du bois; c'est un endoderme de *protection* pour le cylindre central. Il en est ainsi par exemple chez l'iris.

Le péricycle peut être formé de plusieurs assises cellulaires.

Les faisceaux du liber peuvent contenir un groupe de fibres (malvacées).

Il peut ne pas exister de péricycle vis-à-vis des faisceaux du bois (graminées).

L'assise pilifère peut ne pas avoir de poils absorbants et être constituée par plusieurs assises cellulaires (racines aériennes).

Les cellules de l'endoderme sont reconnaissables ordinairement aux *plissements cutinisés de leurs parois radiales*, et souvent à leurs *parois épaissies et lignifiées*.

Fréquemment le parenchyme du cylindre central se sclérifie en totalité ou en partie.

Le nombre des faisceaux ligneux et libériens est extrêmement variable, même chez la même espèce végétale.

b) — Structure secondaire de la racine

ASSISES GÉNÉRATRICES

Deux assises génératrices produisent, dans la racine des arbres, des *formations secondaires* (fig. 94) :

1° *Une assise génératrice libéro-ligneuse,* située à l'intérieur du liber primaire et à l'extérieur du bois primaire, et donnant du liber secondaire vers l'extérieur et du bois secondaire vers l'intérieur.

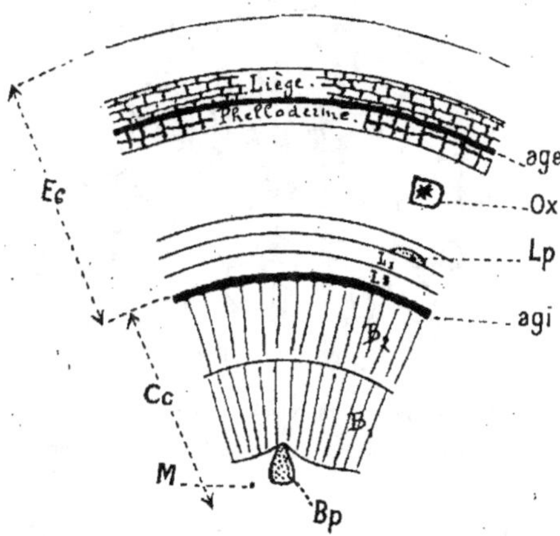

Fig. 94. — Section transversale d'une racine de chêne de deux ans (schéma).

M	moelle.	*Lp*	liber primaire.
Bp	bois primaire.	*Ec*	écorce.
agi	assise génératrice intra-libérienne.	*Cc*	cylindre central.
age	assise génératrice extra-libérienne.	L_1, L_2	liber de 1re et de 2e année.
Ox	cellule avec mâcle d'oxalate de chaux.	B_1, B_2	bois de 1re et de 2e année.

2° *Une assise génératrice subéro-phellodermique*, située à l'extérieur du liber primaire, et produisant du *liège* vers l'extérieur et du *phelloderme* vers l'intérieur.

La première assise manque chez les monocotylédones et certaines dicotylédones; elle est alors remplacée par une assise placée en dehors du liber primaire.

L'assise subéro-phellodermique peut exister aussi bien chez les monocotylédones que chez les dicotylédones.

MÉTAXYLÈME ET MÉTAPHLOÈME

Aussitôt après la différenciation des vaisseaux du bois primaire, il peut se constituer, aux dépens de la moelle et des rayons médullaires, de nouveaux vaisseaux, non disposés en files radiales; ils composent ce qu'on appelle le *métaxylème* (fig. 95 et 95 *bis*).

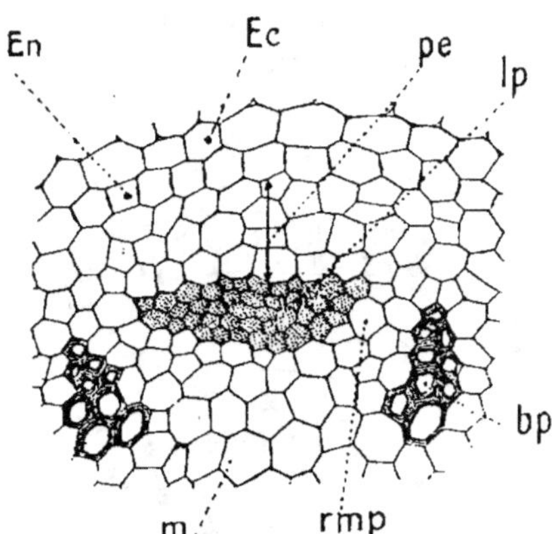

Fig. 95. — Coupe transversale d'une racine de vigne.

Avant la formation du métaxylème et du métaphloème (d'après M. G. B.).

Ec	écorce.	*bp*	bois primaire.
en	endoderme.	*m*	moelle.
pe	péricycle.	*rmp*	rayons médullaires primaires.
lp	liber primaire		

Sur la face interne et sur les côtés du liber primaire, on voit également du *liber primaire de seconde formation*, ou *méta-*

phloème, dont les éléments divergent tout autour du liber primaire, au lieu d'être disposés en files radiales comme dans le liber secondaire (fig. 95 et 95 *bis*).

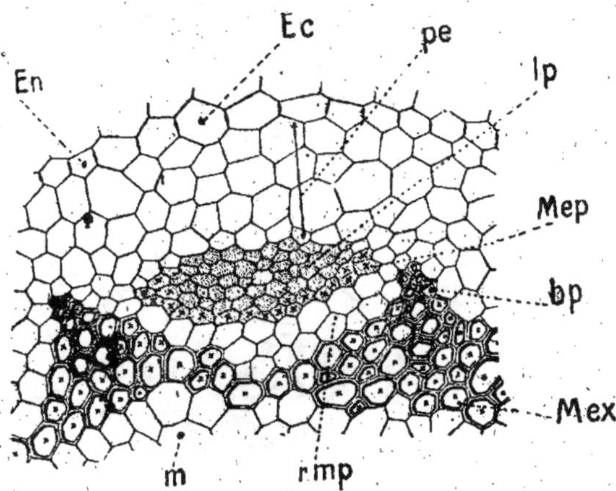

Fig. 95 *bis*. — Coupe transversale d'une racine de vigne.

Après la formation du métaxylème et du métaphloème (d'après M. G. B.).

Ec	écorce.	*m*	moelle.
en	endoderme.	*rmp*	rayons médullaires primaires.
pe	péricycle.	*Mep*	métaphloème.
lp	liber primaire.	*Mex*	métaxylème.
bp	bois primaire.		

BOIS ET LIBER SECONDAIRES DE LA RACINE

L'assise génératrice libéro-ligneuse commence par des cloisonnements cellulaires en dedans des faisceaux libériens et du métaphloème. Elle produit ainsi les premiers vaisseaux du bois secondaire et les premiers éléments du liber secondaire.

Bientôt le cloisonnement se propage de chaque côté et arrive dans le péricycle, en passant *en dehors* des vaisseaux du bois primaire.

L'assise génératrice est ainsi *continue* tout autour du cylindre central, formant du bois secondaire en dedans, et du liber secondaire en dehors (fig. 96).

L'assise génératrice, d'abord sinueuse, devient bientôt circulaire par la multiplication d'éléments secondaires en dedans des faisceaux libériens primaires.

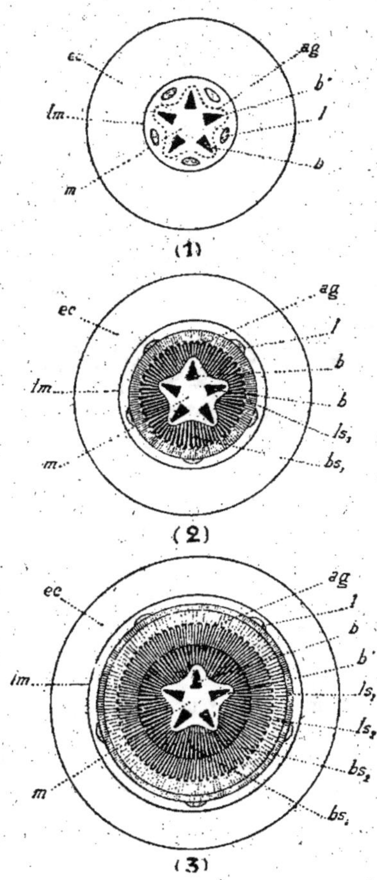

Fig. 96. — Formations secondaires libéro-ligneuses dans une racine à 5 faisceaux (d'après M. G. B.).

(1) Début de l'assise génératrice.   (2) Fin de la 1re année.   (3) Fin de la 2e année.

ec écorce.
lm limite du cylindre central.
l liber primaire.
m moelle.

b bois primaire.
ls₁, ls₂ liber secondaire (1re et 2e années).
bs₁, bs₂ bois secondaire (1re et 2e années).
ag assise génératrice libéro-ligneuse.

Après une année, on a, en dehors, un anneau de liber secondaire, et, en dedans, un anneau de bois secondaire.

L'assise génératrice forme de même deux nouveaux anneaux l'année suivante, et ainsi de suite.

Les rayons médullaires sont, en général, plus larges que ceux de la tige. Leur nombre est variable, mais il en existe toujours un vis-à-vis chaque faisceau du bois primaire.

Les cellules des rayons médullaires sont allongées dans le sens du rayon et bourrées de grains d'amidon.

Tubes criblés, cellules libériennes, fibres, forment le *liber secondaire,* comme dans la tige.

Vaisseaux ponctués ou réticulés (ouverts ou fermés, à calibre ordinairement plus grand que ceux de la tige), *cellules ligneuses, fibres* (relativement moins nombreuses que dans la tige), tous ces éléments constituent, comme dans la tige, le *bois secondaire.*

Le bois constitué au printemps est *formé d'éléments plus larges* et à *parois plus minces* que le bois d'automne. On distingue ainsi, dans nos régions à végétation réglée par les saisons, *le nombre des couches annuelles,* c'est-à-dire l'*âge de la racine.*

Quand la tige et la racine sont jeunes, on reconnaît *une tige* à ce que le liber primaire est situé sur le même rayon que le bois primaire, et à ce que les vaisseaux primaires les plus petits (annelés et spiralés) sont à l'intérieur des plus gros (réticulés ou ponctués ou scalariformes).

Mais quand plusieurs couches de périderme ont exfolié le liber primaire, quand la sclérification de la moelle ou les phénomènes de végétation ont fait disparaître les vaisseaux primaires, aucune distinction n'est plus possible entre le bois de la tige et celui de la racine.

VARIATIONS DES FORMATIONS SECONDAIRES

Elles sont les mêmes pour la racine que pour la tige.

La majeure partie des monocotylédones et un certain nombre de dicotylédones ont des racines dépourvues de formations libéro-ligneuses secondaires.

Quelques monocotylédones possèdent cependant des formations secondaires libéro-ligneuses dans leurs racines; mais ces formations se développent aux dépens d'une assise génératrice située *en dehors* du liber primaire, dans le péricycle ou dans l'écorce.

ASSISE GÉNÉRATRICE SUBÉRO-PHELLODERMIQUE

L'assise génératrice subéro-phellodermique formée en dehors du liber primaire se produit souvent dans le péricycle.

Dans la vigne, par exemple, c'est l'assise *la plus externe du péricycle*, qui devient génératrice et produit du liège vers l'extérieur et du parenchyme secondaire, ou *phelloderme,* vers l'intérieur.

Les tissus formés à l'extérieur du liège se dessèchent et s'exfolient.

Les cellules du liège, quadrangulaires, à parois minces, cutinisées, meurent dès qu'elles sont différenciées. Au contraire, les cellules du phelloderme restent vivantes, se remplissent de grains d'amidon, et ont des parois toujours cellulosiques.

La *même* assise génératrice peut fonctionner pendant plusieurs années. Mais, dans certaines espèces, il peut se former une nouvelle assise après chaque période de végétation.

Les couches alternatives de *périderme* et de *liber secondaire* forment le *rhytidome de la racine.*

Chez beaucoup de plantes, on voit, en certains points de la racine, des *lenticelles,* semblables à celles qui ont été observées sur la tige, par exemple sur les racines de robinier.

Parmi les lenticelles des racines, les unes se développent normalement à la base des radicelles, les autres apparaissent en des points quelconques.

ORIGINE DES RACINES

La *racine principale* existe déjà dans l'embryon renfermé dans la graine ; elle se développe en premier lieu pendant la germination.

Les *radicelles* naissent sur la racine principale ou sur d'autres racines.

Les *racines adventives* se forment *sur la tige.*

Le *collet* de la racine principale est déterminé par le *plan* passant par le premier poil absorbant et perpendiculaire à l'axe de cette racine. Ce plan sépare les cellules les plus basses, parmi celles qui ne s'exfolient pas, des cellules les plus hautes, parmi celles qui s'exfolient.

L'assise des cellules les plus basses, parmi celles qui ne s'exfolient pas, est la première rangée des cellules de l'*axe hypocotylé.*

PASSAGE DE LA STRUCTURE PRIMAIRE DE LA RACINE A CELLE DE LA TIGE

Au niveau du collet de la racine, le cylindre central de cette racine se dilate beaucoup pour se raccorder avec celui de la tige, dont l'écorce a moins d'épaisseur.

Chaque faisceau libérien de la racine se divise généralement en deux dans le sens longitudinal (fig. 97).

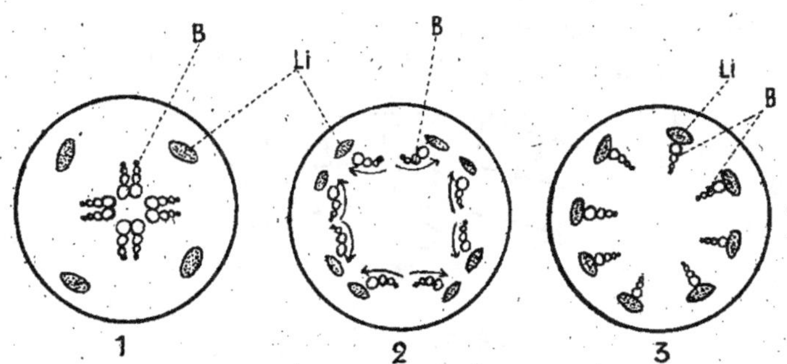

Fig. 97. — Passage de la structure primaire de la racine à celle de la tige. Sections transversales.

1 racine.
2 torsion des faisceaux ligneux.
3 tige.

Li liber.
B bois.

Chaque faisceau ligneux de la racine se divise aussi en même temps en deux; chacune de ces deux parties du faisceau ligneux se tord de 180 degrés en sens inverse l'une de l'autre, se dirige vers le demi-faisceau libérien le plus proche, et vient appliquer contre le liber ses vaisseaux ponctués les plus larges, tandis que ses vaisseaux spiralés (les plus étroits) deviennent les plus proches de l'axe.

Ainsi le nombre des faisceaux libéro-ligneux de la tige devient le double du nombre des faisceaux ligneux et libériens de la racine (fig. 97² et 97³).

Ce passage des faisceaux de la racine à ceux de la tige ne se fait pas constamment suivant un dispositif identique; mais toujours le passage s'effectue progressivement, et les faisceaux ligneux de la racine se tordent de la quantité nécessaire pour donner à leurs vaisseaux l'orientation caractérisant la tige.

C'est *dans l'axe hypocotylé* que se font ces changements dans la disposition des faisceaux. Cet axe hypocotylé constitue à ce point de vue un intermédiaire anatomique entre la tige proprement dite et la racine.

FORMATION DES RADICELLES

La formation d'une radicelle débute généralement *dans le péricycle* (fig. 98¹ et 98²).

En face d'un faisceau du bois, les cellules du péricycle se cloi-

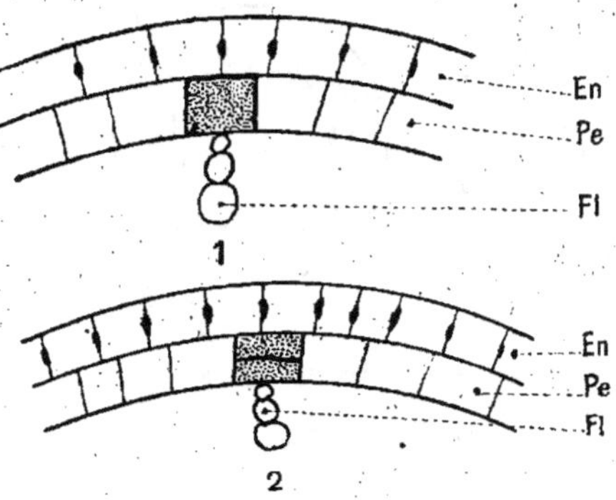

Fig. 98. — Phases successives de la formation d'une radicelle.

En endoderme.
Pe péricycle.
Fl faisceau ligneux.

sonnent tangentiellement et produisent trois assises de cellules : *une assise externe* dont un groupe d'initiales donnera la *coiffe* et *l'assise pilifère, une assise moyenne* dont un groupe d'initiales donnera l'*écorce, une assise interne* dont un groupe d'initiales donnera le *cylindre central* (fig. 98 *bis* 3-4).

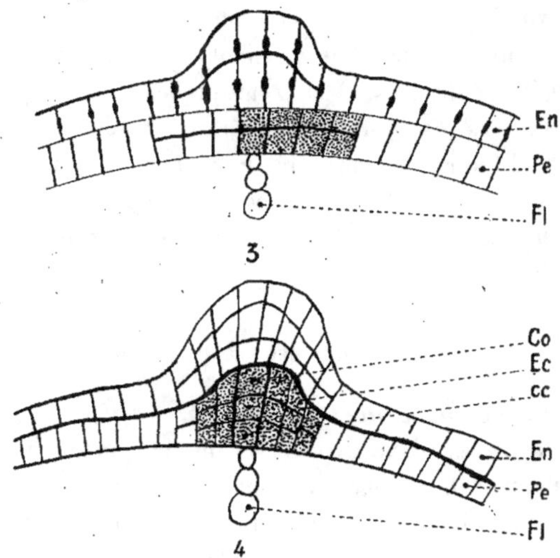

Fig. 98 *bis.* — Phases successives de la formation d'une radicelle.

En endoderme.	*Co* coiffe.	
Pe péricycle.	*Ec* écorce.	
Fl faisceau ligneux.	*cc* cylindre central.	

Les cellules de l'endoderme, repoussées par le développement du péricycle, se divisent et recouvrent d'une sorte de *poche* le sommet de la radicule. Cette poche constitue, par des cloisonnements, plusieurs assises. C'est elle qui *digère* les tissus de l'écorce ; la radicelle sort et la poche tombe. Les radicelles ont donc une origine *endogène*.

Il y a cependant des exceptions à cette règle chez quelques espèces.

DISPOSITION DES RADICELLES

Les radicelles se constituant dans le péricycle *vis-à-vis des faisceaux du bois,* il y a en principe autant de rangées de radicelles qu'il y a de faisceaux du bois.

Mais, pour toutes les racines à *deux faisceaux* seulement, les radicelles se forment, non pas vis-à-vis des faisceaux du bois, mais de part et d'autre de ces faisceaux ; il y a alors quatre rangs de radicelles pour deux faisceaux du bois ; quelquefois les deux rangs voisins paraissent se confondre.

On trouve des familles de dicotylédones (crucifères, papavéracées, caryophyllées...) chez lesquelles il n'y a *pas de poche ;* dans ce cas, la radicelle digère directement les tissus de l'écorce de la racine mère, pour se frayer un passage.

Dans les racines de graminées, le péricycle est interrompu vis-à-vis du bois ; les radicelles naissent alors *vis-à-vis des faisceaux du liber*.

DISPOSITION DES RACINES ADVENTIVES

Les racines *adventives* naissent *sur les tiges*. Dans beaucoup de plantes, c'est l'axe hypocotylé qui les porte. Elles paraissent généralement *aux nœuds,* et souvent en nombre fixe.

C'est dans le péricycle de la tige que se produisent les racines adventives suivant le même mode que les radicelles dans le péricycle de la racine.

Quand les racines âgées produisent d'autres racines, on appelle celles-ci des *racines adventives tardives*. Elles ont leur origine dans le *parenchyme libérien secondaire,* qui est au contact de l'assise génératrice libéro-ligneuse. Il en est ainsi pour les *boutures* ordinaires.

Chez certaines crucifères, comme le cresson, les racines qui se forment près de l'insertion des feuilles se constituent *sur le bourgeon* développé à l'aisselle de chaque feuille.

L'*épiderme du bourgeon* produit la coiffe et l'assise pilifère ; la première assise sous-épidermique produit l'écorce ; la seconde assise sous-épidermique donne le cylindre central.

Les racines adventives produites sur l'axe hypocotylé sont disposées sur les mêmes lignes longitudinales que les radicelles placées sur la racine principale.

Si l'axe hypocotylé offre la structure de la tige, les racines adventives naissent entre deux faisceaux libéro-ligneux, en face d'un rayon médullaire. Il en est de même sur presque toutes les tiges.

FORMATION DE BOURGEONS SUR LES RACINES

Certains arbres, tels que le *tremble* et l'*ailante,* se multiplient fréquemment au moyen de bourgeons formés sur les racines. Ces bourgeons de racines sont appelés des *drageons.* Ils naissent de la même manière que les radicelles, c'est-à-dire *dans le péricycle, vis-à-vis des faisceaux du bois.* L'axe hypocotylé se comporte, à cet égard, comme une racine ; les bourgeons y prennent naissance dans le péricycle et sont *endogènes,* au lieu d'être *exogènes* comme dans la tige.

DIVERSES ADAPTATIONS DES RACINES

Il y a des *racines aériennes,* par exemple dans le *lierre.* Ce sont des racines servant à fixer la plante à son support.

On trouve des racines normalement aériennes chez certaines plantes telles que les *orchidées,* les *broméliacées,* les *aroïdées.* Dans ce cas, l'assise pilifère est constituée par plusieurs assises de cellules remplies d'air et qu'on appelle le *voile.* C'est un organe de protection.

Dans ces racines aériennes, les éléments de soutien sont plus développés que dans les racines souterraines.

Certaines racines aériennes, après avoir pris contact avec le sol et s'y être enfoncées, deviennent des organes de soutien pour la plante ; il en est ainsi chez le *Pandanus* et le figuier du Bengale.

On trouve aussi des *racines foliacées,* par exemple chez plusieurs orchidées, notamment chez le *Tœniophyllum* et chez les *podostémacées.*

Les racines aquatiques ressemblent aux racines ordinaires, mais n'ont *pas de poils absorbants ;* les tissus sont lacuneux, les faisceaux peu nombreux et à parois peu lignifiées.

Il y a des *racines-tubercules*, qui accumulent des matières de réserve dans leurs tissus ; tantôt c'est le *parenchyme cortical* qui s'est hypertrophié (ficaire); tantôt c'est la moelle (asphodèle); tantôt c'est le bois secondaire, qui alors contient très peu de vaisseaux et pas de fibres (radis); tantôt c'est le liber secondaire devenu parenchymateux (carotte, panais).

Dans la betterave, les réserves s'accumulent surtout dans le parenchyme secondaire issu de formations péricycliques.

Dans les tubercules d'orchidées, par exemple chez l'*ophrys*, on trouve un ensemble de racines réunies par leur écorce et contenant les substances de réserve.

D'autres tubercules de racines sont dus à des organismes inférieurs qui envahissent les tissus; il en est ainsi chez les *légumineuses*.

On voit aussi des *racines à suçoirs*, par exemple chez le *mélampyre*, chez le *gui*, chez les *cuscutes*, chez les *orobanches*.

Chez le mélampyre, le suçoir est un renflement exogène de la racine formé par la multiplication des cellules de l'écorce.

Chez le gui, ce sont des racines modifiées par une adaptation à la vie parasitaire.

Chez la cuscute, le suçoir est endogène et forme comme une ébauche de racine adventive sans coiffe; le suçoir naît dans le péricycle.

L'orobanche perd ses premières racines, qui sont remplacées par un renflement appliqué sur la racine de la plante nourricière, et qui sert de suçoir.

IV — LA FLEUR DES ANGIOSPERMES OU FEUILLUS

LES SÉPALES

Les *sépales* forment le *calice*, qui est l'enveloppe extérieure de la fleur. Ils possèdent une structure rappelant celle de la feuille (fig. 99).

A l'extérieur est une assise de cellules épidermiques, avec des stomates de loin en loin.

A l'intérieur est un parenchyme, dans lequel on trouve des faisceaux libéro-ligneux ; les éléments du bois sont à la face supérieure ou interne, et les éléments du liber à la face inférieure ou externe.

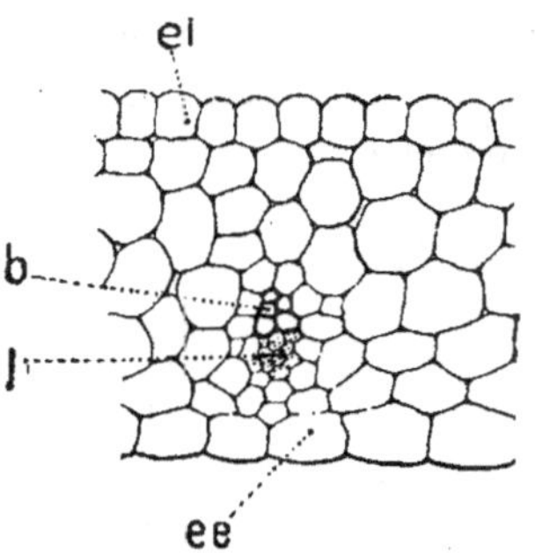

Fig. 99. — Fragment de coupe transversale d'un sépale ou d'un pétale.

b   bois.
l   liber.
ei épiderme externe.
ee épiderme externe.

LES PÉTALES

Les *pétales,* qui sont les pièces constitutives de la *corolle,* seconde enveloppe de la fleur disposée à l'intérieur du calice, possèdent aussi une structure analogue à celle des feuilles.

Une coupe transversale montre, à la périphérie, un épiderme pouvant renfermer des stomates, et, à l'intérieur, un parenchyme avec des faisceaux libéro-ligneux correspondant aux nervures et orientés comme dans les sépales.

Beaucoup de pétales possèdent un épiderme situé à la face interne et possédant des cellules saillantes, coniques, formant des papilles.

Les pétales et les sépales sont diversement colorés.

Tantôt la matière colorante imprègne des *leucites spéciaux* plongés dans le protoplasme et appelés *chromoleucites.*

Tantôt les substances colorantes sont *en dissolution* dans le suc cellulaire.

Les *chromoleucites,* en général, sont d'abord des *chloroleucites* ou *grains de chlorophylle,* dans lesquels peu à peu la chlorophylle est remplacée par la matière colorante.

L'apparition des pigments dans la fleur est due à une oxydation et à une hydratation du protoplasme.

La corolle renvoie sur les étamines et le pistil une grande partie de la chaleur qu'elle concentre.

LES ÉTAMINES

L'ensemble des étamines, ou organes mâles, est l'*androcée*.

Chaque étamine comprend le *filet* et *l'anthère;* l'anthère contient les *grains de pollen* (fig. 100 et 101).

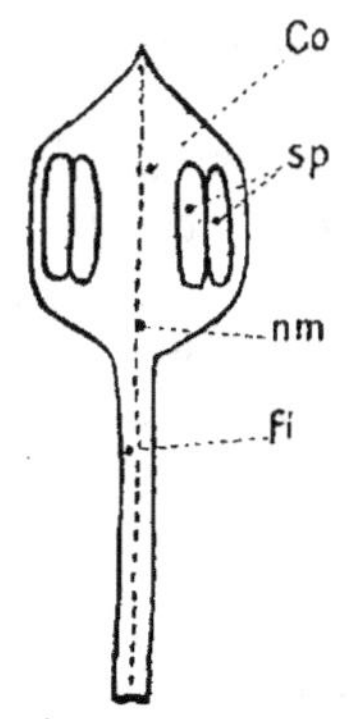

Fig. 100. — Étamine vue de face.

sp sacs polliniques.
Co connectif.
nm nervure médiane.
Fi filet.

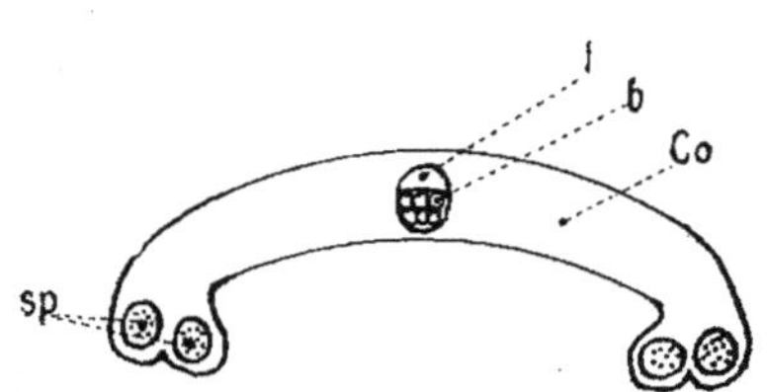

Fig. 101. — Coupe transversale d'anthère.

l liber.
b bois.
Co connectif.
sp sacs polliniques.

Le *filet* a la structure d'une feuille cylindrique réduite (fig. 102).

Il est constitué par un *épiderme* à cellules régulières, présentant de loin en loin quelques stomates, et par un parenchyme contenant, vers son centre, un *faisceau libéro-ligneux,* disposé suivant le plan de symétrie.

Le bois, situé du côté interne du faisceau, comprend seulement quelques vaisseaux spiralés ; le liber est composé de quelques cellules libériennes.

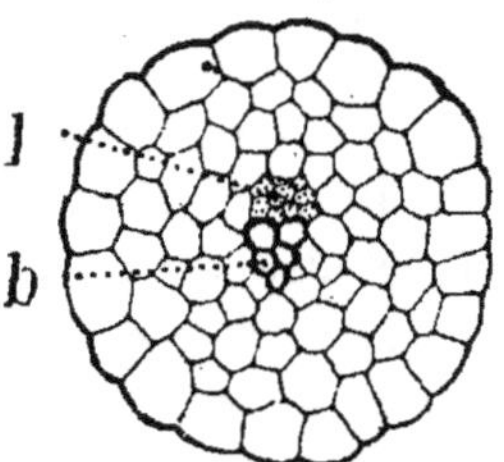

Fig. 102. — Coupe transversale du filet d'une étamine.

b bois.
l liber.

L'*anthère* est formée généralement de deux parties renflées ou *loges,* réunies entre elles par un massif cellulaire appelé *connectif* (fig. 100 et 101).

Chacune des loges s'ouvre par un sillon médian pour laisser échapper les grains de pollen, cellules reproductrices mâles (fig. 103).

Dans une section transversale de l'anthère on voit :

Vers le centre, un faisceau libéro-ligneux qui est le prolongement du faisceau du filet, et qui marque le milieu du connectif.

De part et d'autre, sont les deux loges de l'anthère.

Dans chaque loge, on distingue deux cavités séparées par une mince cloison, et qui s'étendent tout le long de l'anthère. Ce sont les *sacs polliniques,* remplis par les *grains de pollen* (fig. 104).

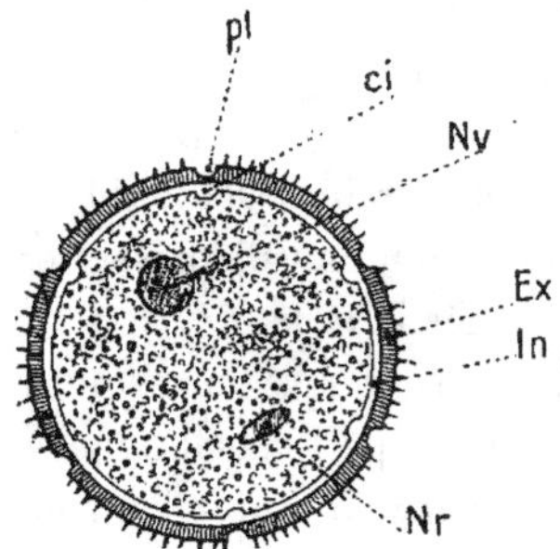

Fig. 103. — Coupe transversale d'un grain de pollen de menthe aquatique (d'après M. G. Bonnier).

Gr. : 400 diamètres.

Nv noyau végétatif.
Nr noyau reproducteur.
ci cellulose de l'intine.
pl section d'un pli.
Ex exine.
In intine.

Les parois des sacs polliniques sont constituées à l'extérieur

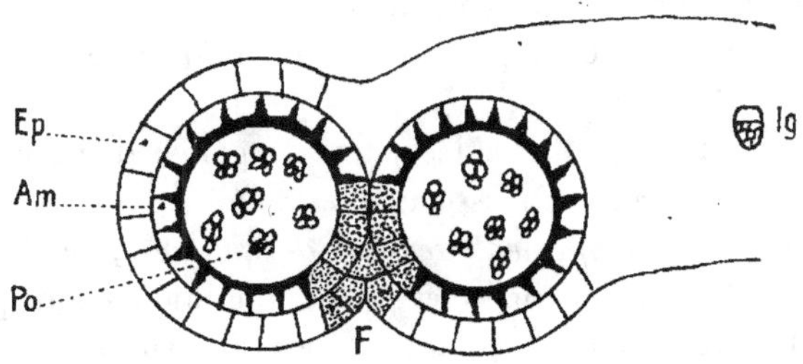

Fig. 104. — Coupe transversale d'une demi-anthère. Deux sacs polliniques formant une loge. Cellules produisant la fente de déhiscence *F*.

Ep épiderme.
Am assise mécanique.
Po grains de pollen.
lg faisceau libéro-ligneux.

par l'épiderme, à l'intérieur par une assise appelée *assise mécanique,* et formée par des cellules dont les parois internes possèdent des bandes d'épaississement lignifiées. Ces bandes font défaut sur les parois externes au contact de l'épiderme.

Les *grains de pollen* ont des formes variables ; ils sont généralement arrondis ; leur surface externe est le plus souvent rugueuse, couverte de petites pointes, et munie de *bandes* ou *plis*.

Dans une section transversale du grain de *pollen,* on voit une membrane externe très cutinisée, sauf le long des plis, et offrant des pointes à sa surface : c'est l'*exine*. L'exine est doublée d'une membrane interne formée de cellulose et munie d'épaississements internes correspondant aux plis, appelée l'*intine* (fig. 103).

En dedans de ces deux membranes, se trouve un protoplasme épais qui renferme *deux* noyaux : l'un, petit et allongé, est le noyau *reproducteur,* qui servira à la fécondation ; l'autre, plus gros et arrondi, est le noyau *végétatif,* qui ne jouera pas un rôle direct dans la reproduction (fig. 103).

On trouve, dans les étamines, les dispositions les plus diverses.

L'étamine est *introrse,* quand les loges de l'anthère s'ouvrent du côté du centre de la fleur ; elle est *extrorse,* quand les loges sont tournées vers l'extérieur.

Le filet de l'étamine peut se ramifier ou s'aplatir.

Le nombre des *plis* du grain de pollen peut varier. Il en est de même du genre d'ornements du grain.

Les grains de pollen peuvent être réunis par quatre, et former alors une *tétrade*.

Chez beaucoup d'orchidées, tout le pollen d'une même loge est réuni en une seule masse appelée *pollinie*.

Dans le *développement général de l'anthère,* ce sont quatre groupes de cellules corticales sous-épidermiques qui, par leurs cloisonnements, fournissent les quatre assises suivantes (fig. 105) :

1° Les *cellules mères des grains de pollen,* situées au centre de l'anthère ;

2° Les *cellules de l'assise nourricière,* qui entourent immédiatement le groupe des cellules mères ;

3° Les *cellules de l'assise transitoire,* appliquées à l'extérieur de l'assise nourricière ;

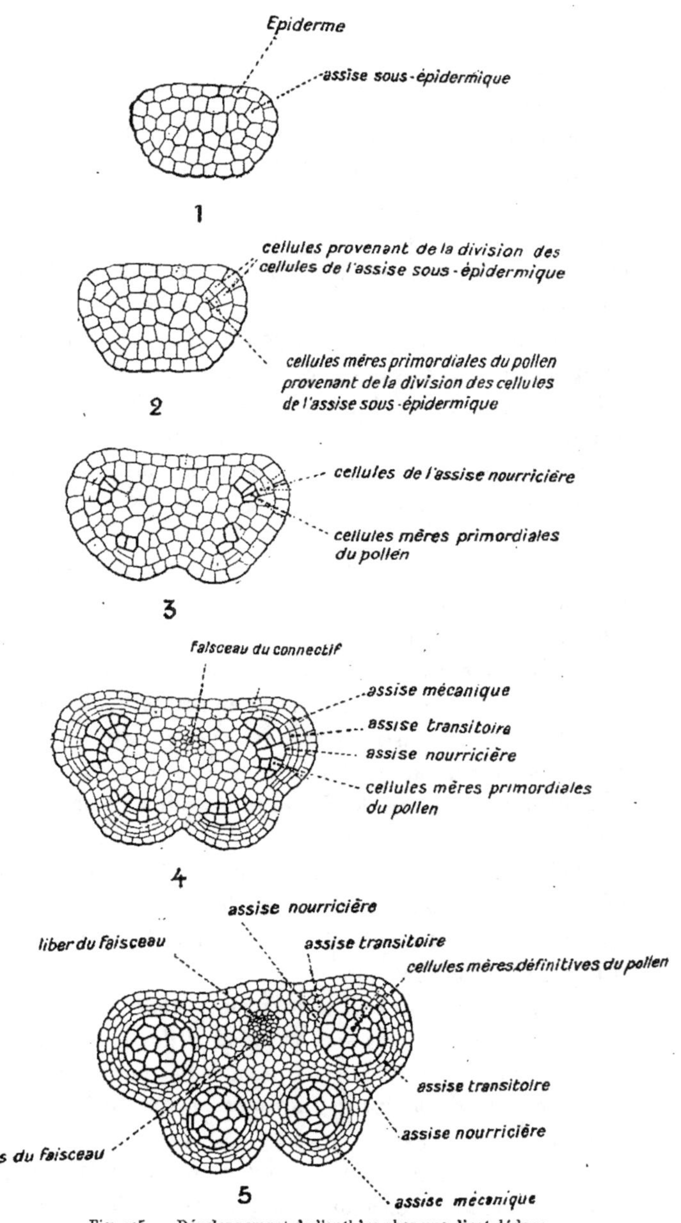

Fig. 105. — Développement de l'anthère chez une dicotylédone.
Coupes transversales successives : 1, 2, 3, 4, 5 (d'après WARMING et M. G. BONNIER).

4° Les *cellules de l'assise mécanique,* qui enveloppent les précédentes.

Chaque cellule mère produit quatre grains de pollen.

Finalement, l'assise nourricière et l'assise transitoire sont digérées pour nourrir le pollen; et il ne subsiste plus, à l'extérieur des sacs polliniques contenant les grains de pollen, que l'épiderme et l'assise mécanique destinée à favoriser la déhiscence du sac pollinique.

La production des grains de pollen dans les cellules mères se fait de la manière suivante (fig. 106) :

Le filament chromatique du noyau de chaque cellule mère définitive, un peu avant de se diviser, grossit, diminue de longueur et se sépare en fragments ou *chromosomes, de moitié moins nombreux que dans les cellules ordinaires.* Il y a *réduction chromatique.*

Les deux noyaux issus du noyau de la cellule mère se divisent de nouveau, respectivement en deux, toujours avec le même nombre réduit de chromosomes.

La cellule mère contient ainsi *quatre noyaux.* Bientôt il se produit simultanément des cloisons entre ces quatre noyaux, et on voit ainsi se constituer *quatre cellules,* dont chacune est *l'origine d'un grain de pollen.*

La membrane propre de chacun des grains de pollen se différencie.

Les cloisons des cellules mères se gélifient, et cette gélification amène la séparation des grains de pollen.

. La membrane de chaque grain, qui était albuminoïde, ne tarde pas à devenir *cellulosique.*

Dans chaque grain de pollen, le noyau, d'abord unique, se divise bientôt en deux, toujours avec la même réduction chromatique.

On voit alors ces deux noyaux prendre des formes différentes : l'un est *ovale ou en fuseau* (noyau *reproducteur*); l'autre est sphérique (noyau *végétatif*).

Il n'y a pas de cloison entre ces deux noyaux; mais le protoplasme, qui entoure chacun d'eux, présente des granulations d'apparence différente.

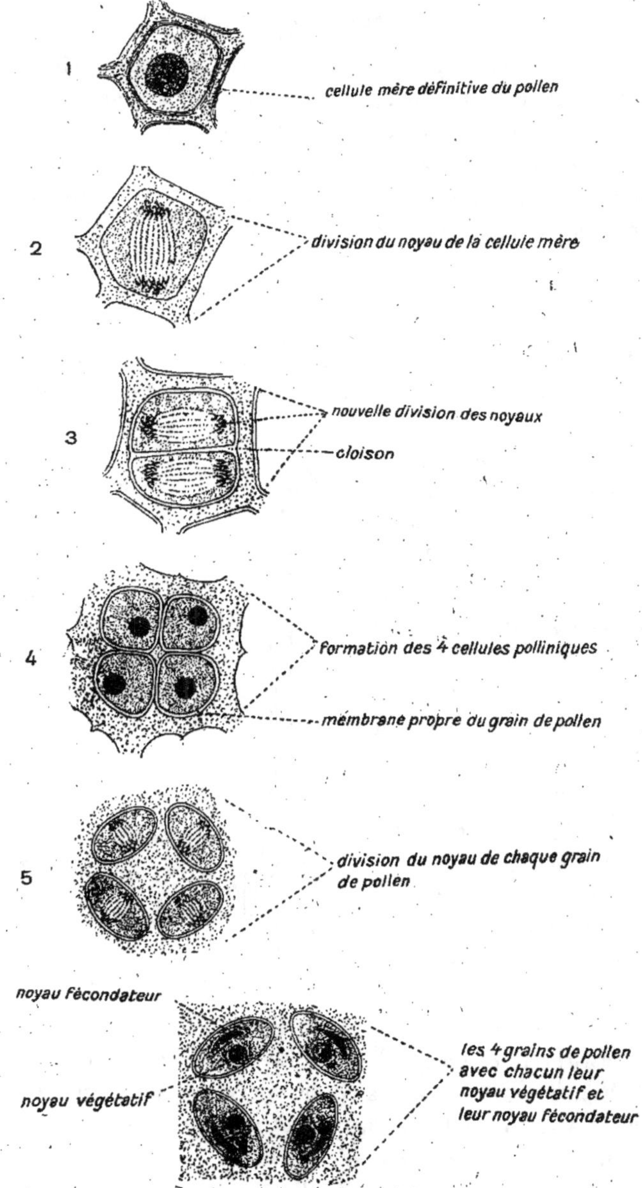

Fig. 106. — Développement du pollen dans une monocotylédone (d'après M. G. B.).
Phases successives : 1, 2, 3, 4, 5, 6.

L'assise mécanique, qui contenait de nombreux grains d'amidon et du protoplasme, constitue bientôt les épaississements lignifiés de ses membranes cellulaires *internes*.

La sécheresse de l'air suffit alors à provoquer la déhiscence de l'anthère et l'émission des grains de pollen, par contraction des membranes cellulaires *externes* de l'assise mécanique.

LE PISTIL

Le *pistil* se compose de feuilles modifiées ou *carpelles,* semblables entre eux, et insérés sur le *réceptacle* ou extrémité de l'axe de la fleur.

Dans chaque carpelle, on distingue (fig. 107) :

1° L'*ovaire*, partie renflée, située à la base, et dont la paroi limite une cavité close;

2° Le *style,* partie amincie, qui surmonte l'ovaire;

3° Le *stigmate,* terminaison généralement aplatie du style.

Un carpelle est une *feuille spéciale repliée sur elle-même* (fig. 108 et 109).

Ce qui prouve que le carpelle n'est qu'une *feuille modifiée,* c'est qu'il est symétrique par rapport à un plan comme la feuille ordinaire,

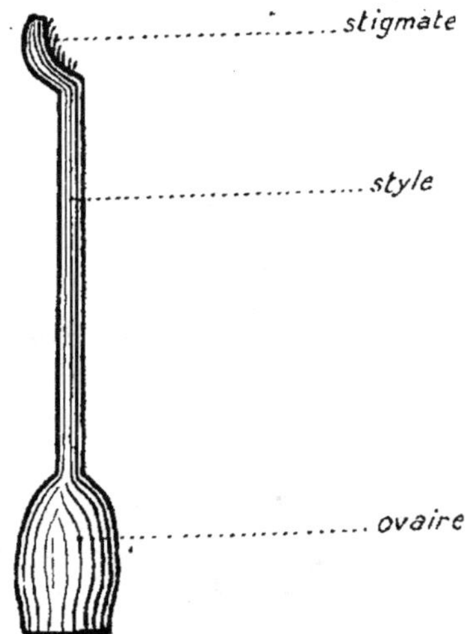

Fig. 107. — Vue extérieure d'un carpelle (schéma).

qu'il est revêtu comme la feuille d'un épiderme à l'intérieur et à l'extérieur, que les faisceaux des nervures sont orientés par rapport à la face externe (fig. 109 et 110), enfin que le développement est identique à celui d'une feuille.

Le limbe du carpelle est muni d'une nervure médiane, et a ses deux bords épaissis et traversés chacun par une nervure marginale; ces deux bords épaissis, appelés *placentas,* portent, suspendus par de petits cordons appelés *funicules,* de petits corps arrondis qui sont les *ovules;* c'est ce limbe foliaire, ainsi différencié, qui constitue l'*ovaire* (fig. 108 et 109).

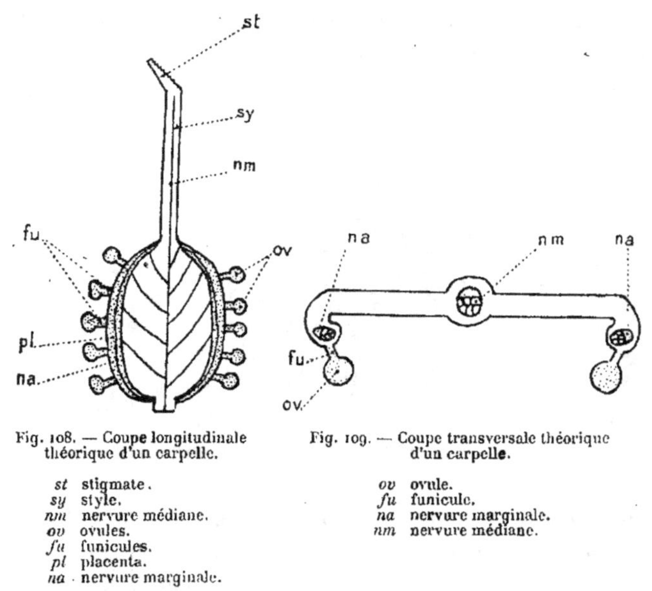

Fig. 108. — Coupe longitudinale
théorique d'un carpelle.

st stigmate.
sy style.
nm nervure médiane.
ov ovules.
fu funicules.
pl placenta.
na nervure marginale.

Fig. 109. — Coupe transversale théorique
d'un carpelle.

ov ovule.
fu funicule.
na nervure marginale.
nm nervure médiane.

L'épiderme de l'ovule porte, de place en place, des stomates. En dedans de l'épiderme, se trouve un parenchyme qui contient les faisceaux libéro-ligneux, dont le bois est orienté vers la face interne de la paroi de l'ovaire.

La nervure médiane envoie des ramifications qui vont rejoindre les nervures correspondant aux bords des placentas.

Un endoderme spécial limite chacune des nervures.

De part et d'autre des placentas, l'épiderme interne et une partie de l'assise sous-épidermique possèdent des cellules à parois épaisses, partiellement gélifiées et renfermant beaucoup de matières nutritives. Ces cellules forment deux bandes de tissu différencié qui s'étendent jusqu'au stigmate : c'est le *tissu conducteur,* qui sera suivi par le tube pollinique se dirigeant du stigmate à l'ovule (fig. 110).

Le *style,* qui surmonte l'ovaire, est le prolongement grêle du limbe carpellaire.

Il est constitué extérieurement par un épiderme en continuité avec l'épiderme de l'ovaire, et contient une gouttière tapissée par les cellules spéciales du tissu conducteur.

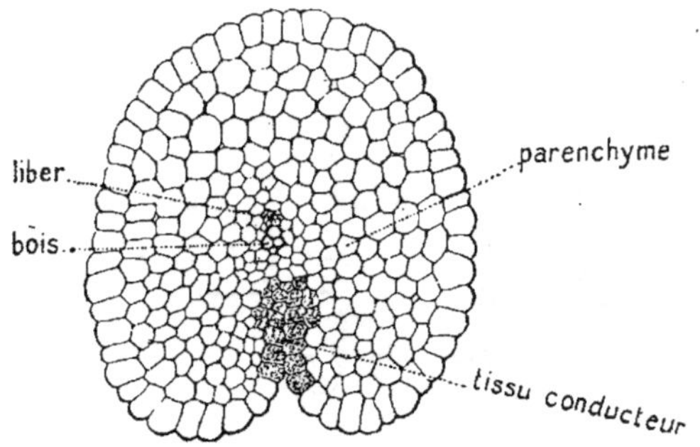

Fig. 110. — Coupe transversale d'un style (d'après M. G. B.).

Le *stigmate* est une lame aplatie ou arrondie qui termine le style ; il est recouvert par le tissu conducteur élargi, formé de cellules épidermiques allongées en forme de papilles, et sécrétant un liquide visqueux, qui retient les grains de pollen.

Les carpelles sont en nombre variable suivant les espèces ; ils peuvent présenter la disposition *verticillée* ou la disposition *spiralée,* quand ils sont *libres* et indépendants les uns des autres.

Les carpelles peuvent être *adhérents entre eux* à divers degrés.

Un *ovaire composé* est un ovaire unique formé par la réunion des ovaires de plusieurs carpelles.

Un *style composé* est un style unique formé par la réunion des styles de plusieurs carpelles.

Un *stigmate composé* est un stigmate unique formé par la réunion des stigmates de plusieurs carpelles.

La placentation est la disposition générale des placentas dans les ovaires (fig. 111).

Un pistil est à placentation *axile*, quand les carpelles étant fermés et soudés deux à deux par leurs parois latérales, les placentas sont placés *sur l'axe* de la fleur.

Les carpelles peuvent se souder par leurs bords respectifs sans s'être repliés sur eux-mêmes ; alors les placentas qui se trouvent sur les bords de chaque carpelle se réunissent deux à deux de manière à constituer des placentas doubles situés le long de la

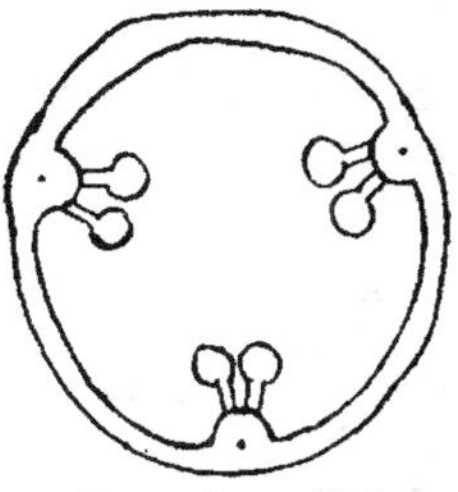
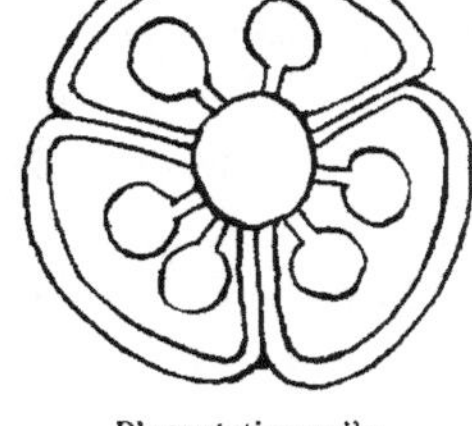

Placentation pariétale.   Placentation axile.

Fig. 111. — Placentations.

soudure des carpelles : on a, dans ce cas, un *ovaire composé à une seule loge,* et le pistil est à *placentation pariétale.*

Il y a tous les intermédiaires entre les divers types de placentation.

De *fausses cloisons* peuvent contribuer encore à diviser en plusieurs loges un ovaire à cavité d'abord unique. Quand le pistil est inséré au sommet du réceptacle de la fleur et libre de toute adhérence avec les autres feuilles florales, on dit que le pistil est à *ovaire libre.*

Quand les sépales, les pétales et les étamines sont soudés à l'ovaire, et se montrent en apparence insérés à la partie supérieure de l'ovaire, le pistil est à *ovaire adhérent* (on disait autrefois *infère*).

Il y a tous les intermédiaires entre les ovaires *libres* et les ovaires *adhérents.*

L'OVULE

L'ovule est une sorte de protubérance de forme généralement allongée et se rattachant à l'ovaire par un petit cordon appelé *funicule* (fig. 112 et 113).

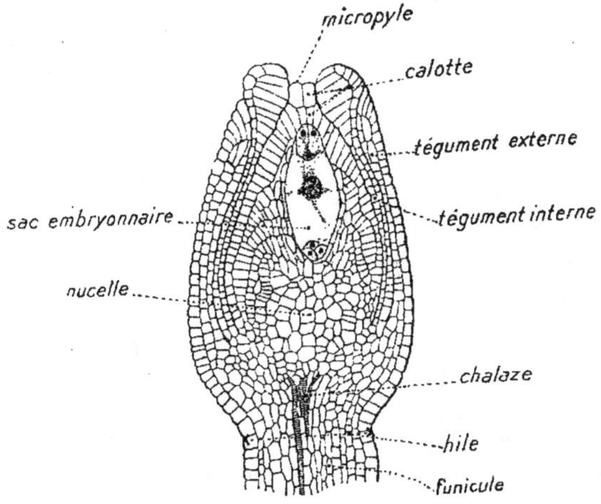

Fig. 112. — Coupe longitudinale d'un ovule orthotrope.

L'épiderme interne de l'ovaire se continue sur ce funicule, qui contient au milieu de son parenchyme un faisceau libéro-ligneux ; celui-ci n'est qu'une ramification du faisceau placentaire (fig. 114).

La ligne d'insertion de l'ovule sur le funicule est appelée le *hile* (fig. 112).

L'ovule possède une première enveloppe, appelée *tégument externe*, formée de trois ou quatre assises de cellules, et une seconde enveloppe intérieure, en général plus mince, appelée *tégument interne*.

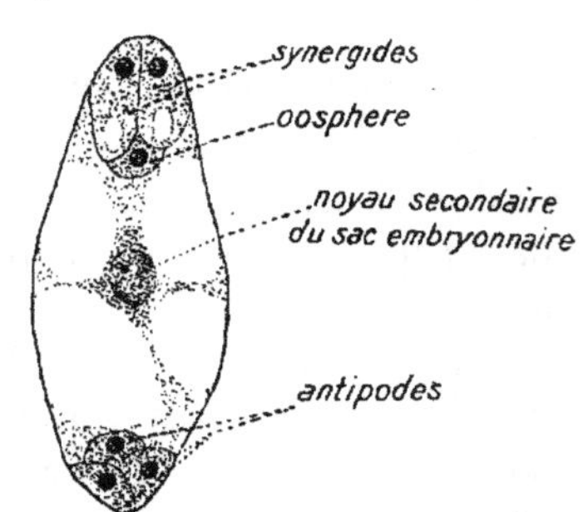

Fig. 113. — Sac embryonnaire séparé de l'ovule.

Les téguments ne sont pas complètement refermés au sommet de l'ovule ; ils laissent une petite ouverture qui est le *micropyle* (fig. 112).

A l'intérieur des téguments est un massif cellulaire appelé *nucelle*.

La base du nucelle est la *chalaze*.

Au niveau de la chalaze, le faisceau libéro-ligneux du funicule

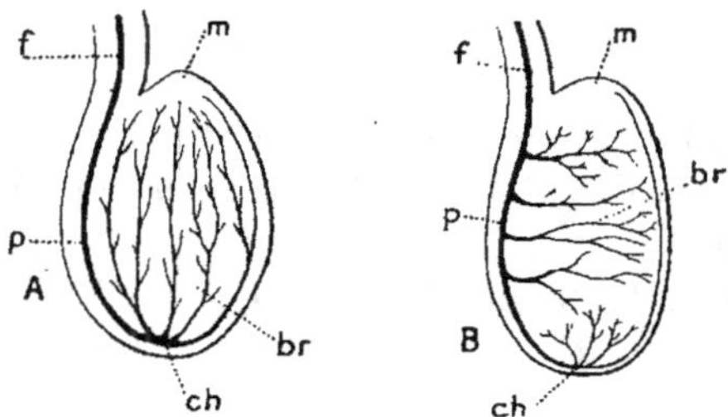

Fig. 114. — Nervation de l'ovule (d'après LE MONNIER).

A   Chez le prunier.   B   Chez le laurier.

Gr. : 25 diamètres.

f faisceau du funicule issu du placenta.
p faisceau médian de l'ovule.
br ramifications vasculaires.
ch chalaze.
m région du micropyle.

se ramifie et envoie des prolongements dans le tégument *externe* de l'ovule.

Le nucelle contient, au voisinage du micropyle, une cellule plus grande que les autres : c'est le *sac embryonnaire,* qui donnera naissance à l'*embryon de la plante* (fig. 113).

Les cellules du nucelle, situées au-dessus du sac embryonnaire jusqu'au micropyle forment un tissu appelé la *calotte* (fig. 112).

Le sac embryonnaire est, en général, ainsi constitué (fig. 113) :

Dans sa région supérieure, se trouvent *trois* masses protoplasmiques contenant chacune un noyau et une grande vacuole.

Deux d'entre elles, qui sont *semblables* et en contact avec la paroi du sac embryonnaire, s'appellent les *deux synergides ;* la troisième, placée un peu plus bas et dans le plan de séparation des deux précédentes, possède un protoplasme plus granuleux et plus riche en chromatine : c'est l'*oosphère*.

L'oosphère, après incorporation d'un élément mâle issu du tube pollinique, fournira l'*œuf, cellule initiale de l'embryon*.

Vers le centre du sac embryonnaire est un noyau entouré de protoplasme ; on l'appelle le *noyau secondaire* du sac embryonnaire.

Dans la région inférieure du sac, se trouvent *trois* masses de protoplasme contenant chacune un noyau, on les appelle : les *antipodes* (fig. 113).

Les autres régions du sac embryonnaire sont remplies de protoplasme creusé de grandes vacuoles, qui contiennent du suc cellulaire.

L'ovule a des formes diverses (fig. 115).

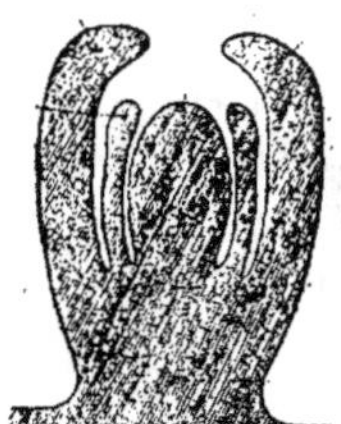
Ovule orthotrope.

Ovule anatrope.

Ovule campylotrope.

Fig. 115. — Diverses sortes d'ovules.

Il est *orthotrope* quand le hile étant rapproché de la chalaze se trouve *opposé au micropyle*. Cette disposition est assez rare.

Il est *anatrope* quand le hile se trouve rapproché du micropyle et *opposé à la chalaze*.

Dans ce cas le faisceau du funicule se prolonge sur l'ovule pour s'épanouir à la chalaze, et forme le long de l'ovule, du hile à la chalaze, une petite saillie appelée *raphé*.

Les ovules anatropes sont les plus répandus.

L'*ovule dit campylotrope* n'a *pas de raphé* ; le hile est voisin de la chalaze comme dans les ovules orthotropes ; mais le nucelle est replié sur lui-même, de façon à amener le micropyle dans le voisinage de la chalaze ; hile, chalaze et micropyle sont alors rapprochés.

Il y a *toutes les transitions entre ces trois formes d'ovules.*

Très souvent, on ne trouve qu'*un seul tégument* à l'ovule (dicotylédones gamopétales et un certain nombre de dialypétales et d'apétales).

L'ovule des *santalacées* est même complètement dépourvu de téguments.

Chez les *loranthacées,* il n'y a *pas d'ovule proprement dit ;* le sac embryonnaire est formé par *une cellule des parois du carpelle.*

Dans la série végétale, le funicule a des dimensions variables.

Toujours le faisceau libéro-ligneux du funicule est une branche du faisceau du placenta.

Toujours le faisceau du funicule aboutit à la chalaze ; quelquefois il se termine là ; mais, le plus souvent, le faisceau va se ramifier dans le tégument *externe.*

En résumé, les ovules sont *symétriques par rapport à un seul plan ;* ce sont des *ramifications de la feuille carpellaire,* des *lobes de feuille.*

Le nucelle est une dépendance du tissu cortical que recouvre l'épiderme foliaire.

DÉVELOPPEMENT DE L'OVULE

La première manifestation de l'ovule est un simple mamelon parenchymateux, recouvert par l'épiderme de la feuille carpellaire : c'est le *nucelle* (fig. 116).

Bientôt un bourrelet circulaire se montre à la base de ce nucelle ;

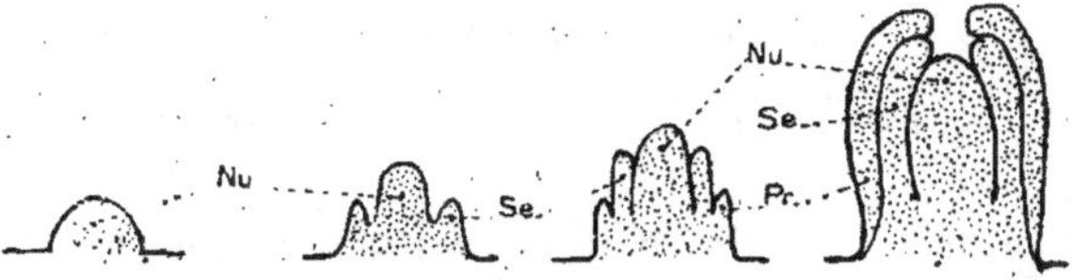

Fig. 116. — Stades successifs du développement d'un ovule orthotrope.

Nu nucelle.   *Pr* primine.   *Se* secondine.

c'est l'origine du tégument de l'ovule ; si l'ovule doit avoir un tégument double, cette première enveloppe s'appellera la *secondine*, et, au-dessous d'elle apparaîtra un deuxième bourrelet circulaire produisant une nouvelle enveloppe externe appelée la *primine*. Ces deux enveloppes laissent au sommet du nucelle une ouverture circulaire, qui est le *micropyle* ; c'est dans le tégument externe ou primine que se ramifie le faisceau libéro-ligneux placentaire.

DÉVELOPPEMENT DU SAC EMBRYONNAIRE

Le *sac embryonnaire* se développe de la manière suivante :

Une cellule sous-épidermique, située près du sommet du nucelle, montre une croissance plus rapide et un contenu plus épais que ses voisines.

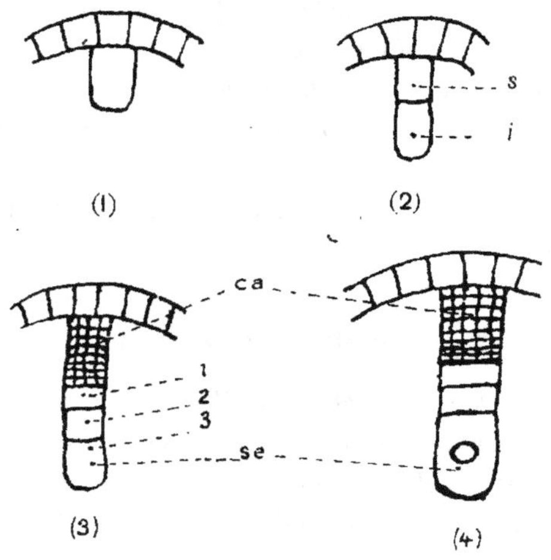

Fig. 117. — Stades successifs de la formation du sac embryonnaire : (1), (2), (3), (4).

s cellule supérieure.
i cellule inférieure.
ca calotte.
se sac embryonnaire.

Cette cellule se divise en deux par une cloison perpendiculaire à l'axe de l'ovule et donne une cellule *supérieure* et une cellule *inférieure* (fig. 117²).

La cellule *supérieure* se divise plusieurs fois par des cloisons transversales et longitudinales, et forme deux assises, puis un massif cellulaire, qu'on appelle la *calotte* (fig. 117³).

La cellule *inférieure* est la *cellule mère primordiale du sac embryonnaire*.

Cette cellule mère se divise tranversalement en deux autres, dont la supérieure se redivise de nouveau en deux : on a ainsi *trois cellules mères définitives* à peu près égales et superposées (fig. 117³).

Mais, bientôt, la *cellule inférieure* devient plus grande et refoule les deux supérieures, qui seront digérées (fig. 117⁴).

C'est cette cellule inférieure plus volumineuse, à protoplasme plus épais, à noyau plus gros, qui est le *sac embryonnaire*. Son noyau est le *noyau primaire du sac embryonnaire*.

Ce noyau primaire se divise bientôt en deux autres *avec réduction chromatique*, comme cela se produit pour la première division de la cellule mère définitive des grains de pollen. A partir de ce stade, tous les noyaux auront un nombre de chromosomes égal à la *moitié* du nombre des chromosomes des cellules végétatives ordinaires de la plante.

L'un des deux noyaux formés se porte en haut, l'autre en bas (fig. 118² à 118⁴).

Chacun d'eux se divise en deux ; chacun des quatre se divise encore.

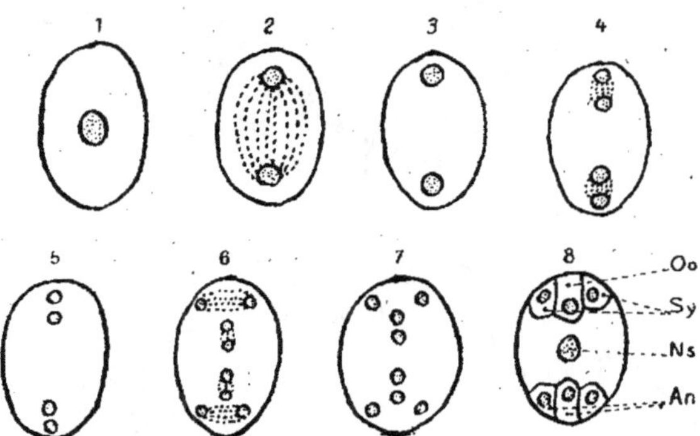

Fig. 118. — Multiplication cellulaire du sac embryonnaire. Stades successifs.
Oo Oosphère. *Sy* synergides. *Ns* noyau secondaire du sac embryonnaire. *An* antipodes

Finalement, on a *quatre noyaux en haut*, et *quatre noyaux en bas* du sac embryonnaire (fig. 118⁵ à 118⁷).

Dans chaque groupe de quatre noyaux, le noyau le plus rapproché du centre, appartenant au groupe supérieur, se réunit au noyau le plus rapproché du centre, appartenant au groupe inférieur, et forme le *noyau secondaire du sac embryonnaire.*

Les trois noyaux restants du groupe supérieur s'entourent chacun d'une masse protoplasmique limitée par une membrane albuminoïde, et constituent les deux *synergides* et l'*oosphère* placée au-dessous de ces deux synergides.

Les trois noyaux restants du groupe inférieur entourés de protoplasme se limitent par de minces membranes albuminoïdes ou cellulosiques ; ces trois cellules sont les *antipodes* (fig. 118⁸).

Il y a donc analogie entre le développement du sac embryon-

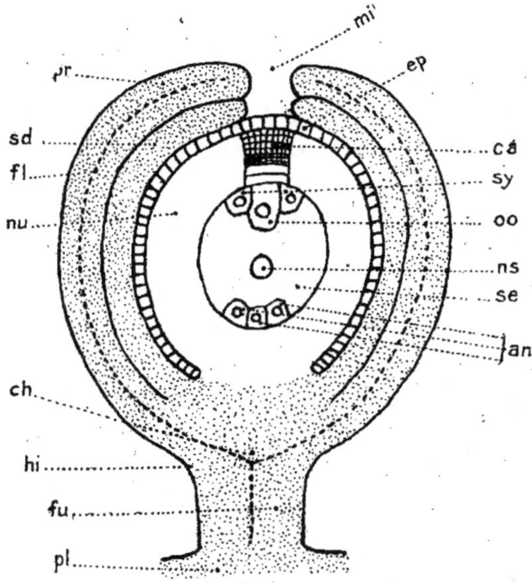

Fig. 119. — Constitution de l'ovule mûr (schéma).

mi	micropyle.	*pr*	primine.
ep	épiderme du nucelle.	*sd*	secondine.
ca	calotte.	*fl*	faisceau libéro-ligneux.
sy	synergides.	*nu*	nucelle.
oo	oosphère.	*ch*	chalaze.
ns	noyau secondaire du sac embryonnaire.	*hi*	hile.
se	sac embryonnaire.	*fu*	funicule.
an	antipodes.	*pl*	placenta.

naire et celui d'une cellule mère définitive du grain de pollen. Dans les deux cas, le noyau primitif se divise avec réduction chromatique; dans les deux cas, *huit noyaux* sont issus de la cellule mère.

Chez tous les *angiospermes,* c'est toujours dans une *cellule sous-épidermique* que se manifeste le premier signe de la formation du sac embryonnaire.

Dans la série végétale, souvent la cellule mère primordiale ne se divise pas et devient directement le sac embryonnaire.

Notons aussi que l'une quelconque des cellules mères définitives peut produire le sac embryonnaire.

Telle est la constitution de l'ovule mûr (fig. 119).

NECTAIRES

Les nectaires sont constitués par un tissu dans lequel s'accumulent les sucres.

Souvent des faisceaux libéro-ligneux spéciaux desservent les nectaires. Souvent aussi les cellules à sucre ont des dimensions plus petites que les autres.

V — LE FRUIT DES ANGIOSPERMES OU FEUILLUS

La morphologie interne du fruit est intimement liée à sa physiologie, avec laquelle nous l'examinerons.

B — *GYMNOSPERMES OU RÉSINEUX*

Nous devons étudier successivement *l'anatomie de l'appareil végétatif* des gymnospermes et *l'anatomie de leurs organes de reproduction.*

APPAREIL VÉGÉTATIF DES GYMNOSPERMES

Dans la *structure primaire* de la tige et de la racine, les tissus se produisent et se différencient sensiblement de la même manière que chez les angiospermes.

Mais la *constitution des formations secondaires* est *toute diffé-rente*. Il y a, comme chez les angiospermes, des rayons médul-laires ; mais au lieu de comprendre des vaisseaux ouverts, des vaisseaux fermés, des cellules et des fibres, le bois secondaire des gymnospermes, par exemple du pin sylvestre, est formé par des éléments qui sont tous de même nature et semblables entre

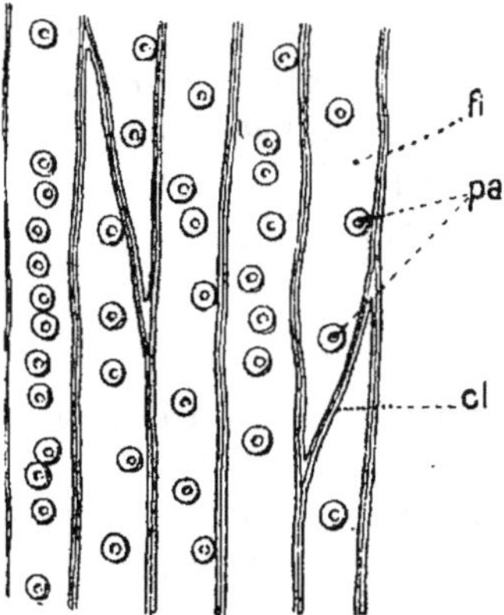

Fig. 120. — Coupe longitudinale radiale
du bois de pin sylvestre.
Gr. : 150 diamètres.

fi fibres aréolées.
pa ponctuations aréolées.
cl cloisons obliques.

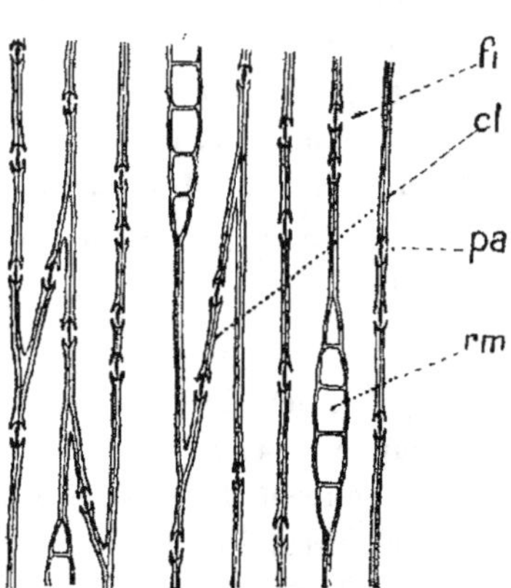

Fig. 121. — Coupe longitudinale tangentielle
du bois de pin sylvestre.
Gr. : 150 diamètres.

fi fibres aréolées.
pa ponctuations aréolées.
cl cloisons obliques.
rm rayon médullaire.

eux : ce sont des *sortes de vaisseaux fermés*, courts, terminés supérieurement et inférieurement par des cloisons obliques.

Sur ces cloisons et sur les parois de ces éléments, se trouvent des *ponctuations spéciales,* dites *aréolées* (fig. 120, 121, 122).

Chaque ponctuation présente la forme de deux troncs de cône, accolés par leur grande base, qui correspond à la partie de la paroi restée mince.

De face, la ponctuation offre deux cercles concentriques, le cercle *intérieur* correspondant aux petites bases, le cercle *exté-rieur* à la grande base commune aux deux troncs de cône (fig. 5).

Ces ponctuations ne se trouvent que sur les *parois radiales* des éléments.

Ces *vaisseaux fibres* s'appellent des vaisseaux *aréolés fermés,* ou *trachéides,* ou *fibres aréolées.*

Ils sont intermédiaires entre les fibres et les vaisseaux. Ils. tiennent des fibres par leurs parois épaisses, des vaisseaux par leurs grandes cavités et leurs ponctuations, qui en font des éléments conducteurs.

Chez les *gymnospermes gnétacées,* on voit, à côté des tra-

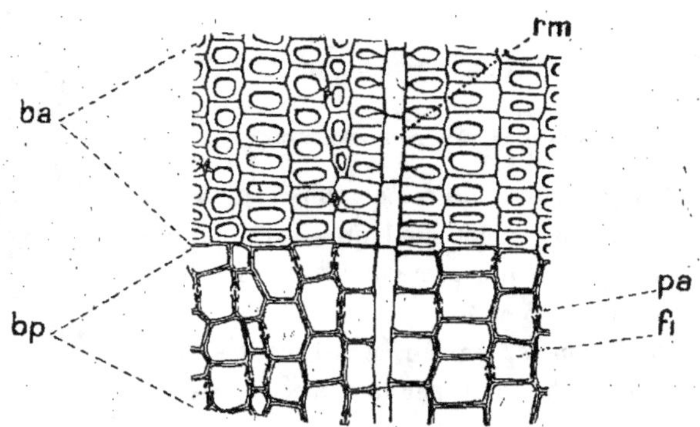

Fig. 122. — Coupe transversale du bois de pin sylvestre,
à la limite du bois de printemps et du bois d'automne..
Gr : 150 diamètres.

rm rayon médullaire.
pa ponctuations aréolées.
ft fibres aréolées.
ba bois d'automne.
bp bois de printemps.

chéides, quelques vaisseaux plus grands, à ponctuations aréolées; mais les cloisons obliques sont complètement perforées par suite de la résorption des ponctuations; la circulation des liquides est ainsi rendue plus facile et plus rapide.

Chez les *gymnospermes cycadées,* au contraire, la structure des trachéides est moins parfaite ; elles sont à ponctuations *aréolées très allongées* ou *scalariformes.*

Le *liber secondaire* des gymnospermes est composé, comme celui des angiospermes, de *tubes criblés,* de *cellules* et de *fibres.* Mais *les cribles ne sont pas perforés.* La communication s'établit *par osmose* entre deux tubes criblés superposés.

FLEURS DES GYMNOSPERMES

Il n'y a, chez les gymnospermes, *ni calice ni corolle;* les étamines et les carpelles ne sont *jamais réunis* sur la même fleur; les fleurs mâles sont formées seulement d'étamines, les fleurs femelles formées seulement de carpelles (fig. 48 à 54).

Le pin sylvestre, par exemple, a ses fleurs mâles et ses fleurs femelles agglomérées en *cônes* distincts (fig. 123 et 127).

ÉTAMINES DES GYMNOSPERMES

Chaque fleur mâle est composée d'un axe mince et assez court sur lequel les étamines sont insérées régulièrement suivant une ligne spirale (fig. 123 et 49).

Les étamines, en formes d'écailles, ont leurs sacs polliniques sur leur face inférieure et s'écartent les unes des autres pour laisser échapper les grains de pollen (fig. 50).

Un grain de pollen de gymnosperme, de pin par exemple, possède de chaque côté une petite vésicule arrondie couverte d'ornements réticulés (fig. 124).

Fig. 123. — Fleur mâle de pin sylvestre (d'après M. G. BONNIER). Gr. : 15 diamètres.

Fig. 124. — Grain de pollen de pin sylvestre. Gr. : 300 diamètres.

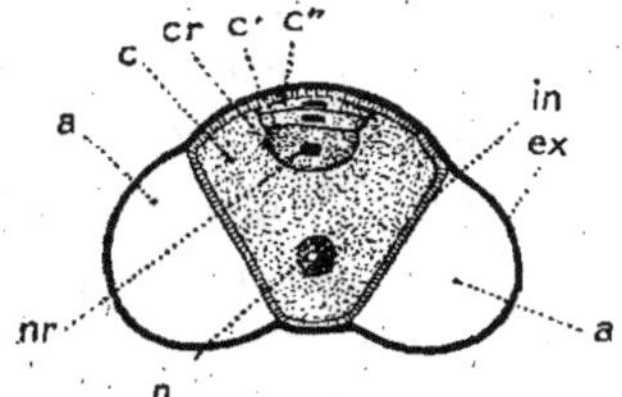

Fig. 125. — Coupe d'un grain de pollen du pin sylvestre.

c cellule végétative.
n noyau de la cellule végétative.
cr cellule reproductrice avec son noyau *nr*.
a lacunes entre intine et exine.
c' c'' cellules accessoires.

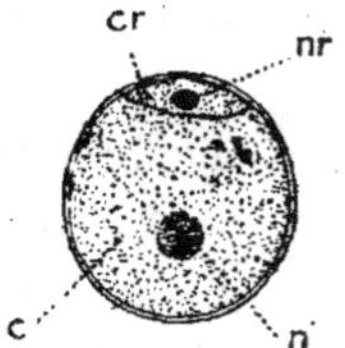

Fig. 126. — Coupe d'un grain de pollen de genévrier.

c cellule végétative.
cr cellule reproductrice.

La partie centrale du grain comprend plusieurs cellules, dont (fig. 125) :

Une très grande, qui est la *cellule végétative ;*

Une plus petite, située immédiatement au-dessus et qui est la *cellule reproductrice ;*

Enfin deux très petites cellules accessoires, qui sont aplaties contre la paroi du grain. Ces deux dernières ne sont pas constantes chez tous les gymnospermes (fig. 126).

Comme chez les angiospermes, la membrane extérieure du grain est constituée par deux couches : l'*exine,* à l'extérieur, qui est cutinisée ; l'*intine,* à l'intérieur, qui est cellulosique.

De part et d'autre du grain, ces deux couches se séparent l'une de l'autre, et laissent entre elles deux vésicules arrondies, remplies d'air, qui jouent le rôle de flotteurs.

Le pollen peut être ainsi entraîné au loin, par grandes quantités, et former ce qu'on appelait autrefois les *pluies de soufre.*

Il y a réduction chromatique du noyau à l'instant de la formation des cellules mères des grains de pollen.

La forme des étamines varie beaucoup chez les gymnospermes.

Le nombre des sacs polliniques est également très variable suivant les genres. Il y a deux sacs dans le pin et le sapin, deux à quatre dans le cyprès, trois à six dans le genévrier, six à vingt dans les araucarias, un très grand nombre dans les cycas.

Les deux vésicules d'air observées dans le grain de pollen du pin ne se retrouvent que dans les genres voisins du sapin, appartenant au groupe des gymnospermes abiétinées.

Le grain de pollen est toujours constitué par plusieurs cellules. Dans les *pins, sapins, cycas,* il y en a quatre. Dans les *cyprès, genévriers, thuias,* il n'y en a que deux : une grande cellule *végétative,* une petite cellule *reproductrice.*

On sait que, chez les angiospermes, le grain de pollen n'a que deux noyaux, entourés de protoplasme, sans cloison cellulosique : un gros noyau *végétatif* arrondi et un petit noyau fusiforme *reproducteur.*

CARPELLES DES GYMNOSPERMES

Les carpelles, chez le pin, sont disposés en *cônes femelles* (fig. 127).

L'axe de ce cône est formé par le prolongement de la tige.

Fig. 127. — Inflorescence femelle ou cône de gymnosperme.

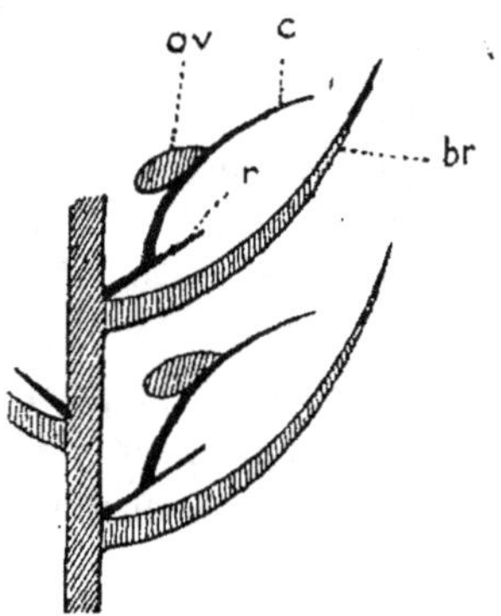

Fig. 128. — Disposition des ovules chez les gymnospermes.

ov ovules.   *r* rameaux secondaires.
c carpelles.   *br* bractées.

Sur cet axe sont fixées les bractées à l'aisselle de chacune desquelles naissent les écailles carpellaires portant les ovules vers la base de la face tournée du côté du sommet du cône (fig. 128).

Les ovules ne sont donc pas dans une cavité close.

Dans la bractée, on trouve un faisceau libéro-ligneux orienté normalement, le liber en dehors, le bois en dedans (fig. 129).

Au contraire *le faisceau libéro-ligneux du carpelle* est orienté *en sens inverse.* Pour expliquer le fait,

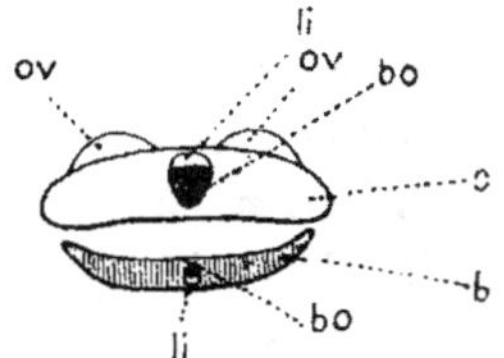

Fig. 129. — Coupe d'un carpelle de pin *c* et de sa bractée *b.*

bo bois.   *li* liber.   *ov* ovules.

on admet que *l'écaille-carpelle* s'insère sur un rameau rudimentaire développé à l'aisselle de la bractée.

La face du carpelle qui porte les ovules est donc la face *morphologiquement inférieure*.

Le cône est un *épi de fleurs* (fig. 127).

OVULES DES GYMNOSPERMES

Les ovules des gymnospermes sont toujours *orthotropes*. Ils s'insèrent sur l'écaille-carpelle par un funicule très court. Ils sont constitués par une masse cellulaire centrale ou *nucelle*, entourée d'un *tégument unique*. Ce tégument se prolonge au-dessus du nucelle en une sorte de canal terminé par le micropyle.

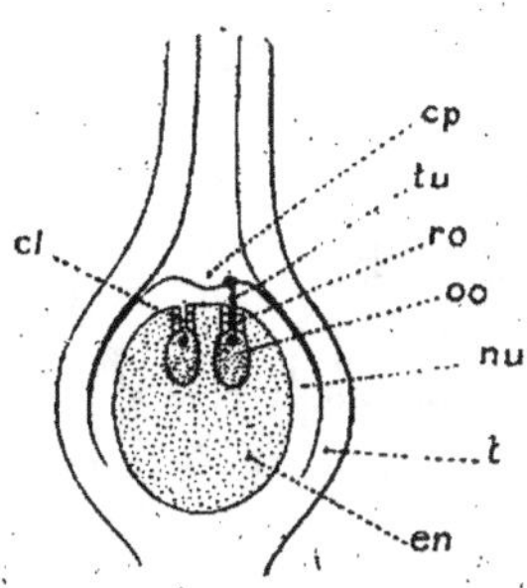

Fig. 130. — Coupe longitudinale d'un ovule de pin.

t tégument.
cp chambre pollinique.
nu nucelle.
tu tube pollinique.
oo oosphère.
ro rosette.
cl cellule de canal.
en endosperme.

Au fond de ce canal, le nucelle offre une dépression ; elle est désignée sous le nom de *chambre pollinique*, parce que c'est dans cette sorte de cuvette que tombent les grains de pollen (fig. 130).

Les carpelles des gymnospermes autres que le pin peuvent avoir des formes variables ; mais il n'y a jamais *ni ovaires clos, ni stigmates*, et les ovules sont toujours *orthotropes*, avec *un seul tégument*.

Un ovule de gymnosperme, de pin par exemple, n'arrive à l'état adulte qu'une année après la pénétration du pollen dans la chambre pollinique.

L'ovule comprend, dans son nucelle, un parenchyme spécial à réserves abondantes : c'est l'*endosperme* (fig. 131).

Dans la région supérieure de cet endosperme, près du micropyle, on voit, chez les principales espèces de gymnospermes, plusieurs petits corps se distinguant de la masse cellulaire environnante. Chacun d'eux est constitué par une grande cellule munie d'un gros noyau, et surmontée d'un groupe de douze cellules disposées quatre par quatre les unes au-dessus des autres; elles présentent, à leur point de jonction centrale, des méats qui forment une sorte de canal.

Ces petits appareils sont des *corpuscules*. La grosse cel-

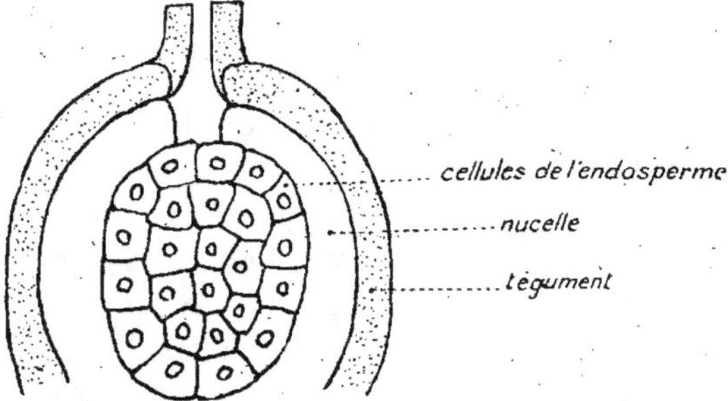

Fig. 131. — Sac embryonnaire des gymnospermes.
Multiplication des noyaux (endosperme).

lule, située à la base, est l'*oosphère*, qui joue le rôle de *cellule femelle* dans la formation de l'œuf (fig. 130).

FORMATION DE L'ENDOSPERME ET DE L'OOSPHÈRE

L'endosperme et l'oosphère, chez le pin, se constituent de la manière suivante :

Au sommet du nucelle, une cellule sous-épidermique se divise en *trois* par deux cloisons perpendiculaires à l'axe de ce nucelle (fig. 132¹). Les noyaux de ces trois cellules ont subi la *réduction chromatique*. Celle des trois cellules qui est la plus loin de l'épiderme prend des dimensions plus grandes que les autres et forme le *sac embryonnaire* (fig. 132²).

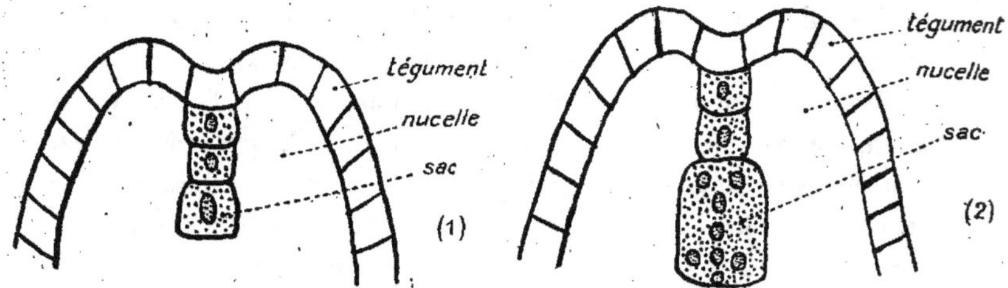

Fig. 132. — Développement du sac embryonnaire des gymnospermes [stades (1) et (2)].

Le noyau de ce sac embryonnaire se divise en deux, puis en quatre, puis en huit; ces trois bipartitions successives produisent ainsi, comme dans les angiospermes, *huit noyaux nouveaux* (fig. 132²).

Mais, contrairement à ce qui se passe chez les angiospermes,

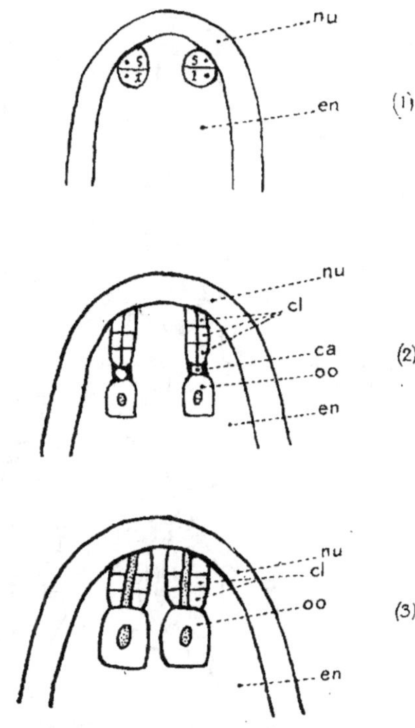

Fig. 133. — Formation des corpuscules des gymnospermes.

nu	nucelle.	*cl*	cellules du col.
en	endosperme.	*ca*	cellule de canal.
s	cellule supérieure.	*oo*	oosphère.
l	cellule inférieure.		

la division des noyaux continue, et des cloisons se constituent entre tous ces nombreux noyaux. Le sac embryonnaire est ainsi rempli par un parenchyme homogène gorgé de substances de réserves : c'est *l'endosperme* (fig. 131), tissu cellulaire compact, analogue au tissu appelé *albumen* chez les angiospermes, mais formé *avant la fécondation*.

Vers le sommet de l'endosperme, quelques cellules non contiguës s'accroissent, se différencient et constituent les *cellules mères des corpuscules*.

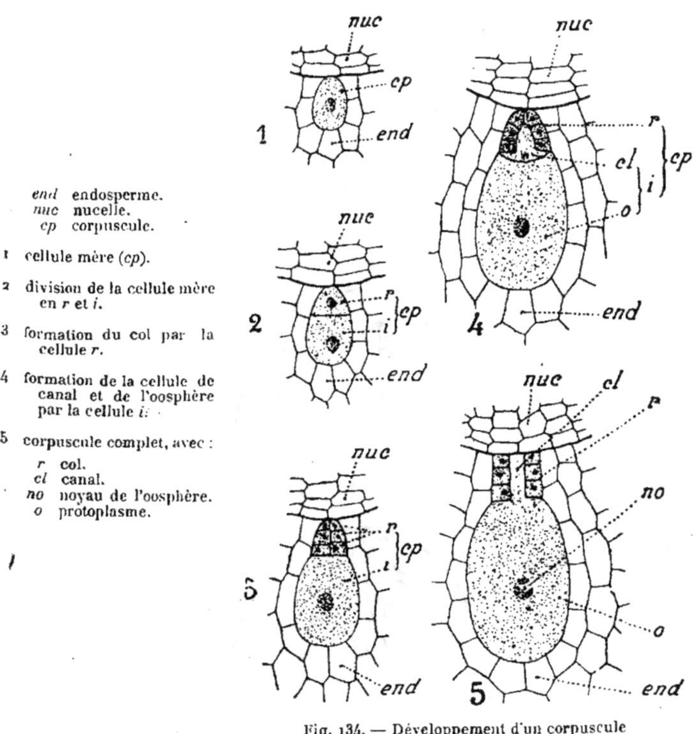

Fig. 134. — Développement d'un corpuscule de pin sylvestre (d'après M. G. BONNIER). Gr. : 160 diamètres.

Chacune de ces cellules mères se partage *en deux autres* par une cloison perpendiculaire à l'axe du nucelle (fig. 133¹).

La cellule *supérieure* se divise à son tour en *trois* cellules superposées; chacune de ces trois est bientôt redivisée en un groupe de quatre disposées en croix. Ces trois assises de quatre cellules constituent le *col du corpuscule* (fig. 133²).

La cellule *inférieure* se divise transversalement à son tour en deux autres : une *supérieure*, qui est dite la *cellule du canal,* une *inférieure,* qui est l'oosphère (fig. 133²).

La cellule dite *du canal* constitue un prolongement qui s'insinue entre les trois assises des cellules supérieures, et forme au milieu d'elles un *canal;* puis elle se résorbe, tandis que l'oosphère *s'agrandit* (fig. 133⁵).

Finalement, le *corpuscule* se compose de l'oosphère à gros noyau et du *col* constitué par douze cellules en trois assises de quatre chacune (fig. 134).

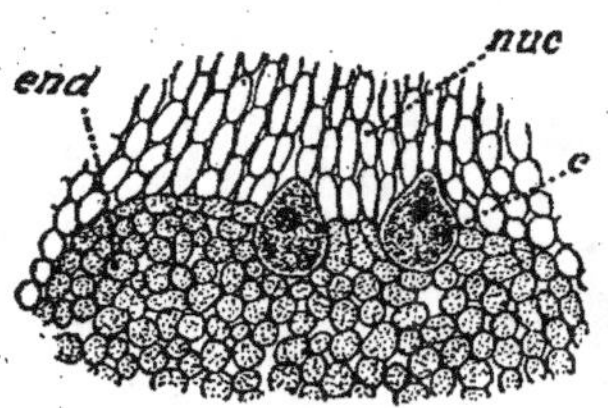

Fig. 135. — Coupe de l'endosperme
du welwitschia.
Gr. : 200 diamètres.

end endosperme.
nuc nucelle.
c corpuscule constitué par une seule
cellule.

Les ovules des gymnospermes autres que le pin ont la même structure générale.

Suivant les genres, les corpuscules sont plus ou moins nombreux, plus ou moins rapprochés les uns des autres.

Le col du corpuscule est constitué par un nombre plus ou moins grand de cellules; ainsi le *genévrier* n'a qu'une rosette de quatre cellules; dans le *cycas,* il n'y a que deux cellules; dans le *welwitschia* (gnétacées), il n'y en a pas.

Chez les gnétacées, le corpuscule ne comprend que l'*oosphère,* qui ressemble complètement à une oosphère d'angiosperme. Ce groupe établit ainsi la transition entre les gymnospermes et les angiospermes (fig. 135).

L'endosperme forme souvent au-dessus de chaque corpuscule, ou au-dessus de l'ensemble des corpuscules, une sorte de canal appelé l'*entonnoir.* Cette cavité contient un liquide dans lequel pénètre le tube pollinique avant d'entrer dans le col d'un corpuscule.

PHYSIOLOGIE DE L'ARBRE

PHYSIOLOGIE DE L'ARBRE

Nous devons étudier dans la plante ses fonctions de *nutrition* et ses fonctions de *reproduction*.

La plante s'alimente *par ses racines* et *par ses feuilles*.

Nous examinerons donc *le rôle de ses racines* et *le rôle de ses feuilles* dans la nutrition.

La plante se reproduit *par graines* et *par bourgeons* issus de *tiges*, de *racines*, de *feuilles*. Nous passerons en revue ces divers modes de reproduction.

On sait que, dans la structure d'un arbre, on distingue :

1° L'*écorce*, divisée en deux parties, dont une région *externe morte* (le rhytidome), jouant un rôle de protection, et une région *interne vivante* (le liber), destinée au retour de la sève *élaborée ;*

2° Le *bois*, qui conduit la sève *brute* des racines aux feuilles, où elle devient sève *élaborée*.

Il nous faut de suite indiquer les *propriétés du bois*, d'abord ses propriétés *physiques*, puis *sa composition chimique*.

De là, nous déduirons quels sont les *aliments* du végétal, et comment il les absorbe, en d'autres termes le mécanisme de sa nutrition.

Nous examinerons ensuite les fonctions de *reproduction* de l'arbre.

A — PROPRIÉTÉS DU BOIS

1° Propriétés physiques du bois

COLORATION

La couleur des bois est extrêmement variable.

Dans certaines espèces, le cœur et l'aubier sont colorés diversement, et cette coloration différente permet de les distinguer. Chez d'autres arbres, cette distinction n'est pas apparente.

ÉCLAT

L'éclat est également très variable suivant les essences. Certains bois sont *satinés*, d'autres *nacrés*...

PARFUM

On peut dire que chaque espèce de bois possède une odeur spéciale due à des acides ou à des huiles essentielles. Le parfum est souvent caractéristique d'une espèce déterminée.

Les *bois pourris* ont une odeur particulière qui permet parfois de les reconnaître.

DURETÉ

La dureté est la résistance opposée à l'usure, à la rayure, à la compression, au choc, à la pénétration des clous.

On distingue :

Les *bois durs*, tels que les chênes, les charmes;

Les *bois demi-durs*, tels que les bouleaux, les aunes;

Les *bois tendres*, tels que les tilleuls, les peupliers, les saules, les résineux.

La dureté des bois est sensiblement proportionnelle *à leur poids spécifique*.

DENSITÉ ET POIDS SPÉCIFIQUE

En général, *chez les feuillus*, la densité, comme la dureté, est *en raison directe* de l'épaisseur des couches annuelles.

La raison en est que, *chez les feuillus*, l'accroissement porte principalement sur les éléments du *bois d'automne*, qui sont les plus épais et les plus lignifiés.

Au contraire, *chez les résineux*, la densité, comme la dureté, est *en raison inverse* de l'épaisseur des couches annuelles, parce que chez eux l'accroissement porte principalement sur les éléments du *bois de printemps*, qui sont les moins épais et les moins lignifiés.

La *station naturelle de l'essence* fournit au bois son maximum de dureté et de densité, et, par suite, son maximum d'utilité.

Ainsi c'est dans sa station naturelle que le mélèze est le plus dur et le plus dense ; il en est de même de l'épicéa.

On constate le même fait en ce qui concerne la résistance à la pression et à la rupture, qui varient dans le même sens que le poids spécifique.

On voit qu'il en est ainsi pour l'eucalyptus examiné soit en Australie, soit en France ; pour le sapin croissant soit en plaine, soit dans sa station en montagne ; pour le pin Weymouth analysé soit en Amérique, soit en France ; pour le pin maritime plus avantageusement *gemmable* dans sa station *naturelle.*

Le poids spécifique est *fonction de la qualité du sol ;* un bon sol donne en général un bois lourd et dur.

Ce poids spécifique varie naturellement *avec l'espèce.*

Il varie aussi *avec la température ;* les régions chaudes possèdent les bois les plus denses et les plus durs.

Les résines et les matières colorantes augmentent le poids spécifique.

En général, l'*aubier* est *plus léger que le cœur ;* la différence est en moyenne de 6 °/₀.

La *lumière* augmente la densité et la dureté des bois.

L'*époque de coupe* influe également sur la densité et la dureté. Les bois sont plus durs et plus lourds quand ils sont coupés *en dehors du temps de la sève.*

La région de l'arbre où la densité est maxima est *le collet de la racine ;* c'est pourquoi les bois de cette partie de l'arbre, par exemple les *copeaux,* les *bois de souches,* sont les plus recherchés pour le chauffage.

Le *traitement,* c'est-à-dire le mode de culture des arbres, a une influence certaine sur la densité des bois. Ainsi, chez les résineux, la proportion du bois de printemps est en raison directe de l'activité de la végétation ; la térébenthine se trouvant surtout dans le bois d'automne, ce sont les résineux ayant poussé lentement, qui sont les plus riches en résine, et les plus denses. Chez les feuillus, au contraire, l'activité de la végétation fait porter l'augmentation de la couche annuelle sur le bois d'automne, et, par suite, favorise la densité du bois. Par exemple, le chêne isolé est plus dense que le chêne ayant été élevé en massif; ici la qualité du bois est directement proportionnelle à l'épaisseur des *cernes,* ou *couches annuelles.*

Le poids d'un bois est en raison directe de sa teneur en eau; ainsi, l'*aubier, non desséché,* est plus lourd que le cœur du bois.

FACULTÉ DE RETRAIT PAR DESSICCATION

Le bois se gonfle dans un milieu saturé de vapeur d'eau, et prend du *retrait* dans un milieu qui perd cette vapeur d'eau.

C'est *par les parois* des éléments du bois que se produisent le gonflement et le retrait.

Si l'évaporation est brusque, des fentes apparaissent : *le bois travaille.*

En passant de l'état vert à l'état sec, le bois éprouve en moyenne les retraits suivants :

o à 1 °/₀ suivant la longueur;

3 à 5 °/₀ suivant le rayon de la section droite;

6 à 10 °/₀ suivant la circonférence de la section droite.

Le retrait est donc très faible suivant la longueur, et très grand suivant la section droite *spécialement dans le sens tangentiel.* De là, de petites *craquelures,* ou de grandes *fentes centripètes.*

Le *cœur,* étant moins riche en eau, *travaille moins que l'aubier.*

La *résine* diminue le retrait du bois; ainsi les essences très riches en résine travaillent moins que les autres.

Afin d'éviter les déformations des pièces de bois dues au retrait, il faut conserver les arbres sous écorce, ou bien les débiter après qu'ils ont perdu leur eau.

DILATATION

La dilatation des bois sous l'action de la chaleur est sensiblement moindre que celle des métaux et même du verre; les bois employés dans les constructions occasionnent donc, en cas d'incendie, moins de lézardes dans les murailles.

CONDUCTIBILITÉ CALORIQUE

Le bois est mauvais conducteur de la chaleur. Sa conductibilité est plus grande dans le sens de la longueur que dans le sens du rayon.

Les bois lourds, étant moins poreux, sont meilleurs conducteurs que les bois légers.

CONDUCTIBILITÉ ÉLECTRIQUE

Le bois est *isolant* au point de vue électrique et d'autant plus isolant qu'il est plus léger.

La teneur en eau augmente la conductibilité électrique des bois. Ainsi les arbres sont d'autant plus frappés par la foudre qu'ils contiennent plus d'eau.

CONDUCTIBILITÉ ACOUSTIQUE

Le *bois sain* conduit bien le son ; au contraire le bois altéré par les champignons ou par un commencement de pourriture devient mauvais conducteur ; ce fait peut permettre de diagnostiquer la pourriture d'une pièce de bois.

CONDUCTIBILITÉ AUX RAYONS X

Le bois est facilement pénétrable aux rayons X.

ÉLASTICITÉ

L'élasticité du bois est la propriété de se laisser déformer sans casser.

Elle est *maxima* dans l'arbre *vivant* et *sain*. Elle est *minima* dans les bois tout à fait desséchés.

Les *bois secs* reprennent leur élasticité quand ils sont trempés dans l'eau chaude, ou soumis à l'action de la vapeur d'eau ; sur ce fait est basée la pratique du *cintrage* des pièces de bois.

Parmi les *feuillus*, les arbres ayant poussé vite sont plus élastiques que les arbres ayant poussé lentement ; ainsi les feuillus des taillis sous-futaie sont plus élastiques que ceux des futaies.

Au contraire, les résineux sont d'autant plus élastiques que les *cernes* sont plus minces, c'est-à-dire qu'ils ont crû plus lentement.

Les bois des sols frais exposés au nord et à l'est sont plus élastiques, en général, que ceux des autres expositions.

Pour les bois débités, la résistance dans le sens du rayon est plus grande que la résistance dans le sens tangentiel aux couches ligneuses : d'où la supériorité du *débit sur mailles,* c'est-à-dire dans le sens du rayon.

L'élasticité des bois est mise en évidence par la *résistance à la flexion.*

Cette résistance à la flexion est mesurée par la *charge de rupture,* et cette mesure permet d'en déterminer les lois.

Pour une même essence, l'élasticité varie avec les *conditions de la végétation.*

Elle n'est *pas proportionnelle à la densité* des bois.

La *résistance à l'écrasement* est également mesurée par la *charge de rupture ;* pour une même essence, cette résistance à l'écrasement varie avec les conditions de croissance ; elle augmente proportionnellement à la dessiccation, considération qui est importante pour les bois de mines.

Observons que le pin d'Alep, entre autres, est remarquable par sa résistance à l'écrasement ; à ce titre il est excellent comme bois de mines.

Comme la résistance à l'écrasement, la résistance des bois à l'extension est variable suivant les essences.

APTITUDE A LA FENTE

Les arbres les plus aptes à la fente sont les arbres sans nœuds et à fibres bien droites.

La température agit sur l'aptitude à la fente ; au-dessous de 0°, les bois ne se fendent plus que difficilement ; la chaleur, de même que l'humidité, favorise la fente.

Les *bois durs* se fendent plus difficilement que les bois tendres.

Le bois de fût se fend mieux que le bois de branches.

DURÉE

La durée des bois varie avec le milieu ambiant et avec les substances antiseptiques qu'ils contiennent naturellement ou qu'on leur injecte.

L'aubier dure bien moins longtemps que le bois parfait.

Les chênes des taillis sous-futaie ont une durée plus longue que celle des chênes de futaie.

Le *bois flotté* se conserve mieux que le bois *non flotté,* l'immersion dans l'eau ayant fait disparaître les substances altérables.

La durée des bois est surtout variable avec la nature des essences.

COMBUSTIBILITÉ

La combustibilité est la propriété des bois de s'enflammer vers 300° au contact de l'air.

Les bois résineux, en raison de leur résine, et les bois blancs, en raison de leur porosité et de l'oxygène qu'ils contiennent, brûlent plus facilement que les bois durs.

La fente favorise la combustibilité ; ainsi les *bois de boulange* fendus sont plus facilement combustibles.

Les bois contenant *le plus de carbone* et *le moins d'hydrogène* sont ceux qui donnent le plus de braise ; il en est ainsi des pins noir, sylvestre et maritime.

L'effet calorifique utile du bois sec n'est que de 39 °/₀ de la chaleur totale développée par la combustion ; on voit que les deux tiers environ de cette chaleur sont perdus.

La nature du terrain et l'exposition influent sur le pouvoir calorifique. Ainsi le chêne ayant poussé sur les calcaires coralliens est d'une qualité supérieure ; le pouvoir calorifique des bois situés aux expositions Sud et Ouest est plus grand que celui des bois exposés à l'Est ou au Nord.

Ce pouvoir calorifique est également plus grand dans le bois de branche que dans le bois de tige ; il est maximum pour le bois de souche.

La puissance calorifique des bois est à peu près proportionnelle à la densité.

Le *pouvoir rayonnant* des bois durs est supérieur à celui des bois tendres et des bois résineux ; il est constant pour tous les bois réduits en copeaux minces.

Il faut, dans les boulangeries, les verreries, les poteries, préférer les bois brûlant vite et donnant une température élevée ; tels sont les résineux, le tremble, l'aune, le bouleau, le tilleul.

Au contraire, pour les foyers domestiques, on choisira les bois qui brûlent lentement et qui possèdent un grand pouvoir rayonnant ; tels sont le chêne, le charme, le hêtre.

BOIS MAIGRES

Les *bois maigres* sont ceux qui ont beaucoup de bois d'automne, c'est-à-dire beaucoup de tissu fibreux.

Leur aspect est *corné*, leur grain *fin*.

Ils prennent un beau poli.

Les chênes pédonculés des taillis sous-futaie situés sur les alluvions ternaires et quaternaires fournissent des *bois maigres*, denses, élastiques, résistants à la flexion et à l'écrasement, mais pouvant se tourmenter.

BOIS GRAS

Les *bois gras* sont ceux qui ont beaucoup de bois de printemps, c'est-à-dire beaucoup de vaisseaux.

Leur aspect est *brunâtre*, leur grain *grossier*.

Ils ne prennent pas un beau poli.

Ils se fendent et se cassent facilement.

Les chênes rouvres des futaies, des terrains rocheux donnent des *bois gras*, tendres et faciles à travailler.

2° Constitution chimique du bois

La composition des bois récemment abattus et non écorcés, est, en moyenne, la suivante :

Eau hygroscopique	40 %
Cendres	1 %
Principes élémentaires	59 %

EAU

La quantité d'eau hygroscopique contenue dans le bois est variable avec les essences diverses et avec l'époque d'abatage ; elle est également différente suivant la partie de l'arbre considérée.

En hiver, les bois contiennent au moins 10 % d'eau.

Ce sont les jeunes bois qui renferment le plus d'eau ; puis viennent les branches, et enfin les vieilles tiges, qui en ont la quantité minima.

PRINCIPES IMMÉDIATS DES PLANTES

Le bois est composé chimiquement de *cellulose* et de *vasculose*.

La *cellulose simple* $(C^{12}H^{10}O^{10})^6$ est soluble dans le liquide de Schweizer.

La *paracellulose* $(C^{12}H^{10}O^{10})^7$ est soluble dans le même liquide, mais seulement après l'action des acides.

La *vasculose* $(C^{19}H^{12}O^{10})$ est plus abondante dans le cœur que dans l'aubier, plus abondante dans les bois durs que dans les bois tendres et les résineux. C'est la *matière incrustante* du bois. C'est elle qui, dans la distillation, fournit la plus grande partie de l'*acide acétique* et de l'*acide pyroligneux*. Cette substance se décompose sous l'action de l'oxygène de l'air et de l'acide azotique ; et ce fait est une cause d'altération du bois à l'air.

Les tissus végétaux contiennent des *ferments solubles* ou *diastases*.

Parmi ces diastases, on peut citer :

L'*amylase*, qui transforme l'amidon en dextrine ;

La *pectase*, qui transforme la pectine en acide pectique ;

La *pepsine* (dans le latex du figuier et le suc du papayer) ;

L'*émulsine* (dans l'amandier, le laurier-cerise, l'alisier, le sorbier) ;

La *saponase*, qui transforme l'huile en glycérine et acides gras.

On trouve encore dans les végétaux :

Des *amides*, tels que l'*asparagine* contenue dans les jeunes pousses qui vivent aux dépens de leurs réserves ;

Des *alcalis organiques* (quinine, caféine, théobromine) ;

Des *matières de réserve*, dont la principale est l'*amidon*, abondant dans certains palmiers et donnant la *fécule ;*

Des *gommes*, par exemple dans les acacias ;

Des *substances grasses* (huile d'olive, de palme, de noix) ;

De la *glu*, provenant d'une matière de réserve, qui est la *viscine* (écorce du houx, fruits du gui) ;

Du *camphre* (dans le *Dryobalanops* et le *Cinnamomum camphora*) ;

Des *sucres*, par exemple des *glucoses*, des *saccharoses*, des *mannites* (frêne, érable), des *pinites* (pins), des *quercites* (chênes) ; ces sucres proviennent de la transformation de l'amidon en dextrine, puis en glucose ; ils sont abondants dans la sève du *Negundo aceroïdes* d'Amérique. Citons aussi le *mélitose* des eucalyptus, le *mélézitose* des mélèzes, la *dulcite* du fusain, la *sorbite* du sorbier.

On constate encore dans les tissus ligneux :

Des *glucosides*, tels que la *salicine* du saule, la *bétuline* du bouleau, qui s'unit au tanin dans la fabrication des cuirs de Russie, la *phlorizine* des fruitiers, l'*esculine* du marronnier, la *coniférine* des sapins, la *fraxine* du frêne ;

Des *tanins*, abondants dans les écorces ;

Des *acides organiques*, comme l'*acide gallique*, abondant dans le cœur du chêne et du châtaignier ; l'*acide acétique*, l'*acide oxalique* (surtout sous forme d'oxalates) ; des *carbures d'hydrogène*, tels que les *essences*, les *résines* (benjoin, styrax, baume de Tolu, retirés du *Styrax benzoin*, du *Styrax officinale*, du *Myroxylum toluiferum*).

Parmi les carbures d'hydrogène, on doit mentionner les *caoutchoucs ;* ils proviennent du *Ficus elastica* des Indes, du *Castilloa elastica* de l'Amérique du Sud, du *Ficus Vogelii* du Sénégal et du Soudan, ou d'arbustes comme *Kickscia elastica* de la Guinée, ou de lianes apocynées ou asclépiadées comme les *Landolphia*, les *Carpodinus* et les *Calotropis* du Sénégal, de Guinée ou de Madagascar.

On trouve aussi les *guttas-perchas*, comme la gutta du *Palan-*

quium gutta de Malaisie et de Bornéo, le *balata* du *Mimusops balata,* sapotée du bas Orénoque.

Le meilleur caoutchouc est le *para* du Brésil, retiré des *Hevea* et des *Siphonia,* de la famille des euphorbiacées.

Il y a des *latex,* ou *laits végétaux,* comestibles, tels que le latex du *Brosimum utile* de l'Amérique.

L'AMIDON

Parmi les substances les plus répandues chez les végétaux ligneux de nos pays, c'est l'*amidon* qui tient la première place comme matière de *réserve.*

On le trouve dans tous les parenchymes de la tige et de la racine.

Il se montre sous autant de formes différentes qu'il y a d'espèces végétales; et, dans la même espèce, il diffère suivant qu'on l'examine dans la moelle ou dans les autres tissus. La quantité varie avec la saison.

L'amidon apparaît au printemps dans les parenchymes ligneux (dans la moelle, spécialement quand il s'agit d'un végétal jeune), devient plus abondant en été, et atteint son *maximum dès l'automne. Il y a résorption à la fin de l'automne,* et à nouveau *genèse au mois de mars,* l'hiver étant la saison où la réserve amylacée est à son minimum.

La nature du sol influe sur l'époque de son apparition. Ainsi, dans les sols secs, on le voit apparaître plus vite et en plus grande quantité que dans les sols humides.

Les engrais minéraux ont une action sur la production de cette importante substance de réserve. Ainsi *les composés potassiques hâtent la formation de l'amidon,* de même qu'ils ont pour résultat d'amener plus rapidement *la mise à fruits* des végétaux. On peut même dire qu'ils avancent la mise à fruits parce qu'ils accélèrent la constitution de l'amidon. Il y a entre les deux phénomènes, *production de l'amidon* et *mise à fruits,* une corrélation remarquable. On trouve l'amidon plus abondant dans les rameaux à fruits que dans les rameaux à bois.

D'ailleurs, dans les cas où doit se constituer de l'amidon, le *potassium* semble être le stimulant de choix ; pour la production des tubercules, et notamment des pommes de terre, les engrais potassiques donnent les meilleurs rendements.

L'ACIDE OXALIQUE

Certaines cellules végétales produisent de l'*acide oxalique ;* en présence des sels de calcium, si répandus dans tous les tissus des végétaux ligneux, cet acide forme de l'*oxalate de calcium ;* telle est l'origine de ce *produit d'élimination.*

On le trouve surtout *dans l'écorce,* et particulièrement *dans le liber.*

Son accroissement à mesure qu'on avance en saison suit la même marche que l'amidon. Il augmente de mai à octobre. Mais il existe déjà en assez grande quantité, alors que l'amidon commence à peine à se former.

LE TANIN

Parmi les glucosides, un des plus importants et des plus abondants chez les végétaux ligneux est le *tanin.*

Il constitue, dans les écorces des taillis de chênes, un important produit.

On le rencontre *dissous dans le suc cellulaire,* ou bien sous forme de *petits amas intra-cellulaires,* comme dans les écorces de chêne, de peuplier, de bouleau.

Si dans les fruits le tanin peut être considéré comme produit de *réserve,* puisqu'il s'y transforme en glucose, il est un produit d'*élimination* dans les *écorces* et le *jeune bois* des végétaux ligneux.

On le voit en quantité maxima en été ; il forme environ le quart du poids des noix de galle, excroissances sphériques résultant des piqûres des cynips sur le chêne.

On constate que ce sont *les jeunes chênes à écorce lisse,* c'est-à-dire en meilleur état de végétation qui fournissent les plus grandes masses de tanin.

MATIÈRES MINÉRALES — CENDRES

Les cendres des bois sont variables avec le sol et avec les conditions de végétation.

La proportion en poids des *sels solubles* (principalement des *sels de potasse*), qu'elles contiennent, est d'environ 18 %.

On trouve, comme *bases*, dans les cendres :

De la *chaux*	56,73 %
De la potasse et de la soude	16,81 %
D'autres oxydes	2,08 %

et comme *acides* :

De l'acide phosphorique	9,44 %
De l'acide sulfurique	2,50 %

La chaux et la silice se rencontrent surtout dans l'écorce ; la potasse principalement dans les feuilles et le bois.

Les parties de l'arbre qui contiennent le plus de cendres sont d'abord les feuilles et le chevelu des racines, ensuite viennent les écorces, puis les branches, la tige et enfin les racines.

L'analyse chimique de l'arbre donne, dans les *produits gazeux* : du *carbone*, de *l'hydrogène*, de *l'oxygène ;* dans les *cendres :* de *l'azote*, du *soufre*, du *phosphore*, du *chlore*, du *silicium*, du *potassium*, du *calcium*, du *magnésium*, du *fer*, du *sodium*, parfois de *l'aluminium*.

On a découvert dans les tissus végétaux bien d'autres corps à l'état de traces non mesurables par l'analyse chimique.

B — FONCTIONS DE NUTRITION DE L'ARBRE

1° Nutrition de l'arbre par les racines

CORPS CONSTITUTIFS DE LA PLANTE

Il importe d'examiner tout d'abord quels sont les corps qui peuvent entrer dans la constitution de la plante au moyen de l'absorption due aux racines.

L'*azote*, le *magnésium*, le *fer*, le *sodium*, n'entrent que pour très peu dans la composition du végétal ligneux.

D'ailleurs, le *magnésium* et le *fer* se trouvent en quantité suffisante dans tous les sols.

L'*aluminium* n'est pas indispensable ; le *chlore* et le *silicium* ne paraissent pas toujours nécessaires ; le *silicium* ne manque dans aucun terrain.

Le *soufre* et le *potassium*, indispensables à l'évolution complète du végétal, ne s'y incorporent que suivant une quantité extrêmement faible ; les terrains forestiers possèdent tous, spécialement les terrains granitiques, des quantités suffisantes de potassium et de soufre.

Quant au carbone, à l'hydrogène et à l'oxygène, ils sont empruntés par le végétal ligneux à l'air et à l'eau.

Les corps les plus importants pour la constitution et la vie des plantes ligneuses sont donc le *calcium* et le *phosphore*.

Cependant, si l'on veut, *par la méthode synthétique,* obtenir le développement complet d'un végétal phanérogame, avec production de fleurs et de graines, il faut la présence des *dix corps simples suivant :*

Carbone, oxygène, hydrogène, azote, soufre, phosphore, potassium, calcium, magnésium, fer.

La *solution de Knop* les comprend tous. C'est une solution aqueuse de quatre sels dans les proportions suivantes :

4 parties de nitrate de calcium . . . . . . ,	$Ca(AzO^3)^2$
1 partie de sulfate de magnésium	$Mg\,SO^3$
1 partie de phosphate de potassium	KH^2PO^4
1 partie de chlorure de potassium.	KCl

On ajoute à cette solution quelques gouttes d'une solution de sel de fer, phosphate ou chlorure de fer par exemple.

La concentration la plus favorable aux cultures aqueuses est de $0^{gr}\,5\ ^o/_o$ de sels ; il faut que le liquide ne soit pas alcalin.

C'est cette méthode synthétique de culture dans l'eau distillée qui montre les éléments nécessaires à la vie du végétal.

Si l'on supprime le *chlore* de la solution Knop, en remplaçant le chlorure de potassium par du nitrate de potassium, et en laissant la même concentration, on constate que cette substance n'est indispensable que pour quelques espèces.

Si l'on supprime le *soufre,* en remplaçant les sulfates par des nitrates, si l'on supprime le *phosphore,* le *potassium,* le *calcium,* le *magnésium,* le *fer,* la plante phanérogame, en général, ne peut vivre.

RÔLE DE CHAQUE CORPS DANS L'ALIMENTATION VÉGÉTALE

Nous savons que le *carbone,* l'*oxygène,* l'*hydrogène* et l'*azote* sont les éléments constitutifs des *matières organiques.*

Le *phosphore* est combiné aux matières albuminoïdes. Il y a du phosphore dans les noyaux des cellules, dans les globoïdes de l'aleurone, dans les lécithines.

Le *soufre* est également combiné aux matières azotées. On le trouve aussi dans l'essence d'ail, qui est un sulfocyanure d'allyle.

Le *potassium* sert peut-être à la formation de l'amidon.

Le *magnésium* est rencontré partout où se constituent de *nouveaux tissus.*

Le *calcium* se trouve en plus grande quantité dans les organes âgés ; il entre dans la constitution de la paroi cellulaire sous forme de *pectate ;* il sert à neutraliser les acides organiques en excès.

Le *fer,* en très petite quantité, est nécessaire à la formation de la chlorophylle, bien que celle-ci n'en contienne pas à l'analyse chimique.

FORME ASSIMILABLE DES ALIMENTS MINÉRAUX

Sous quelle forme l'aliment minéral de la plante peut-il être absorbé et assimilé ?

Il faut que cet aliment soit à l'état de *solution.*

Une substance insoluble peut être cependant partiellement utilisée, sous l'influence de l'eau chargée d'acide carbonique.

Le potassium est facilement assimilable sous forme de chlorure, de nitrate ou de carbonate, plus difficilement à l'état de sulfate ou de phosphate et surtout à l'état de silicate insoluble.

L'action du *phosphore,* présenté à la plante à l'état d'acide phosphorique, dépend, non de la quantité elle-même d'acide phosphorique fourni, mais de la forme plus ou moins assimilable sous laquelle se trouve ce composé.

Ainsi, l'acide phosphorique des *phosphates bicalciques* [$(PO^4H)^2Ca^2$], solubles non seulement dans les acides forts, mais encore dans le citrate d'ammoniaque, est beaucoup plus assimilable que celui des phosphates tricalciques [$(PO^4H)^2\,Ca^3$] solubles seulement dans les acides forts. Quant aux phosphates monocalciques [$(PO^4H)^2\,Ca$], ils sont *solubles dans l'eau*.

Observons d'ailleurs que l'aptitude à assimiler le phosphore des phosphates tricalciques est très variable *suivant les espèces*.

DIGESTION PAR LES RACINES

La région pilifère de la racine sécrète une *substance acide*. Ce qui le prouve, c'est qu'un papier de tournesol bleu tourne au rouge au contact des poils absorbants. Ce qui le démontre encore c'est qu'une jeune racine corrode une plaque de marbre.

La sécrétion acide de la racine attaque et dissout certains sels *insolubles dans l'eau*. Notons aussi que l'acide carbonique émis par la racine (qui respire) contribue à solubiliser les éléments du sol.

ALIMENTS AZOTÉS

Dans une plante en général, et spécialement dans un arbre, le poids de l'azote augmente continuellement. L'azote est donc absorbé. D'où vient-il ? C'est ce que nous allons examiner.

Dans tous les sols on trouve des composés azotés, qui sont soit des composés *organiques*, soit des composés *ammoniacaux*, soit des *nitrates*.

Dans le sol, les matières organiques azotées se transforment en *nitrates*.

NITRIFICATION

Schloesing et Müntz ont montré que si, dans un tube rempli de sable calcaire, on fait filtrer de l'eau d'égout, contenant des *composés azotés organiques* et des *composés ammoniacaux*, le liquide sortant du tube ne renferme plus que de l'*azote nitrique*, des *nitrates*. Il y a *nitrification*.

Si l'on chauffe le tube à 110 degrés, la nitrification cesse. Elle recommence si l'on a laissé refroidir, puis ajouté un peu de terre non chauffée.

Au-dessus de 55 degrés, comme au-dessous de 5 degrés, il n'y a pas nitrification.

Le maximum de nitrification a lieu *vers 37 degrés ;*

Le chloroforme suspend la nitrification.

Les conditions de la nitrification sont :

1° Une température comprise entre 5 et 55 degrés ;

2° La présence d'azote organique ou ammoniacal ;

3° La présence de l'oxygène ;

4° La présence de carbonate de calcium ou de magnésium ;

5° Une certaine humidité.

Winogradsky a montré que la transformation de l'ammoniaque en acide nitrique est due à des *bactéries.* Il les a cultivées dans le milieu nutritif suivant :

> 1 gramme de sulfate d'ammoniaque,
> 1 — de phosphate de potassium,
> 6 grammes de carbonate de magnésium,   pour 1 litre d'eau distillée.

Les nitrates se forment par fixation de l'oxygène de l'air sur les éléments de l'ammoniaque.

Deux espèces de bactéries interviennent :

L'une transforme l'ammoniaque en acide nitreux : c'est le *ferment nitreux.*

L'autre transforme l'acide nitreux en acide nitrique : c'est le *ferment nitrique.*

Dans la terre, les deux ferments peuvent se développer ensemble ; l'acide nitreux est ainsi transformé en acide nitrique aussitôt qu'il se produit ; il en résulte que l'analyse ne le donne pas dans le sol.

L'évolution des composés azotés du sol est la suivante :

Les matières organiques azotées provenant des animaux et des végétaux passent à l'état de *produits ammoniacaux ;* ainsi l'*urée* fermente et est transformée *en carbonate d'ammoniaque* par l'action d'un microcoque.

Puis l'ammoniaque subit l'attaque des ferments de la nitrification : les *nitrates* se constituent, et sont dissous et entraînés par les eaux de pluie.

ASSIMILATION DE L'ACIDE NITRIQUE

Les expériences de Boussingault ont prouvé que l'azote des nitrates est assimilé par la plante et que ces nitrates peuvent suffire à sa nutrition azotée.

Les nitrates absorbés ne sont pas transformés de suite en albuminoïdes, et on en retrouve dans les diverses parties du végétal.

Certaines plantes, comme la bourrache, en ont de grandes quantités dans leurs tissus.

Ces nitrates, absorbés par la racine, s'accumulent d'abord dans la tige, et passent peu à peu dans les feuilles, où elles servent à la *synthèse des matières albuminoïdes*.

En général, c'est le *nitrate de potassium* que l'analyse montre dans la plante.

La proportion de nitrate augmente pendant la floraison, puis diminue pendant la formation des fruits par suite de la constitution des albuminoïdes de la graine. Ensuite la proportion de nitrate croît de nouveau, parce que l'absorption par les racines continue, sans qu'il y ait transformation de l'azote nitrique en azote albuminoïde.

Les nitrates se transforment en *matières albuminoïdes* dans les feuilles vertes exposées à la lumière. A l'obscurité, les nitrates persistent en général. La lumière est ainsi nécessaire à la transformation de l'*azote nitrique* en *azote protéique*. Cependant, dans certains cas, les albuminoïdes peuvent se constituer à l'obscurité, si les hydrates de carbone sont en quantité suffisante pour fournir l'énergie nécessaire à la transformation.

Chez certaines plantes, telles que le *Pangium edule*, bixacée de Java, et le *Phaseolus lunatus*, on a constaté que l'*acide cyanhydrique* semble être le premier produit de l'assimilation de l'azote des nitrates. On le trouve dans le parenchyme des feuilles et dans certaines cellules de l'écorce ; il circule par les tubes criblés du liber.

Le *sucre,* produit de l'assimilation du carbone par les feuilles
vertes, est nécessaire à la transformation des nitrates en acide
cyanhydrique ; dans les arbres à l'obscurité, l'acide cyanhydrique
ne se forme plus.

On a retrouvé cet acide cyanhydrique dans bon nombre de
plantes. Si on ne peut toujours le déceler par l'analyse, cela peut
tenir à ce que, dans ce cas, il serait un produit de transition
immédiatement repris par de nouvelles réactions. Il en est
d'ailleurs ainsi de l'*aldéhyde formique,* premier produit de l'assimilation du carbone, difficile à reconnaître dans les feuilles
vertes.

ASSIMILATION DE L'AZOTE AMMONIACAL

On sait que le *sulfate d'ammoniaque* peut remplacer le *nitrate
de soude,* comme engrais. Mais on admet que, dans ce cas,
l'ammoniaque subit la nitrification avant l'absorption par les
racines.

L'ammoniaque peut-elle être absorbée directement par le
végétal ? Müntz a démontré l'affirmative. Mais, presque toujours
dans le sol la nitrification a lieu, et c'est sous forme de *nitrates*
que la plante absorbe l'azote.

L'air contient, pour 100 mètres cubes, 0^{gr}0023 d'ammoniaque.
La plante peut-elle absorber cette ammoniaque ? Schloesing l'a
prouvé par des expériences. Mais, en raison de la très faible
quantité d'ammoniaque contenue dans l'atmosphère, cette absorption ne peut jouer qu'un rôle bien faible dans la nutrition du
végétal.

ASSIMILATION DE L'AZOTE ORGANIQUE

Chez les plantes *sans chlorophylle,* l'assimilation de l'*azote
organique,* tel que celui des *amides* ou des *peptones,* peut se
faire même plus facilement que celle de l'azote minéral. Il n'en
est pas de même pour les végétaux à chlorophylle, chez lesquels
l'azote organique ne peut être assimilé que dans des cas excep-
tionnels.

En forêt, le sol est généralement pauvre en nitrates, ou même
en est privé complètement. Cependant les chênes, les hêtres, les

conifères, qui ne contiennent pas non plus de nitrates dans leurs tissus, ont une *nutrition azotée*. Nous devons examiner comment elle peut s'effectuer.

MYCORHIZES

Si l'on examine les parties jeunes des racines de certains arbres, on observe qu'elles ne portent *pas de poils absorbants*, mais sont entourées d'un *épais feutrage* de *filaments mycéliens* appartenant à des *champignons*. Ces filaments sont en relation, d'une part avec les parties du thalle du champignon développées dans le sol, et d'autre part avec les tissus mêmes des racines. L'ensemble de la racine et du champignon forme une *symbiose* qu'on appelle *mycorhize*.

Le champignon absorbe et assimile les *matières organiques azotées;* il fournit à l'arbre son *alimentation azotée*.

Non seulement le champignon cède aux arbres à mycorhizes l'azote organique puisé dans le sol, mais il transforme en ammoniaque une partie des matières organiques du sol et les rend ainsi directement assimilables par les arbres.

On a démontré l'assimilation de l'azote des *amides* (tyrozine, glycocolle, alamine, oxamide, leucine) par les plantes vertes, concurremment avec l'azote des nitrates. Or, l'azote existe dans l'*humus* sous une forme voisine des amides. Les plantes pourraient donc assimiler cet azote. L'humus serait un *aliment par lui-même*. Mais cette assimilation ne paraît pas pouvoir suffire à l'alimentation azotée des plantes vertes, au moins lorsqu'elles ne vivent pas en symbiose.

ASSIMILATION DE L'AZOTE ATMOSPHÉRIQUE

Une terre abandonnée à elle-même fixe de l'azote (expérience de Berthelot).

Winogradsky a isolé les *bactéries* qui déterminent ainsi la fixation de l'azote de l'air. Parmi elles, on trouve constamment le *Clostridium Pasteurianum,* qui est *anaérobie,* et toujours accompagné de deux autres bactéries *aérobies*.

Le Clostridium *seul, en présence de l'oxygène, ne peut assi-*

miler l'azote ; avec les deux autres bactéries aérobies, qui vivent en symbiose, et qui prennent l'oxygène, *il assimile l'azote de l'air.*

Certaines autres bactéries, certains champignons peuvent également préserver le Clostridium du contact de l'oxygène et lui permettre de *fixer l'azote.*

D'autres bactéries peuvent jouer le même rôle que le Clostridium. C'est ainsi que l'*Azotobacter* peut fixer l'azote atmosphérique, soit en vivant *seul,* soit en vivant en *symbiose* avec d'autres microorganismes.

Certaines algues, telles que les *Nostocs,* les *Stichococcus,* les *Chlorella,* si elles vivent en symbiose avec des bactéries, peuvent aussi, en présence du sucre, fixer l'azote de l'air.

Il y a donc un ensemble d'organismes pouvant fixer l'azote atmosphérique, et le faire entrer dans les combinaisons azotées.

BACTÉROÏDES DES LÉGUMINEUSES

Parmi les familles végétales, celle des légumineuses est remarquable par sa faculté d'absorber l'azote de l'air au moyen des *tubérosités de ses racines.*

Certaines bactéries, se trouvant normalement dans le sol, traversent la membrane des poils absorbants des racines, et s'y multiplient rapidement, en sécrétant une matière gélatineuse qui forme une sorte de tube à l'intérieur duquel elles se développent.

Ce tube gélatineux pénètre dans le parenchyme de la racine.

Sous l'action des bactéries, il se forme des tubérosités.

Enfin, le tube muqueux se dissout dans le suc cellulaire, et les *bactéries* se transforment en *bactéroïdes* qui se distinguent des premières parce qu'ils *ne se multiplient pas,* prennent des *formes irrégulières,* et sont *dépourvus de mouvements.*

Ce sont ces bactéries qui fixent l'azote. Mazé l'a démontré par des cultures pures, en bouillon de haricot contenant environ *deux dix-millièmes d'azote,* avec *2 %* de *saccharose, 1 %* de *chlorure de sodium,* et de la *gélose* pour rendre le bouillon plus solide.

Schloesing et Laurent ont mesuré le gain de la légumineuse et a perte de l'atmosphère en azote.

Il y a *symbiose entre la légumineuse et les bactéries*. La légumineuse fournit un milieu de développement favorable avec des aliments *hydrocarbonés;* la bactérie donne à la légumineuse un aliment *azoté*.

Nous venons d'examiner quels peuvent être, *dans le sol,* les aliments puisés par la plante.

Il faut étudier comment ces aliments peuvent être absorbés.

Pour le comprendre, il faut connaître les *lois de l'osmose et de la turgescence* des cellules.

OSMOSE

L'expérience classique de Dutrochet montre que, si l'on plonge dans de l'eau distillée un tube en verre fermé en bas par une membrane perméable, et rempli d'eau *sucrée,* de manière que les deux niveaux soient d'abord sur le même plan horizontal, le niveau de l'eau sucrée ne tarde pas à s'élever dans le tube.

Puis le niveau reste stationnaire et revient ensuite dans le même plan horizontal que le liquide du vase environnant le tube.

L'eau distillée ambiante a passé plus vite dans le tube que l'eau sucrée dans l'eau distillée ambiante.

Cette diffusion des liquides et des substances dissoutes, à travers une membrane perméable, constitue le phénomène de l'*osmose*.

La hauteur maxima à laquelle s'élève le liquide dans le tube mesure le *pouvoir osmotique* du liquide de ce tube.

Les solutions *colloïdes* sont celles qui ne traversent pas les membranes perméables; les solutions *cristalloïdes* sont celles qui les traversent.

La plupart des solutions renfermées *dans le protoplasme* sont *colloïdes*. Dans une solution de ce genre le corps supposé *dissous* y existe en réalité à l'état de très petites particules solides en suspension, *non visibles au microscope*. On ne peut les voir qu'à l'*ultra-microscope,* à l'aide d'un éclairage indirect les rendant lumineuses sur un fond obscur.

Sous l'action de certains corps, les solutions colloïdes sont coagulées. On utilise ce fait pour la préparation des *diastases*.

LOIS DE L'OSMOSE
LOIS DE L'OSMOSE A TRAVERS LES MEMBRANES PERMÉABLES

Pour que l'osmose se produise, il faut que les deux liquides, qui sont de part et d'autre de la membrane les séparant, puissent *se mêler;* avec de l'huile dans l'osmomètre et de l'eau à l'extérieur, il n'y a pas d'osmose.

Il faut en second lieu que l'un des deux liquides au moins puisse *mouiller* la membrane.

Enfin l'un des liquides au moins doit faire avec la membrane certaines combinaisons d'ailleurs assez mal définies.

Quand ces trois conditions sont réunies, on constate les lois suivantes :

1° *Le pouvoir osmotique des splutions d'une même substance augmente avec leur concentration;*

2° *Le pouvoir osmotique d'une solution augmente, mais très faiblement, avec la température;*

3° *A égalité de concentration, le pouvoir osmotique d'une solution varie suivant la substance dissoute.*

MEMBRANES SEMI-PERMÉABLES

Les membranes semi-perméables sont des membranes formées par exemple de *tannate de gélatine,* qui se laissent traverser *par l'eau,* mais qui sont imperméables à la fois aux *colloïdes* et aux *cristalloïdes* tels que le sucre.

LOIS DE L'OSMOSE A TRAVERS LES MEMBRANES SEMI-PERMÉABLES

1° *Le pouvoir osmotique d'une solution de volume fixe est, pour une même substance dissoute, proportionnelle à la concentration;*

2° *Le pouvoir osmotique d'une solution s'élève avec la température proportionnellement au binôme de dilatation des gaz*

$$1 + \frac{t}{273};$$

3° *Le pouvoir osmotique d'une solution est le même, quelle que soit la substance dissoute, si le nombre de molécules dissoutes dans le même espace est le même.*

C'est la loi des *concentrations moléculaires,* qui correspond à la loi d'Avogadro relative à la force élastique des gaz. Cette loi ne s'applique qu'aux solutions de matières organiques, et, par exception, au sulfate et au malate de magnésium.

TURGESCENCE DE LA CELLULE

Dans la cellule végétale vivante, on trouve, *à l'extérieur,* une membrane de cellulose appliquée contre le protoplasme qui entoure une vacuole contenant le suc cellulaire.

Le protoplasme est limité à l'intérieur et à l'extérieur par une couche homogène appelée *membrane protoplasmique.*

La *membrane de cellulose* est *perméable.* Les *membranes protoplasmiques* sont *semi-perméables;* elles laissent passer l'eau, mais non les substances dissoutes dans l'eau.

Placée dans l'eau pure, la cellule a son suc cellulaire doué d'un pouvoir osmotique assez considérable, qui attire cette eau. La pression intérieure de la vacuole s'accroît et le volume de cette vacuole augmente. Toutes les membranes sont distendues. La cellule devient *turgescente.*

Si, au contraire, la cellule est mise dans un liquide dont le pouvoir osmotique est plus grand que celui du suc cellulaire, le courant d'eau va de la vacuole vers l'extérieur, c'est-à-dire en sens inverse. Le protoplasme se détache alors de la membrane cellulosique rigide. La cellule est dite à l'état de *plasmolyse.* La vacuole entourée du protoplasme prend à peu près la forme d'une sphère isolée au milieu de la cellule.

L'instant où la membrane protoplasmique est sur le point de se détacher de la membrane cellulosique *vers les angles de la cellule* est le moment où la plasmolyse est sur le point de se produire; c'est aussi le moment où *le pouvoir osmotique du suc cellulaire est égal à celui du liquide extérieur.*

On a ainsi le moyen d'évaluer le pouvoir osmotique des cellules d'un organe végétal.

Il suffit de préparer des solutions d'azotate de potassium à diverses concentrations assez rapprochées et d'y plonger des coupes de l'organe.

En observant la solution dans laquelle la membrane protoplasmique est *sur le point de se détacher* de la membrane cellulosique, on a un liquide dont le pouvoir osmotique mesure celui des cellules végétales considérées.

Il ne faut pas regarder les membranes protoplasmiques de la cellule vivante comme complètement *semi-perméables,* c'est-à-dire comme complètement imperméables aux substances *dissoutes.* Ainsi l'urée et la glycérine peuvent pénétrer dans le suc cellulaire. A l'état très jeune ou très âgé, les membranes protoplasmiques sont moins imperméables qu'à l'état adulte.

Il est facile de reconnaître la perméabilité des membranes protoplasmiques : on met la cellule dans un liquide coloré par une substance non nuisible, comme l'éosine ; si la cellule entière est colorée, c'est que la membrane protoplasmique est perméable.

La *perméabilité est plus grande à la lumière qu'à l'obscurité :* c'est une des causes des *mouvements de veille et de sommeil des feuilles.*

Certaines membranes protoplasmiques peuvent être à peine perméables pour les substances dissoutes. D'autres peuvent être imperméables pour certaines substances dissoutes et perméables pour d'autres. On peut trouver, d'ailleurs, tous les intermédiaires entre une membrane *semi-perméable* et une membrane *perméable.*

ABSORPTION PAR LES RACINES

Si l'on examine une racine, on constate que les poils de la région pilifère s'insinuent entre les particules du sol et se moulent plus ou moins étroitement sur elles, multipliant ainsi la surface de contact.

L'absorption de l'eau s'effectue par la région pilifère ; d'après les expériences récentes de M. Henri Coupin, elle se fait aussi par toute la partie de la racine située au-dessous des poils, à son extrémité ; mais, dans une région comme dans l'autre, le mécanisme de cette absorption est le même.

Quel est ce mécanisme ?

Un poil de la racine est limité par une *membrane cellulosique perméable,* qui laisse passer l'eau et les corps dissous.

Au-dessous de cette membrane cellulosique se trouve une membrane protoplasmique *semi-perméable,* qui ne laisse passer que l'eau.

Le plus ordinairement, le pouvoir osmotique du suc cellulaire est plus grand que le pouvoir osmotique du liquide ambiant : *l'eau entre donc dans le poil.*

Du poil, l'eau passe dans les cellules parenchymateuses voisines par le même mécanisme, et de là aux vaisseaux du bois dont les membranes sont perméables.

Mais si la membrane protoplasmique est *rigoureusement semi-perméable, l'eau seule* peut entrer et *non les sels dissous.*

Cependant, *ces sels entrent,* puisque nous les trouvons dans la plante.

C'est qu'en effet, l'imperméabilité des membranes protoplasmiques pour les substances dissoutes n'est *pas absolue ;* les cellules très jeunes et les cellules âgées se laissent pénétrer ; certaines cellules adultes permettent aussi une lente pénétration.

La circulation peut également avoir lieu par les parois cellulosiques perméables, et cela jusque dans la cavité des vaisseaux.

Observons que le liquide absorbé par les racines n'a pas la même composition que le liquide extérieur. Les racines n'absorbent pas tel quel le liquide qui leur est fourni ; elles semblent, dit M. Leclerc du Sablon, *faire un choix.*

Prenons une cellule artificielle perméable pour les cristalloïdes et contenant une solution colloïde de tanin.

Si nous la plongeons dans une solution de chlorure de sodium *qui ne réagit pas sur le tanin,* le chlorure pénétrera dans la cellule *jusqu'à égalité de concentration.*

Si, au contraire, nous la mettons dans une solution de chlorure de fer, ce sel passe dans la cellule *jusqu'à épuisement du milieu.* La cause est que le chlorure de fer est continuellement employé dans la cellule à la formation de l'encre colloïde au contact du tanin. *Il s'accumule.*

Il en est *de même dans une cellule vivante.* Un sel utile à la plante passe, en général, dès qu'il arrive, dans la cellule, à l'état de composé *insoluble,* ou tout au moins *colloïde.* Il est absorbé *tant qu'il est utilisé.*

Les plantes *choisissent* donc parmi les substances qui leur sont offertes.

Il peut arriver aussi que certaines substances inutiles à la plante soient précipitées et accumulées dans l'intérieur des tissus sans aucun profit. C'est ainsi que la plante se débarrasse de la chaux sous forme d'oxalate de calcium ; il en est de même de la silice, qui s'accumule dans les membranes cellulaires de certains végétaux.

2° Nutrition de l'arbre par les feuilles

A — *ASSIMILATION DU CARBONE*

ASSIMILATION DU CARBONE ATMOSPHÉRIQUE

Cultivons *une plante verte* dans une éprouvette qui contient de l'eau distillée avec les substances suivantes, par litre :

1 gramme de nitrate de calcium,
0,25 de chlorure de potassium,
0,25 de sulfate de magnésium,
0,25 de phosphate de potassium.

La plante se développe ; sans que le liquide nutritif contienne du carbone, on constate qu'il y a eu absorption et assimilation de carbone par la plante verte.

Le carbone ne peut venir que *de l'air.*

Si nous cultivons la plante verte sous la cloche d'un appareil à air confiné, nous pouvons mesurer la quantité d'oxygène et d'acide carbonique contenus dans l'atmosphère confinée *au commencement* de l'expérience.

Exposons la plante verte et la cloche à la lumière du soleil pendant un certain temps, et analysons ensuite le gaz de la cloche.

Nous constatons qu'il y a moins *d'acide carbonique* et *plus d'oxygène*. A la lumière, la plante absorbe du gaz carbonique et rejette de l'oxygène.

On peut admettre que le gaz carbonique a été décomposé par la plante, avec *fixation du carbone* et *émission de l'oxygène*. Cependant, les choses sont en réalité plus complexes, car on constate un peu plus d'oxygène dégagé que de gaz carbonique absorbé.

Avec les plantes *non vertes*, ou avec les plantes vertes mises *à l'obscurité*, le phénomène n'a pas lieu.

LA CHLOROPHYLLE

Pour que le phénomène indiqué ci-dessus se produise, il faut donc *de la lumière*, et la présence de cette substance verte des plantes appelée *chlorophylle*.

La *couleur verte* des plantes est généralement due à des *grains de chlorophylle*.

Ce sont des granulations plongées dans le protoplasme et possédant à peu près la même composition que ce protoplasme. Des grains de chlorophylle, traités par l'alcool, perdent leur coloration verte, qui est prise par le dissolvant.

Ces grains chlorophylliens sont de petits corps *albuminoïdes colorés en vert par la chlorophylle*.

Ils ont des formes et des dimensions variables suivant les diverses espèces végétales.

Ils proviennent d'un grain préexistant et se multiplient par bipartition.

Cependant une granulation albuminoïde *verte*, ou *leucite vert*, peut provenir d'une granulation albuminoïde *incolore*, ou *leucite incolore, qui a verdi*. Inversement, un leucite vert peut devenir incolore par suite de la destruction de la chlorophylle ; c'est ce que l'on constate dans les feuilles vertes qui *s'étiolent* à l'obscurité.

Notons que la chlorophylle peut se présenter uniformément répartie dans le protoplasme, à l'état diffus : il en est ainsi chez les *algues cyanophycées*.

Les leucites qui doivent devenir des *leucites verts*, ou *chloro-*

leucites, commencent par acquérir une substance jaune, qui est un carbure d'hydrogène et qu'on appelle *carotine,* puis ils prennent la matière verte ou *chlorophylle.*

Nous trouvons donc, d'après Leclerc du Sablon, dans ces chloroleucites :

    du protoplasme,

    de la carotine,

    de la chlorophylle, dissoute dans la carotine.

Observons que les *phéoleucites,* trouvés dans certaines algues, sont des *leucites bruns* chargés de chlorophylle et d'une *matière brune* appelée *phycophéine.*

De même les *érythroleucites* sont des *leucites rouges,* dans lesquels une substance rouge, la *phycoérythrine,* est superposée à la chlorophylle. Si l'on met les algues qui les contiennent dans l'eau chaude qui dissout la substance rouge, ces plantes deviennent vertes.

La chlorophylle peut être retirée des plantes vertes en traitant les feuilles par l'alcool à 95°. On a ainsi de la *chlorophylle brute* qui contient diverses impuretés, notamment des pigments jaunes.

Pour l'obtenir pure, on la fait cristalliser en évaporant l'alcool, et on traite ensuite les cristaux par de l'eau et de la benzine, qui enlèvent les matières étrangères.

Le chlorophylle est insoluble dans l'eau, soluble dans l'alcool, l'éther, le chloroforme, la benzine, le sulfure de carbone.

« La solution est *dichroïque,* verte par transmission, rouge par réflexion, et s'altère vite surtout à la lumière. La chlorophylle a une composition chimique qui peut être représentée à peu près par la formule $C^{36}H^{36}AzO^4$; elle n'a *pas de fer,* bien que ce métal soit indispensable à sa formation dans la plante. » (Leclerc du Sablon.)

La *lumière* est nécessaire à la production de la *chlorophylle.* Au contraire, la *carotine* n'a pas besoin de lumière pour se constituer (Leclerc du Sablon).

L'intensité de la radiation influe sur la production de la chlorophylle. Elle commence à se former à la *lumière diffuse,* passe par *un optimum* de radiation, et cesse à une *limite supérieure.*

Chez les plantes aériennes, l'épiderme est dépourvu de chlorophylle ; il constitue un écran dans lequel la chlorophylle est détruite par la lumière.

Chez les plantes aquatiques, l'écran est formé par l'eau, et on trouve de la chlorophylle dans l'épiderme.

La *réfrangibilité de la radiation* a une action marquée sur la production de la chlorophylle.

Si l'on met la plante verte dans les diverses parties du spectre solaire, on constate que le maximum du verdissement a lieu *dans le jaune*, le minimum *dans les rayons infra-rouges et ultra-violets*.

Notons que les fougères et les conifères verdissent à l'obscurité.

Si l'on couvre la plante verte par des *écrans* constitués au moyen de solutions de colorations variées, on observe les mêmes résultats qu'avec le spectre solaire. Ainsi la plante verdit parfaitement sous la solution de bichromate de potasse.

La *température* agit également sur la formation de la chlorophylle.

Il y a un minimum, un optimum et un maximum de température, le tout variable avec chaque espèce.

La vitesse de formation de la chlorophylle diffère aussi suivant les espèces végétales.

FONCTIONS DE LA CHLOROPHYLLE
DÉCOMPOSITION DU GAZ CARBONIQUE

La chlorophylle absorbe une partie de la radiation incidente. C'est une absorption *élective*. Elle arrête certains rayons lumineux et transforme leur énergie. Il faut savoir dans quelle mesure elle absorbe ainsi la lumière. Nous devons donc examiner son spectre d'absorption.

Pour cela, nous préparons une *dissolution de chlorophylle* en traitant des feuilles par l'alcool. Cette dissolution contient à la fois de la *carotine* ou *xanthophylle* et de la *chlorophylle*.

La benzine dissout la chlorophylle, et la carotine jaune ou xanthophylle reste en solution dans l'alcool. On n'a plus qu'à décanter et à faire évaporer en lumière faible. On obtient ainsi des solutions de *chlorophylle pure,* dont on peut faire varier la concentration, ou l'épaisseur, ce qui revient au même.

En examinant le spectre de la lumière blanche ayant traversé la solution de chlorophylle, on voit que certaines parties de ce spectre contiennent des *bandes noires ;* ces bandes marquent les radiations absorbées par la chlorophylle (fig. 136).

Notons qu'au lieu de se servir d'une solution de chlorophylle, on peut utiliser une *feuille vivante.*

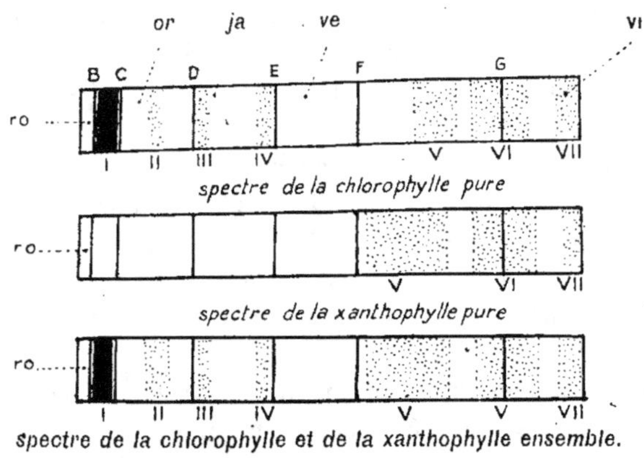

Fig. 136. — Spectres de la chlorophylle et de la xantophylle.
ro   rouge du spectre.   or   orangé.   ja   jaune.   ve   vert.

Pour une dissolution de chlorophylle de concentration et d'épaisseur moyennes, on a *deux groupes de radiations absorbées.*

On voit, en effet, *deux groupes de bandes noires* dans le spectre : l'un à gauche, formé de quatre bandes, dont la plus à gauche, très noire et constante, est située entre les raies B et C dans le rouge orangé ; l'autre groupe à droite, formé de trois bandes larges, à bords peu nets, arrivant presque au contact l'une de l'autre, et situées dans la région bleue, entre les raies F et G.

La bande la plus noire, située entre les raies B et C, est la plus caractéristique du spectre d'absorption de la chlorophylle.

Comment ces radiations absorbées sont-elles employées par la plante ?

Priestley, en mettant la plante verte dans de l'eau, à la lumière, a vu des bulles de gaz se détacher des feuilles; il a constaté que le gaz recueilli est de l'oxygène.

Ingenhaousz a constaté que l'expérience réussit seulement quand le jour est clair; il faut *de la lumière* pour que le phénomène se produise.

Sennebier a repris ces expériences à la lumière et a montré que la présence de *l'acide carbonique dans l'eau* est nécessaire; avec de *l'eau distillée,* aucun dégagement de gaz n'a lieu. La conclusion est que l'oxygène dégagé provient *de la décomposition de l'acide carbonique.*

Saussure a trouvé que, pour un litre d'acide carbonique, on obtient un litre d'oxygène.

Tout l'oxygène est séparé de l'acide carbonique.

On a :

$$CO^2 = C + O^2$$

Au laboratoire, on ne peut qu'obtenir :

$$CO^2 = CO + O$$

c'est-à-dire seulement la séparation de la moitié de l'oxygène.

Boussaingault a montré que le rapport de l'acide carbonique décomposé à l'oxygène dégagé $\dfrac{CO^2}{O}$ n'est pas toujours absolument égal à l'unité, et peut varier légèrement en plus ou en moins.

D'une part, en effet, le protoplasme peut prendre un peu de l'oxygène dégagé du chloroleucite.

D'autre part, comme la plante, en respirant, émet de l'acide carbonique, le chloroleucite peut décomposer un peu de cet acide carbonique en plus, et alors il y aura un peu plus d'oxygène dégagé.

La source d'acide carbonique pour la plante verte est l'air atmosphérique qui en contient environ $\dfrac{3}{10.000}$.

Si, dans une atmosphère confinée, on supprime le gaz carbonique, il n'y a plus dégagement d'oxygène.

La fonction principale de la chlorophylle est donc de *décomposer l'acide carbonique de l'air, et d'assimiler le carbone.*

Observons que la *formation de la chlorophylle* est un phénomène qui tarde à s'opérer ; c'est un phénomène d'*induction.*

Au contraire, *l'assimilation du carbone* de l'acide carbonique n'est *nullement un phénomène d'induction.* Si on enlève la lumière à la plante verte, la fonction cesse *immédiatement.*

INFLUENCE DE LA RÉFRANGIBILITÉ DES RADIATIONS

Il nous faut étudier maintenant l'influence de la *réfrangibilité des radiations* sur l'assimilation du carbone par la plante verte.

Pour cela, on peut, comme précédemment, employer la méthode du spectre ou celle des écrans absorbants.

Dans la première, on place les éprouvettes contenant les plantes vertes dans les diverses parties du spectre.

On constate que c'est *dans la partie absorbée* que se trouvent les *radiations actives,* entre les raies B et C.

Les radiations absorbées sont les seules actives.

La décomposition de l'acide carbonique a lieu *seulement entre les raies B et C.*

Entre les raies F et G, les radiations absorbées n'agissent *pas visiblement.*

On peut étudier l'influence des diverses radiations sur l'assimilation du carbone au moyen d'une méthode différente, la *méthode des bactéries.*

Elle est basée sur l'avidité de certaines bactéries notamment du *bacterium termo* pour l'oxygène.

Il suffit de mettre sur le porte-objet d'un microscope un filament d'algue verte, par exemple un filament de *Cladophora.* Au lieu de l'éclairer par de la lumière blanche, on l'éclaire par le spectre solaire.

Les bactéries se groupent sur les diverses régions de l'algue où se dégage de l'oxygène.

On reconnait un *premier maximum* de groupement dans les radiations rouges, entre les raies B et C, et un *second maximum,* bien plus faible, dans les radiations bleues, *entre les raies F et G.*

Ainsi est mise en évidence l'action des radiations bleues, qui n'était pas apparente avec les méthodes précédentes.

INFLUENCE DE L'INTENSITÉ DES RADIATIONS

L'intensité des radiations actives dans l'assimilation du carbone a une très grande importance.

Pour la *formation de la chlorophylle*, pour le *verdissement,* une *très faible intensité* lumineuse suffit.

Au contraire, pour la *décomposition de l'acide carbonique,* il faut une *forte intensité lumineuse.*

Généralement, c'est le *plein soleil* qui fait décomposer le mieux l'acide carbonique par la chlorophylle.

Il y a des exceptions à cette règle. Par exemple, le bambou décompose mieux l'acide carbonique dans un *demi-soleil.*

INFLUENCE DE LA PRESSION

La *pression de l'acide carbonique* dans le milieu extérieur à la plante a une action sur la décomposition de ce gaz.

On observe que, *dans le gaz carbonique pur,* la décomposition n'a pas lieu. Elle commence seulement dans une atmosphère contenant 5o °/₀ de gaz carbonique.

C'est quand l'atmosphère contient 8 à 10 °/₀ que la décomposition s'opère le mieux, en général.

Jusqu'à trois dix-millièmes, la décomposition reste possible.

Il y a donc un *optimum de pression* pour la production du phénomène.

INFLUENCE DE LA TEMPÉRATURE

Un certain degré de *température extérieure* est nécessaire pour que la plante verte décompose le gaz carbonique. Ainsi, pour le *mélèze,* c'est seulement entre + 1° et + 2° que la décomposition commence.

L'optimum de température extérieure est, en général, de + 25°.

Les variations sont faibles.

INFLUENCE DU MEMBRE DE LA PLANTE

La *nature du membre de la plante* a une influence sur le phénomène.

Ainsi, la racine verte assimile moins que la tige verte, et celle-ci moins que la feuille.

SIÈGE DE L'ASSIMILATION CHLOROPHYLLIENNE

Le phénomène est *localisé dans le chloroleucite*. C'est exactement là que s'effectue la décomposition du gaz carbonique.

Si l'on examine, par la méthode des bactéries, une cellule de *spirogyre,* qui ne contient qu'un seul grand chloroleucite en spirale, on voit que l'oxygène provenant de la décomposition du gaz carbonique se dégage *seulement sur le chloroleucite.*

NATURE DE L'ASSIMILATION CHLOROPHYLLIENNE

Nous avons dit que la décomposition de l'acide carbonique n'est pas un phénomène d'induction, comme la formation de la chlorophylle ; c'est un phénomène de *décomposition immédiate* se produisant *de suite avec la lumière.* Au contraire, nous verrons, en étudiant la *respiration,* fonction générale, qu'il y a constamment, en vertu de cette respiration, dégagement d'acide carbonique par le protoplasme et absorption d'oxygène.

MÉCANISME DE L'ASSIMILATION DU CARBONE

On conçoit le passage du gaz carbonique de l'atmosphère dans la plante, soit directement à travers une membrane épidermique, soit par les stomates qui le conduiraient dans les lacunes sous-stomatiques, et de là à travers les membranes cellulaires.

Mais il est démontré que les membranes végétales épidermiques sont imperméables aux gaz.

En général, les gaz ne traversent une membrane végétale que s'ils sont dissous dans l'eau qui imprègne la membrane ; dans ces conditions, la vitesse de l'osmose est proportionnelle à la solubilité du gaz dans l'eau.

C'est surtout *par les stomates* que le gaz carbonique entre dans les feuilles.

C'est qu'en effet la membrane externe des cellules épidermiques n'est *pas mouillée*, et sa partie externe cutinisée renferme très peu d'eau ; elle s'opposera donc à l'osmose.

Au contraire, les membranes qui limitent les lacunes à l'intérieur de la feuille sont très minces et rendues humides par le contact du protoplasme ; elles doivent donc permettre l'*osmose des gaz*.

PRODUITS DE L'ASSIMILATION DU CARBONE

Comment le carbone est-il fixé dans la plante ?

On admet qu'il se fixe sur les éléments de l'eau en constituant des *hydrates de carbone* ($C^n H^{2n} O^n$).

C'est une *synthèse* des hydrates de carbone.

On observe en effet des *grains d'amidon dans les chloroleucites*.

Dans une atmosphère confinée contenant 8 °/₀ de gaz carbonique, un quart d'heure est suffisant pour qu'on puisse voir apparaître l'amidon.

On le reconnaît *sous forme d'amylosphères* dans certaines algues.

Cependant, il y a des plantes qui ne développent jamais d'amidon dans leurs chloroleucites ; on admet alors qu'il se constitue du *glucose,* produit général, *premier produit de l'assimilation;* le glucose serait le premier hydrate de carbone constitué ; l'amidon serait la *forme de réserve* prise chez certaines plantes.

Pour mettre en évidence l'amidon dans les feuilles, on les décolore par l'alcool ; puis on les traite par la potasse qui gonfle ces grains d'amidon ; on n'a plus alors qu'à les colorer *en bleu par l'iode*.

On peut encore faire arriver sur la feuille en expérience la lumière décomposé par un prisme. On constate que l'amidon se constitue dans la région des radiations absorbées par la chlorophylle, et spécialement à l'endroit correspondant à la première bande d'absorption dans le rouge.

Dans les feuilles chez lesquelles l'amidon n'est pas constaté, il est remplacé par le *sucre*.

D'ailleurs, l'existence du sucre dans les feuilles vertes est plus générale que celle de l'amidon.

On peut se demander si l'amidon et le sucre sont les *premiers produits* de l'assimilation du carbone, et par quel mécanisme le carbone du gaz carbonique se combine aux éléments de l'eau.

La synthèse des sucres a été faite à partir de l'*aldéhyde formique*, CH^2O, qui, en se condensant, peut reproduire divers *hydrates de carbone*.

Or, on trouve l'aldéhyde dans beaucoup de feuilles vertes exposées à la lumière, et on ne le trouve pas dans les feuilles mises à l'obscurité ou dépourvues de chlorophylle. On pense donc que cet aldéhyde formique est le *premier produit de l'assimilation du carbone*.

B — *RESPIRATION*

DÉFINITION DE LA RESPIRATION

L'absorption d'oxygène, c'est-à-dire la *respiration,* est un phénomène de nutrition.

Cette absorption d'oxygène, avec émission de gaz carbonique, est un fait général inhérent au protoplasme vivant. Dans les plantes, toutes les parties constitutives respirent : la racine, la tige, les feuilles ; cependant le phénomène est, pour ainsi dire, *localisé dans les feuilles.*

La respiration est surtout un acte de *nutrition par les feuilles.*

Elle consiste, pour les végétaux comme pour les animaux, en un *dégagement de gaz carbonique* et une *absorption d'oxygène.*

Si l'on met sous une cloche, *à l'obscurité,* des feuilles ou d'autres organes végétaux, on constate, au bout d'un certain temps, que l'oxygène a disparu et a fait place à de l'acide carbonique ; de l'eau de baryte, contenue dans un verre mis sous la cloche, se transforme en carbonate de baryum.

MÉCANISME DE LA RESPIRATION

Le gaz carbonique est produit *dans le protoplasme* de la cellule vivante. Il sort soit directement par la membrane d'une cellule superficielle, telle qu'une cellule épidermique, soit par la membrane d'une cellule limitant les méats foliaires qui communiquent avec l'extérieur *par les stomates*.

Le dégagement du gaz carbonique se fait *principalement par les stomates des feuilles*.

Dans les organes sans stomates, la sortie du gaz carbonique a lieu par exemple par les lenticelles ou les crevasses.

RESPIRATION DES PLANTES VERTES A LA LUMIÈRE

On sait qu'à la lumière, les plantes vertes décomposent l'acide carbonique de l'air, assimilent le carbone et laissent dégager l'oxygène.

Dans ce cas, la *respiration,* qui consiste en une absorption d'oxygène et un dégagement de gaz carbonique, est *masquée par le phénomène de l'assimilation.*

Si l'on met les plantes vertes dans une atmosphère confinée, qu'on sature de vapeurs d'éther ou de chloroforme, ces anesthésiques *suspendent l'assimilation,* et la *respiration seule* a lieu ; elle est ainsi mise en évidence.

INFLUENCE DES CONDITIONS EXTÉRIEURES SUR LA RESPIRATION

L'intensité de la respiration est mesurée par la *quantité de gaz carbonique dégagé,* ou par *la quantité d'oxygène absorbé.*

Ordinairement, on préfère prendre pour mesure le gaz carbonique dégagé. On cherche par exemple le gaz carbonique dégagé en une heure par 100 grammes de plantes.

QUOTIENT RESPIRATOIRE

Le rapport du volume de gaz carbonique dégagé au volume d'oxygène absorbé est le quotient respiratoire, $\dfrac{CO_2}{O}$.

Ce quotient dépend des réactions qui accompagnent la respiration.

Il est, en général, inférieur à l'unité ; il y a *plus d'oxygène absorbé* qu'il n'y a de gaz carbonique dégagé.

ACTION DE LA TEMPÉRATURE SUR LA RESPIRATION

L'intensité de la respiration augmente avec la température, et même *plus vite* que cette température.

L'augmentation a lieu jusqu'à la température que les plantes peuvent supporter sans souffrir. En somme, il n'y a *pas de température optima* pour la respiration.

A la température de 0°, la respiration est appréciable. On a constaté même à — 10° un dégagement d'acide carbonique chez l'épicéa. Le phénomène de l'assimilation peut continuer à des températures encore plus basses.

Quant à la limite supérieure, on a vu qu'un palmier et un épicéa peuvent respirer normalement à + 40° pendant vingt-quatre heures ; la température de + 45° peut être supportée pendant un temps moins long.

La résistance à la chaleur est variable *suivant l'espèce* et *suivant l'âge* de la plante.

Dans les expériences, il est nécessaire de ne soumettre les plantes qu'à des changements de température lents et progressifs.

Le *quotient respiratoire* est indépendant de la température lorsque les variations sont de courte durée ; au contraire, sous l'action d'une élévation de température *prolongée,* ce quotient respiratoire peut varier.

INFLUENCE DE LA LUMIÈRE SUR LA RESPIRATION

L'influence de la lumière sur la respiration, influence étudiée sur les plantes *sans chlorophylle,* est la suivante :

En opérant à l'abri de la lumière solaire directe, qui a l'inconvénient de faire augmenter la température, on constate que *la lumière diminue l'intensité de la respiration.*

Telle apparaît l'action de la lumière blanche.

Mais quelle est l'influence des diverses radiations qui la composent?

En opérant par la méthode des écrans, MM. Bonnier et Manqin ont constaté que la lumière *rouge* donnée par la solution de *bichromate de potassium* a une influence *retardatrice plus grande que la lumière bleue fournie par la solution d'azotate de cuivre*. Vérification a été faite de ces résultats par la méthode du spectre.

ACTION DE L'ÉTAT HYGROMÉTRIQUE SUR LA RESPIRATION

L'*état hygrométrique* de l'air a sur la respiration des plantes l'action suivante :

Le dégagement du gaz carbonique est d'autant plus considérable, et par conséquent l'intensité de la respiration est d'autant plus grande que l'état de l'atmosphère *se rapproche plus de la saturation*. Donc, dans les expériences, il est bon d'opérer en milieu saturé.

ACTION DE LA PRESSION SUR LA RESPIRATION

La pression inférieure à une atmosphère et supérieure à $\frac{1}{5}$ d'atmosphère n'a pas d'influence sur la respiration. Au-dessous de cette limite, la quantité d'oxygène absorbé diminue beaucoup, sans que la quantité de gaz carbonique dégagé varie sensiblement : *la respiration ressemble à une fermentation*.

La pression supérieure à une atmosphère augmente l'intensité respiratoire d'une manière variable, suivant les plantes, et d'autant plus qu'elle est plus élevée (l'oxygène pur agit plus que l'air ordinaire); mais cette accélération respiratoire n'est que *momentanée*.

ACTION DES ANESTHÉSIQUES SUR LA RESPIRATION

Les anesthésiques employés pour séparer les deux fonctions de l'assimilation et de la respiration, ne nuisent pas à cette dernière à la condition qu'ils soient donnés à doses assez faibles et pendant une courte durée.

Si on les fournit à la plante à dose faible, mais pendant un temps assez long, ils augmentent, au moins momentanément, l'intensité de la respiration.

ACTION DES BLESSURES SUR LA RESPIRATION

Les *blessures* faites aux végétaux produisent une *augmentation de l'intensité respiratoire,* augmentation qui passe bientôt par un maximum ; puis a lieu le retour à la normale.

Cette accélération des combustions est accompagnée d'une élévation de température ; elle constitue un *état pathologique* qui se termine soit par le retour à la normale, soit par la mort.

INFLUENCE SUR LA RESPIRATION DE L'ÉTAT DU DÉVELOPPEMENT DE LA PLANTE

Dans l'étude de l'influence de l'état du développement sur le phénomène respiratoire, on admet, comme *comparables,* des volumes égaux de plantes considérées à des phases différentes de leur développement. « L'intensité respiratoire est mesurée par le volume du gaz carbonique dégagé, le volume de la plante qui a servi à l'expérience étant pris pour unité de volume. » (G. Bon-nier.)

Pour les plantes ligneuses, l'intensité respiratoire a un premier maximum au moment de l'*éclosion des bourgeons,* et un second au moment de la *floraison,* c'est-à-dire aux époques de *consommation des réserves.*

Quant au *quotient respiratoire,* il est toujours *plus petit que l'unité,* et présente un minimum pendant l'hiver et un maximum au moment de l'éclosion des bourgeons.

Chez les arbres à feuilles persistant deux ans, comme le fusain du Japon, *l'intensité maxima de la respiration* a lieu quand les feuilles sont encore *en bourgeons;* puis l'intensité décroît jusqu'à la chute de la feuille ; les feuilles des deux générations ont des intensités respiratoires très différentes. Le quotient respiratoire dans ce cas est minimum pendant l'été de la première année, et maximum pendant la seconde année.

RÔLE DES HYDRATES DE CARBONE DANS LA RESPIRATION

Quand un tissu végétal respire, ses hydrates de carbone diminuent; tout se passe comme s'ils étaient brûlés, grâce à l'oxygène de l'air, et leur carbone rejeté sous forme de gaz carbonique.

Si l'on met des feuilles fraîches, à l'obscurité, dans une solution de 10 °/₀ de saccharose pendant deux jours, on constate qu'elles ont assimilé du saccharose, et qu'ensuite *leur intensité respiratoire augmente*.

RÔLE DES MATIÈRES PROTÉIQUES DANS LA RESPIRATION

L'intensité de la respiration n'est pas constamment proportionnelle à la quantité des hydrates de carbone contenus dans les tissus; elle dépend aussi de la quantité de *matières protéiques actives* qu'ils renferment.

Quand la germination avance, l'intensité de la respiration s'accélère avec la diminution des matières protéiques de *réserve*, et l'augmentation des matières protéiques *actives* des tissus.

NATURE ET EFFETS DE LA RESPIRATION

La respiration est *une combustion* destinée à donner à l'organisme végétal *l'énergie calorifique nécessaire*.

L'oxygène est le *comburant*, *l'hydrate de carbone* le *combustible*, *l'acide carbonique* le *produit*.

Le résultat de la respiration est une décomposition d'une partie des substances organiques de la plante.

L'augmentation de la respiration amène une *diminution des réserves*, si cette augmentation n'est pas accompagnée d'une augmentation des synthèses par la formation de nouvelles feuilles.

Si l'augmentation de la respiration est due, par exemple, à une blessure ou à l'action d'une substance toxique, si par conséquent il n'y a pas accélération de croissance, alors cette intensité de la respiration est préjudiciable à la plante.

CHALEUR VÉGÉTALE

En général, la température d'un végétal est légèrement supérieure (d'une fraction de degré) à la température du milieu ambiant. Les tissus des végétaux constituent donc des *sources de chaleur*.

Dans la plante, la respiration, c'est-à-dire la décomposition des réserves et la formation de gaz carbonique, se fait avec *dégagement de chaleur*.

Au contraire, la *synthèse des matières organiques*, importante dans les tissus verts et les organes en croissance, a lieu avec *absorption de chaleur*.

Ordinairement, les premières réactions, qui sont *exothermiques*, l'emportent sur les secondes, qui sont *endothermiques*.

Pour mesurer les températures des tissus végétaux, on se sert de *thermomètres différentiels*, ou bien d'*aiguilles thermo-électriques* reliées par un galvanomètre ; on enfonce une des aiguilles dans le végétal, l'autre étant maintenue dans le milieu ambiant. Le sens et la valeur de la différence de température sont indiqués par le sens et l'amplitude de la déviation de l'aiguille du galvanomètre.

C'est surtout dans les fleurs, et notamment dans celles des *aroïdées*, qu'on observe de notables élévations de température.

Il en est de même pour les *bulbes*. Pendant leur *germination*, les réactions exothermiques accompagnant la digestion des réserves produisent une augmentation notable de la température.

Pendant la germination, il y a *dégagement* de chaleur, parce qu'il y a *décomposition des réserves* (*réaction exothermique*).

A l'état adulte, il y a équilibre entre les réactions exothermiques et endothermiques.

Pendant la floraison, il y a *dégagement de chaleur*, parce qu'il y a *augmentation de l'intensité respiratoire*.

Notons que, *pendant la germination*, la quantité de chaleur dégagée est supérieure à celle correspondant à la *combustion respiratoire*, qui cependant est alors *maxima*.

C'est aussi *pendant la digestion des réserves* que le *quotient respiratoire est le plus faible.*

Le fait s'explique parce qu'alors une notable partie de l'oxygène absorbé, au lieu de donner du gaz carbonique, contribue à la transformation des réserves en composés plus oxygénés, par réactions exothermiques qui sont une des sources principales de la chaleur dégagée.

En résumé, il n'y a dégagement de chaleur par le végétal que pendant la digestion des réserves et la floraison.

C — *CIRCULATION*

1° ÉMISSION DE VAPEUR D'EAU

a) Transpiration

C'est un fait connu que les plantes *transpirent,* c'est-à-dire dégagent de la vapeur d'eau; la transpiration est commune au végétal et à l'animal.

La lumière favorise l'émission de vapeur d'eau.

Ainsi, pour une plante donnée, par exemple pour le blé. on constate une émission de vapeur d'eau *cent fois plus grande à la lumière qu'à l'obscurité.*

Mais, pour une plante *sans chlorophylle,* l'émission de vapeur d'eau est *seulement deux fois environ plus grande à la lumière qu'à l'obscurité,* toutes circonstances égales d'ailleurs.

Dans le premier cas, par exemple, si la plante a émis 1 gramme de vapeur d'eau à l'obscurité, elle en dégage 100 à la lumière.

Dans le second cas, si la plante a émis 1 gramme de vapeur d'eau à l'obscurité, elle en dégage 2 à la lumière.

Le dégagement de 98 °/₀ de vapeur d'eau en plus par la plante *verte* à la lumière est donc dû à une *action chlorophyllienne et non protoplasmique,* qu'il faut distinguer de la *transpiration* proprement dite. M. Van Tieghen l'appelle *chlorovaporisation.*

b) Chlorovaporisation

La *chlorovaporisation*, émission de vapeur d'eau spécialement due à la *chlorophylle* sous l'action de la *lumière*, est un phénomène bien autrement énergique que la transpiration simple.

On mesure la chlorovaporisation de la même façon qu'on mesure la transpiration.

Trois procédés sont généralement employés :

1° Dans le premier, la plante est mise dans un pot vernissé, dont la partie supérieure est recouverte d'une lame de plomb.

On arrose la plante, on la tare et on l'expose au soleil.

La balance indique bientôt qu'elle perd de son poids.

Ce qu'il faut ajouter pour rétablir l'équilibre représente la perte d'eau de la plante par émission de vapeur, dans un temps donné.

2° On peut introduire une branche feuillée dans un ballon qui condense la vapeur d'eau ; le poids de l'eau évaporée est donné par l'augmentation de poids du ballon.

3° On peut encore se servir d'un tube horizontal gradué, long de 1 mètre environ, dont une des extrémités se recourbe en une branche verticale descendante. Cette branche descendante se relève ensuite et se termine au niveau de la partie horizontale du tube par *une partie élargie* fermée par un bouchon au milieu duquel on mastique la base du rameau à étudier.

L'appareil est rempli d'eau colorée par l'éosine; on note le point où s'arrête la colonne d'eau dans la branche horizontale du tube (fig. 137).

L'eau émise par les feuilles est remplacée dans la plante au moyen de l'eau puisée par le rameau dans le tube.

Le recul du niveau dans la branche horizontale du tube indique la quantité d'eau *chlorovaporisée* et *transpirée*.

En expérimentant, toutes circonstances égales, avec la même plante *à feuilles blanches*, c'est-à-dire avec une plante *étiolée*, on a, dans la branche horizontale du tube, un recul beaucoup moins grand du niveau, qui indique la quantité d'eau *seulement trans-pirée à la lumière.*

En retranchant cette seconde quantité de la première, on a la mesure de la quantité d'eau *chlorovaporisée.*

Le phénomène de la chlorovaporisation est d'une intensité remarquable.

Pour un hectare d'avoine, on trouve, dans les douze heures du jour, une émission d'eau de 25 mètres cubes; pour le maïs, 36 mètres cubes.

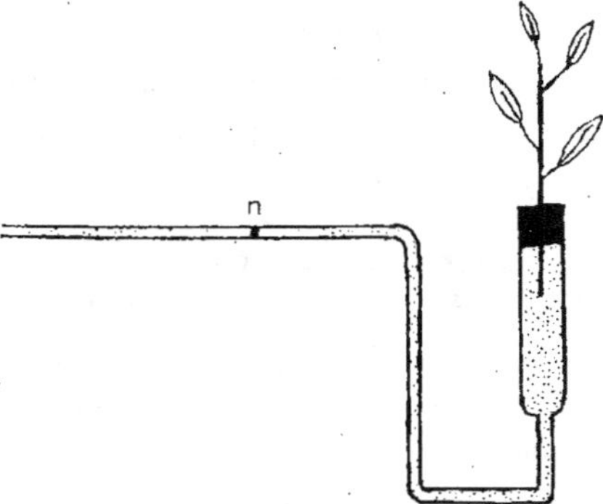

Fig. 137. — Mesure de la transpiration d'un rameau.

n point où s'arrête la colonne d'eau.

Pour la durée annuelle de la végétation, évaluée à 172 jours on a, en ce qui concerne un hectare de forêt de chêne, le chiffre de *111.225 kilos* d'eau chlorovaporisée.

Si l'on compare le poids de l'eau dégagée au poids de la plante, on a les résultats suivants :

Le chêne yeuse, pendant la période végétative de l'année, vaporise *26 fois* son poids d'eau, le mélèze *177 fois,* le sapin *52 fois,* le chêne rouvre *226 fois,* l'érable *455 fois.*

Ces chiffres montrent que le courant d'eau dans la plante est considérable.

On peut dire que les aliments autres que le carbone entrent dans le végétal *par le fait de la chlorovaporisation.*

L'émission d'eau s'opère principalement *par les stomates.*

D'abord accumulée dans les lacunes et méats sous-stomatiques, la vapeur d'eau s'échappe ensuite par les ostioles des stomates.

Il y a aussi émission d'eau, en dehors des stomates, *par la cuticule même* des cellules épidermiques.

Le rapport de l'émission d'eau par la feuille est, en général, de 1 sur la face supérieure dépourvue de stomates, à 4 sur la face inférieure munie de stomates.

Mais, sur la face inférieure même, le dégagement n'est pas mathématiquement proportionnel au nombre des stomates.

La *transpiration proprement dite* ne s'opère pas de la même manière que la chlorovaporisation ; elle s'effectue *par toute la surface du corps de la plante.*

CAUSES DE LA CHLOROVAPORISATION
INFLUENCE DE LA RÉFRANGIBILITÉ DES RADIATIONS

Examinons quelles sont les *causes de la chlorovaporisation,* et recherchons d'abord quelle est l'influence sur elle de la *réfrangibilité des radiations.*

Pour le voir, il suffit de mettre les plantes dans les diverses régions du spectre solaire.

On constate qu'il y a dans le spectre, deux régions actives, l'une étant située entre les raies B et C, l'autre, large, placée entre les raies F et G.

Ce sont les radiations *les plus froides* qui vaporisent le mieux.

Il y a donc à ce point de vue une sorte d'antinomie entre la chaleur et la chlorovaporisation.

Le phénomène n'est plus le même que dans la décomposition du gaz carbonique.

INFLUENCE DE L'INTENSITÉ DES RADIATIONS SUR LA CHLOROVAPORISATION

L'intensité des radiations actives agit dans la chlorovaporisation.

Pour *chlorovaporiser,* il faut *plus de lumière* que pour *verdir.*

La chlorovaporisation commence plus tôt que la décomposition de l'acide carbonique.

Elle croît avec l'*intensité lumineuse ;* ainsi elle augmente quand on porte la plante de la lumière diffuse au plein soleil.

Elle cesse immédiatement à l'obscurité. Ce n'est donc pas un *phénomène d'induction* comme celui de la *formation de la chlorophylle.*

INFLUENCE DE LA NATURE DU MEMBRE DE LA PLANTE ET DE L'AGE SUR LA CHLOROVAPORISATION

La *nature du membre de la plante et son âge* influent sur la chlorovaporisation ; ainsi, une feuille chlorovaporise plus qu'une tige ou une racine aérienne ; il y a, pour tout membre de la plante, un âge où le phénomène est maximum.

CONSÉQUENCES DE LA CHLOROVAPORISATION

La chlorovaporisation cesse chaque soir avec la lumière.

Les conséquences sont importantes pour la plante.

Pendant la nuit, *la plante se remplit d'eau ;* la turgescence, ou la pression osmotique, devient de plus en plus grande.

S'il y a, comme chez les légumineuses, un renflement parenchymateux à la base des feuilles, l'eau afflue dans ce parenchyme.

Les mouvements de redressement ou d'abaissement des feuilles se produisent ainsi. Ce sont les *mouvements nyctitropiques.* Le redressement donne la position de *veille,* le repli la position de *sommeil* des feuilles.

Les faits d'*échappement* et de *perlement* d'eau, qui tombe en gouttelettes des feuilles, sont également dus à la cessation de la chlorovaporisation pendant la nuit.

L'exsudation d'eau par les stomates aquifères, toujours ouverts, est un fait souvent observé.

Il peut y avoir aussi des *suintements d'eau* directement par l'épiderme, sans l'intervention des stomates.

Dans les *nectaires,* le nectar est exsudé directement par les cellules.

L'eau émise par la plante semble perdue pour elle. Il n'en est pas toujours ainsi. Souvent elle reprend cette eau au moyen de ses racines. *Elle boit ses pleurs.* Il en est ainsi pour certaines plantes des régions désertiques.

Si l'on observe les plantes croissant sur les rochers, on constate que certaines d'entre elles portent des sortes d'urnes ou *ascidies,* qui renferment l'eau dégagée par le végétal.

Cette eau est conservée dans l'ascidie pendant la nuit et reprise le lendemain matin par la circulation.

Les insectes peuvent tomber dans l'eau contenue par ces ascidies, s'y noyer, et y être digérés par les bactéries. Mais la plante, loin d'en tirer un aliment quelconque, peut en souffrir. Il n'y a *pas de plantes carnivores* au sens où on l'entendait autrefois.

RÉVERSIBILITÉ DES FONCTIONS CHLOROPHYLLIENNES

Observons qu'il y a *réversibilité des fonctions chlorophylliennes.*

Mise dans l'eau, la plante *ne chlorovaporise pas.* Alors l'*assimilation du carbone* est plus forte que dans la plante hors de l'eau. Les rayons *chlorovaporisateurs* peuvent donc être employés à la *décomposition du gaz carbonique.*

D'autre part, si l'on met la plante dans *un milieu dépourvu d'acide carbonique, la chlorovaporisation* est *plus considérable* que dans un milieu contenant de l'acide carbonique.

2° MOUVEMENT DE LA SÈVE

Le transport des gaz dans la plante s'effectue principalement par les méats des cellules et par les chambres sous-stomatiques. La face inférieure des feuilles contient de nombreuses lacunes où se constitue une sorte d'atmosphère interne. Chez les plantes submergées, on ne trouve ni méats ni stomates, mais des *canaux aérifères,* qui contiennent les gaz.

Examinons comment circulent dans les végétaux les *liquides* constituant la *sève.*

a) Courant ascendant de la sève

COURANT ASCENDANT LOCALISÉ DANS L'AUBIER

Les liquides du sol sont absorbés par la région pilifère et l'extrémité des racines, et se dirigent vers les feuilles.

Ces liquides constituent la *sève brute* ou *sève ascendante*.

Des poils radicaux le passage a lieu à travers les tissus de l'écorce, lentement, par voie d'osmose.

Chez le jeune plant, les liquides arrivent ainsi aux faisceaux ligneux, dans les tubes spiralés, annelés, réticulés, ponctués, dans les vaisseaux à cloisons ou *discontinus* et dans les vaisseaux ouverts ou *continus* (vaisseaux parfaits).

La sève monte dans les faisceaux ligneux de la jeune tige et va jusque dans les feuilles.

Les derniers faisceaux libéro-ligneux des feuilles se réduisent, en général, à un seul vaisseau et un seul tube criblé, qui contiennent la sève arrivée à l'extrémité de son trajet ascendant.

Si l'on examine, non plus une jeune plante, mais un arbre, dans quelle région est localisé le courant ascendant?

Enlevons autour du tronc, sur une hauteur de quelques centimètres, l'écorce et le liber, jusqu'au bois.

Les feuilles continuent à rester, pendant un certain temps, aussi fraîches qu'avant l'opération.

C'est donc *par le bois* que s'effectue le *courant ascendant* de la sève.

Si l'on approfondit l'incision annulaire en enlevant les *couches de l'aubier*, les feuilles ne tardent pas à se flétrir.

La cause en est que le bois âgé n'a plus de pouvoir conducteur, et que *ce pouvoir conducteur est localisé dans l'aubier*, quelquefois même seulement dans les couches les plus extérieures de cet aubier.

Dans les essences sans aubier apparent, ce sont les couches les plus externes du bois qui sont conductrices de la sève ascendante.

ÉLÉMENTS CONDUCTEURS

Les *vaisseaux* sont les éléments *conducteurs ;* on le prouve de la manière suivante :

Si on les obstrue au moyen de paraffine, le courant ascendant est arrêté et le végétal se flétrit.

Si l'on trempe dans l'eau contenant de l'éosine la base inférieure d'une branche coupée, on voit que l'éosine se dépose non pas dans l'épaisseur des parois, mais seulement *dans la cavité même des vaisseaux.*

Quand il s'agit de *vaisseaux fermés,* on constate, au moyen d'une solution d'éosine, que le liquide passe d'un vaisseau à l'autre *par les ponctuations.*

Il en est ainsi notamment pour les *vaisseaux aréolés des résineux.*

ROLE DES BULLES D'AIR

Si nous prenons un tube capillaire de 1 mètre de longueur environ, nous pouvons y faire passer facilement un courant d'eau par aspiration à l'une de ses extrémités.

Mais si, avec le doigt couvert d'un linge mouillé, nous fermons et ouvrons alternativement l'extrémité opposée à celle de l'aspiration, nous introduisons dans ce tube *une série de bulles d'air,* séparées par de petites colonnes d'eau, et *le courant se ralentit.*

Dans le bois, les vaisseaux contiennent normalement des bulles d'air ; le mouvement de circulation du liquide y est donc entravé, d'autant plus que les bulles y sont plus nombreuses. On conçoit que si, dans un vaisseau ouvert, la colonne liquide est entrecoupée d'un nombre suffisant de bulles d'air, le mouvement de descente de l'eau sera arrêté et la colonne reste comme suspendue sans exercer de pression sur la base du vaisseau ; le poids de la colonne d'eau est complètement supporté par les parois du vaisseau.

Cette considération est vraie pour les vaisseaux fermés comme pour les vaisseaux ouverts.

Dans la tige, les parties inférieures du liquide ne subissent pas des pressions plus grandes que les parties supérieures.

PRESSIONS A L'INTÉRIEUR DU BOIS

On mesure les pressions à l'intérieur du bois à l'aide d'un manomètre à air libre à mercure, dont on enfonce l'extrémité horizontale dans *la région de l'aubier où circule la sève* (fig. 138).

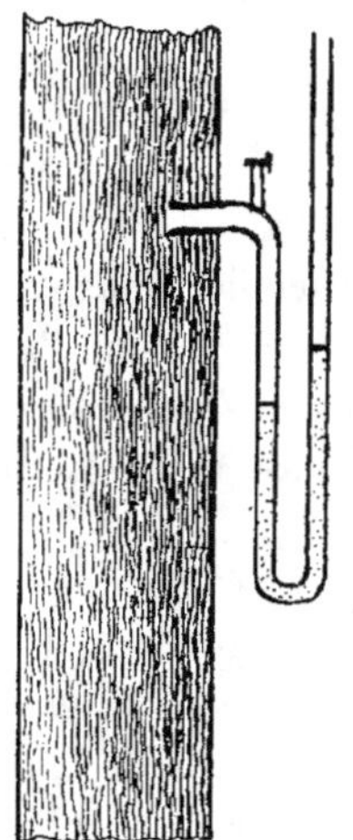

Fig. 138. — Mesure de la pression à l'intérieur d'un arbre au moyen d'un manomètre.

On constate qu'*en été* il y a en général *inspiration,* et le manomètre indique une pression interne inférieure à la pression atmosphérique.

En hiver, au contraire, avant l'éclosion des bourgeons, la pression dans le bois est *supérieure à la pression atmosphérique.*

TRANSMISSION DES PRESSIONS DANS LE BOIS

On observe que les changements de pression dans le bois ne peuvent se transmettre que *lentement et partiellement,* en raison de la présence des bulles d'air.

On comprend donc que la pression intérieure du bois n'est *nullement en relation avec la hauteur au-dessus du sol.*

Les variations de pression sont dues à *des causes locales* et n'ont aucun rapport *avec la hauteur de la colonne d'eau contenue dans le bois.*

Le poids de la colonne de liquide est supporté par le squelette solide de la plante.

Les masses liquides contenues dans un vaisseau sont comme *accrochées* à la tige rigide qui supporte tout leur poids.

VITESSE DU COURANT

Pour mesurer la vitesse du courant, on plonge la base d'une branche feuillée dans une solution d'éosine ; et, au bout d'intervalles de temps successifs, on fait des coupes dans cette branche, pour voir les hauteurs diverses atteintes par le liquide coloré. On peut encore faire absorber à la plante une solution de 2 °/₀ de nitrate de lithium, qui colore une flamme en rouge, et rechercher ce lithium dans le bois en brûlant des rondelles de plus en plus éloignées de la base.

On trouve que la vitesse du courant varie de $0^m 50$ à 3 mètres par heure. Quand la transpiration cesse, elle se réduit à $0^m 01$ environ.

MÉCANISME DE LA CIRCULATION

Les feuilles aspirent l'eau.

On le prouve en mastiquant une branche feuillée dans un tube en U, qui renferme du mercure, avec de l'eau remplissant l'espace situé entre la section de la branche et la surface du mercure.

A la lumière, le niveau du mercure s'abaisse dans la branche libre du tube en U.

L'émission de vapeur d'eau par les feuilles (*transpiration* et *chlorovaporisation*) produit une *diminution de pression* à l'intérieur des vaisseaux. En effet, le suc cellulaire se concentre ; la cellule, pour rétablir l'équilibre, puise de l'eau dans les vaisseaux du bois, où la pression devient moindre. Mais la pression, se transmettant lentement et à peu de distance dans les plantes, cette diminution de pression dans les vaisseaux s'atténue vite et disparaît à peu de distance de la feuille, si aucune autre cause ne vient la maintenir.

Si l'on coupe une tige et que l'on mette la surface de sa section de base en communication avec un manomètre à air libre, en opérant au printemps, avant l'éclosion des bourgeons, la sève s'écoule par cette section et vient exercer une pression sur la surface du mercure ; elle le fait monter dans la branche libre du manomètre ; on a ainsi la mesure de ce qu'on appelle la *poussée des racines*.

Cette poussée varie suivant les plantes et les saisons ; elle est très forte dans la vigne, l'érable à sucre, le bouleau ; pour ce dernier, elle peut être équivalente à 139 centimètres de mercure, presque deux atmosphères.

Quand les feuilles sont développées, la poussée des racines

disparaît et peut même devenir négative ; *la pression à l'intérieur de la plante* est alors *inférieure à la pression atmosphérique*.

La poussée des racines s'explique par ce fait que le pouvoir osmotique du liquide contenu dans les vaisseaux du bois est supérieur, spécialement au printemps, au pouvoir osmotique du liquide du sol. Au printemps, la sève renfermée dans les vaisseaux est chargée de matières dissoutes.

La poussée par les racines, de même que l'aspiration par les feuilles, peut donc contribuer à l'ascension de la sève ; mais, en raison des lois de transmission des pressions dans le bois, cette poussée ne peut se transmettre bien loin. D'autant que c'est en été, au moment où la circulation est la plus active, que la poussée est la plus faible, et peut même être négative. Cette poussée ne peut donc, seule, expliquer l'ascension de la sève.

Ce sont les cellules vivantes du bois qui jouent le rôle principal dans l'ascension de la sève.

Prenons, en effet, une cellule voisine d'un vaisseau, et située *assez près d'une feuille* pour que la pression du vaisseau voisin soit diminuée par suite de la *transpiration*.

Le vide partiel produit dans le vaisseau fait sortir une petite quantité d'eau de la cellule. Sa turgescence diminue. Elle emprunte de l'eau aux cellules situées au-dessous d'elle, et qui à leur tour ont une diminution de turgescence. L'eau passe des autres vaisseaux dans ces cellules, et ainsi de suite de bas en haut de la tige.

Le mouvement ascensionnel de la sève s'établit donc sans qu'il y ait de courant continu dans les vaisseaux.

Le mécanisme est analogue dans le phénomène de la *poussée des racines*.

Par le fait du pouvoir osmotique, un peu de liquide du sol entre dans une cellule absorbante de la racine. Cette cellule renvoie une partie de son liquide dans les éléments voisins, et en particulier dans les cellules supérieures dont la turgescence est moindre.

L'augmentation de turgescence se propage ainsi de bas en haut.

Une partie de l'eau des cellules passe alors dans les vaisseaux, dont la pression est augmentée.

Le liquide s'élève ainsi sous l'influence de la *poussée des racines*, comme sous l'action de la *transpiration*.

C'est donc le pouvoir osmotique des cellules vivantes qui produit l'ascension de la sève.

« L'émission de vapeur d'eau par les feuilles produit l'effet d'une *pompe aspirante*, qui ne fait sentir son action qu'à une faible distance dans la tige. L'absorption par les racines produit l'effet d'une pompe foulante qui ne lance l'eau qu'à une faible hauteur. » (LECLERC DU SABLON.)

Le courant, dans le végétal, s'établit du point où la pression est la plus forte au point où elle est la plus faible.

La *transpiration* et la *poussée des racines* agissent seulement en établissant des différences de pression et en accélérant le courant.

COMPOSITION DE LA SÈVE ASCENDANTE

La composition de la sève brute ou ascendante varie suivant les plantes et suivant les saisons. Elle contient de *l'eau*, des *matières organiques*, des *matières minérales*, des *ferments*.

Les matières organiques proviennent de la digestion des réserves accumulées dans la tige ou la racine.

La sève de certains végétaux contient beaucoup de *sucre*. Telle est, par exemple, la sève de l'érable à sucre du Canada, qui contient jusqu'à 3,57 $^{\circ}/_{\circ}$ de saccharose.

Divers palmiers, tels que le cocotier, le sagoutier, le raphia, émettent, par la section de leur inflorescence, une sève sucrée donnant, par la fermentation, le *vin de palme*.

b) Courant descendant de la sève

La *sève brute ou ascendante* arrive dans les feuilles par les faisceaux ligneux. Là elle assimile le carbone du gaz carbonique de l'air ainsi que l'oxygène, et se transforme en *sève élaborée ou descendante*. Elle est ensuite transportée vers la base de la feuille par le liber ; elle regagne la tige toujours par les tubes criblés du liber, et revient à la racine.

Pour la sève élaborée, quelle est la force qui détermine sa marche ?

C'est *l'aspiration au lieu d'emploi.*

Une partie se dirige en haut vers le bourgeon terminal, pour sa constitution et son développement.

L'autre partie s'oriente en bas pour aller nourrir la racine.

Le *mouvement descendant* est *prédominant.*

Tout ceci constitue le *transport primaire* de la sève élaborée.

Dans les arbres et arbustes, il existe un *transport secondaire* par les nouveaux vaisseaux et les nouveaux tubes criblés des *formations secondaires.*

Le transport secondaire de la sève élaborée est effectué par le liber secondaire, compris dans l'écorce des arbres.

D — *FORMATION DES RÉSERVES ET SÉCRÉTIONS*

La formation des *réserves* et *sécrétions* est sous la dépendance de la circulation dans le végétal.

La synthèse des éléments dans la plante est progressive à partir des *hydrates de carbone.*

Dans la nature, les synthèses ont lieu, non d'une manière continue, mais *par échelons.*

Un corps est formé, puis disparaît, et un nouveau corps se dépose.

A chaque degré de la synthèse, il y a *une mise en dépôt.*

Les *réserves* sont les dépôts ainsi constitués, et *destinés à être utilisés* par la plante.

Les *sécrétions* sont les dépôts des corps devenus *inutiles ou nuisibles.*

a) Réserves

Parmi les réserves, on peut trouver des *corps simples* et des *corps composés.*

L'oxygène est *un corps simple de réserve,* qui s'accumule dans les lacunes végétales, à la suite de la décomposition du gaz carbonique de l'air. Il est employé, pendant la nuit spécialement, pour l'*oxydation du protoplasme*.

Le *soufre*, chez les bactériacées des eaux sulfureuses par exemple, est encore un *corps simple de réserve*, qui se dépose dans le protoplasme.

Ce sont les *corps composés* qui constituent généralement les plus importantes substances de réserve.

L'*eau*, dans les hydroleucites, doit être considérée comme une matière de réserve.

Mais les principaux corps composés de réserve sont l'*amidon* et le *glucose*.

L'AMIDON

Nous avons étudié précédemment l'amidon. C'est la substance de réserve la plus répandue, *spécialement dans l'arbre*. C'est aussi un des premiers produits de l'assimilation chlorophylienne. On le trouve dans la plante *à l'état solide* sous forme de *grains*, de $0^{mm}002$ à $0^{mm}185$ de diamètre (fig. 11, p. 12).

Rappelons que, chimiquement, l'amidon se reconnaît par sa propriété de se colorer *en bleu sous l'action de l'iode* en présence de l'eau.

L'*amiloïde* est une forme d'amidon *en solution dans le proto-plasme du bacille amylobacter et du spirille amylifère*.

L'*amylodextrine* se présente, dans les cellules végétales, sous forme de grains colorables par l'iode *en brun*, et *non en bleu*.

Le *paramylon* de l'euglène diffère de l'amidon en ce qu'il n'est *pas colorable par l'iode*.

LA CELLULOSE

La *cellulose* constitue une *importante matière de réserve dans les membranes de certaines cellules*. Il en est ainsi dans les cellules de l'albumen du *dattier* et du *caféier*. Elle contribue alors à la nutrition des embryons.

La cellulose comprend un certain nombre d'hydrates de carbone, plus ou moins mélangés, et imprégnés de *matières pec-*

tiques. Certaines membranes contiennent de la *mannane,* de la *galactane,* de la *xylane,* de l'*arabane.*

La cellulose des *éléments de soutien,* tels que les *fibres,* peut jouer le rôle de matière de réserve. Ainsi les fibres du bois de saule ou de vigne deviennent très épaisses à l'automne; au printemps la partie interne de la paroi se dissout et sert d'*aliment à la plante* (fig. 139).

Même quand l'épaisseur des fibres du bois ne varie pas, leur cellulose peut jouer le rôle de réserve. En effet, dans beaucoup

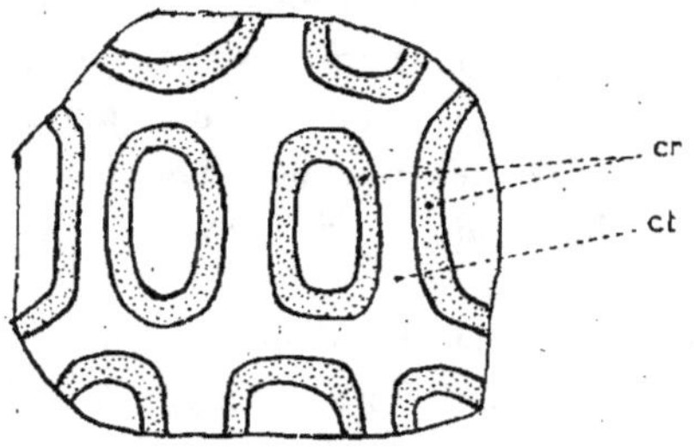

Fig. 139. — Coupe transversale de fibres ligneuses
de saule en automne.

cr cellulose de réserve.   *ct* cellulose de soutien.

d'arbres, une partie de la cellulose est transformable en *glucose.*

Il y a donc dans les parois cellulaires une *cellulose de réserve,* et une *cellulose de soutien.*

L'INULINE

L'inuline est isomère de l'amidon, et cristallise en sphéro-cristaux, déviant *à gauche* le plan de polarisation de la lumière (fig. 13, p. 15).

Elle est dissoute dans le suc cellulaire; mais en traitant les organes végétaux, pendant quelques jours, par l'alcool à 90° qui leur enlève de l'eau, on obtient les sphéro-cristaux d'inuline, constitués par de petits prismes rayonnant autour d'un centre.

L'inuline, chauffée en présence d'acides étendus, se transforme par hydratation en *lévulose* directement assimilable.

LES SUCRES

1° *Glucoses.* — Les glucoses ($C^6H^{12}O^6$) sont très répandus dans les végétaux. On les trouve dans les feuilles, les tiges, les racines, et surtout dans les fruits doux. Ils réduisent la liqueur de Fehling (tartrate de potasse et de cuivre), en donnant un *précipité rouge d'oxydule de cuivre.*

Dans le suc cellulaire, les divers glucoses sont généralement à l'état de mélanges ; ils sont tous très solubles dans l'eau.

Le *dextrose* est le plus commun des glucoses. On le trouve dans toute la plante, généralement dans les organes contenant de l'amidon. Il dévie à droite, d'environ 50°, le plan de polarisation de la lumière.

Le *lévulose* dévie à gauche, d'environ 100°, le plan de polarisation. Par l'évaporation, il cristallise *après le dextrose ;* c'est ce qui permet de le séparer.

Le *galactose* se rencontre par exemple dans les graines de lupin et de luzerne ; il dévie à droite, d'environ 83°, le plan de polarisation.

Le *mannose,* extrait, par les acides, de certains albumens cornés, tels que celui du dattier et du caroubier, se distingue du galactose parce qu'il ne cristallise pas et a un pouvoir rotatoire moindre.

Le *sorbose,* extrait des fruits du sorbier fermentés, dévie à gauche, d'environ 43°, le plan de polarisation.

2° *Saccharoses.* — Le saccharose ou *sucre de canne* ($C^{12}H^{22}O^{11}$) est extrait de la canne à sucre ou de la betterave. C'est le *sucre commun.*

Il se distingue des glucoses en ce qu'il cristallise facilement, dévie à droite d'environ 66° le plan de polarisation, et *ne réduit pas la liqueur de Fehling.*

Chauffé avec un acide étendu, le saccharose se décompose

par hydrolyse; une molécule de saccharose fixe une molécule d'eau et donne une molécule de dextrose et une molécule de lévulose :

$$C^{12}H^{22}O^{11} + H^2O = C^6H^{12}O^6 + C^6H^{12}O^6$$
$$\text{saccharose} + \text{eau} = \text{dextrose} + \text{lévulose}$$

Dans le végétal vivant la réaction a lieu sous l'action d'un ferment soluble appelé *invertine* ou *sucrase*.

Le saccharose est ainsi transformé en glucose assimilable.

Le *maltose* diffère du saccharose proprement dit par son pouvoir rotatoire plus élevé (140°) et par le fait *qu'il réduit la liqueur de Fehling*. C'est un produit de la désagrégation de l'amidon par les acides étendus ou par un ferment soluble.

Par les acides étendus, le maltose ne donne que du *dextrose :*

$$C^{12}H^{22}O^{11} + H^2O = 2\ (C^6H^{12}O^6)$$
$$\text{maltose} + \text{eau} = \text{dextrose}$$

Le maltose se trouve dans certaines feuilles vertes, comme celles de la capucine, et paraît être un des premiers produits de l'assimilation du carbone.

Le *lactose,* ou sucre de lait, a été rencontré dans les fruits du sapotillier (*Achras sapota*). Il réduit le Fehling comme le dextrose. Par les acides, il se décompose en galactose et dextrose avec fixation d'une molécule d'eau.

Le *tréhalose* a été extrait de divers champignons, notamment de l'*Agaricus muscarius*, le *mélézitose* de l'exsudation du mélèze appelée *manne de Briançon*. Ces deux sucres sont sans action sur la liqueur de Fehling, et se transforment en dextrose sous l'influence des acides.

Le *stachyose*, extrait des *stachys*, et le *raffinose* retiré du jus de la betterave, sont des sucres à molécule plus condensée que celle du saccharose.

CORPS GRAS

Dans la cellule vivante, les corps gras sont à l'état de gouttelettes; on les colore en *rouge brun* par la *teinture d'orcanette*, en rouge par le *rouge Sudan,* en *noir* par l'*acide osmique*.

Les corps gras, formés de carbone, d'hydrogène et d'oxygène, résultent de la combinaison de la *glycérine* avec un ou plusieurs *acides gras*.

La *saponification* est le dédoublement d'un corps gras en glycérine et acide gras. Dans la cellule vivante, la saponification est due à des diastases.

Les réserves grasses se rencontrent surtout dans les graines, soit dans l'albumen, soit dans l'embryon. L'albumen du ricin est oléagineux. Il en est de même du cotylédon du noyer, du péricarpe de l'olive, du fruit de l'*Elœis guineensis,* qui donne l'huile de palme. La tige du *Cyperus esculentus* contient une réserve oléagineuse.

En étudiant la germination des graines oléagineuses, on constate que, pendant la décomposition de l'huile, il y a mise en liberté partielle des acides gras, et formation de *saccharose,* puis de *glucose assimilable*.

Le résultat final est le même que dans la décomposition de l'amidon. Les corps gras et les hydrates de carbone peuvent donc *se remplacer* en proportions diverses pour constituer l'*ensemble de la réserve non azotée des graines*.

Le sucre élaboré dans les feuilles se transforme dans la graine, par des réactions exothermiques, soit en matières amylacées ou cellulosiques, soit en matières grasses.

CORPS AZOTÉS

Parmi les corps azotés de réserve, on trouve des *amides,* comme l'*asparagine,* et des *matières albuminoïdes* contenant du soufre et du phosphore.

Les matières albuminoïdes sont colloïdes, coagulables par la chaleur, reconnaissables dans les cellules en ce qu'elles se colorent en jaune par l'iode, et sont précipitées en rouge par le nitrate acide de mercure.

Le protoplasme est composé en majeure partie de matières albuminoïdes.

Dans les graines *les substances albuminoïdes* sont *des matières de réserve,* puisqu'elles donnent l'alimentation azotée nécessaire à la constitution du protoplasme dans les jeunes plants.

Le plus souvent, dans ces graines, les albuminoïdes de réserve prennent la forme de *grains d'aleurone.*

Ils sont visibles dans l'albumen du ricin en petits granules de 5 millimètres de longueur environ, comprenant, chacun, deux petites enclaves, l'une arrondie appelée *globoïde,* l'autre à contours géométriques appelée *cristalloïde* (fig. 12, p. 13).

Le globoïde a, dans sa constitution, de l'acide phosphorique, de la magnésie, de la chaux.

Le cristalloïde est une substance albuminoïde cristallisée dans le système cubique ; contrairement aux vrais cristaux, ses arêtes sont parfois émoussées, et il se gonfle en absorbant l'eau.

On rencontre des grains d'aleurone dans l'albumen ou les cotylédons de presque toutes les graines.

Il en est qui ne contiennent aucune enclave. D'autres n'ont qu'une seule sorte d'enclave. Certains renferment un cristal d'oxalate de calcium, seul ou bien en compagnie soit d'un globoïde soit d'un cristalloïde.

Les grains d'aleurone n'apparaissent dans les graines qu'à l'instant de *leur maturité.* Ce sont des *vacuoles desséchées.* L'enveloppe des grains correspond à la paroi de la vacuole. Les enclaves sont les substances primitivement dissoutes dans le suc cellulaire et précipitées *au moment de la dessiccation.*

Au cours de la germination, les albuminoïdes diminuent, alors que les amides et l'asparagine augmentent.

L'asparagine est produite par la digestion des albuminoïdes, et s'accumule à l'obscurité dans les tissus de la plante jeune.

A la lumière, les albuminoïdes augmentent tandis que l'asparagine et les amides diminuent. L'asparagine est une *forme de passage de la matière azotée.*

Les albuminoïdes des graines se changent en *asparagine cristalloïde,* qui circule dans la plante et va redonner des albuminoïdes dans les divers organes.

A l'obscurité, l'asparagine, ne pouvant revenir à l'état d'albuminoïde, s'accumule dans les tissus.

Dans les plantules à la lumière, on voit, au contraire, peu d'asparagine, parce que les albuminoïdes se régénèrent.

Dans la plupart des plantes développées à l'obscurité *aux dépens des réserves,* spécialement dans les jeunes pousses d'asperge, on constate de *l'asparagine.*

Les hydrates de carbone, produits par l'assimilation, jouent un rôle dans la transformation de l'asparagine en albuminoïde. En effet, si l'on prive de gaz carbonique une plante verte exposée à la lumière, *l'asparagine s'accumule dans les tissus.*

D'autre part, s'il y a dans un végétal une abondante quantité d'hydrates de carbone, comme les sucres dans les bulbes d'oignon, l'asparagine peut revenir à l'état d'albuminoïde même à l'obscurité.

Dans le développement du végétal, il y a *formation d'albumi-noïdes,* synthèse normale dans les feuilles vertes, où les matériaux sont fournis par les racines absorbant les nitrates et par l'assimilation chlorophyllienne.

LIEUX DE DÉPÔT DES RÉSERVES

On distingue :

Les *réserves transitoires,* qui se placent dans le protoplasme, dans les chloroleucites ;

Les *réserves durables,* dont une portion est de suite utilisée et une autre mise de côté pendant un temps plus ou moins long.

La plante peut les déposer *uniformément dans toutes ses parties, dans les parenchymes.* Il en est ainsi des matières de réserve qu'on trouve *dans le bois et le liber secondaires des arbres et dans leur moelle.*

La plante peut déposer les réserves dans des régions déterminées, qui constituent des *réservoirs nutritifs;* il y a ainsi *localisation de la réserve durable.*

Les *réservoirs nutritifs* sont des plus variés. Les racines, les tiges, les feuilles peuvent servir de réservoirs. Ceux de la ficaire sont constitués, par la racine primaire, à la base d'un bourgeon ; c'est l'écorce qui s'hypertrophie. Dans l'asphodèle, c'est la

moelle. Dans les orchidées, par exemple chez l'ophrys, le tuber-
cule est formé de plusieurs racines concrescentes par leur écorce.
Dans la betterave et la carotte, ce sont les éléments secondaires
de la racine qui deviennent réservoirs nutritifs.

Les tubercules peuvent être constitués par des renflements de
la *tige*. Dans la pomme de terre, c'est la moelle qui se renfle ;
chez les cactées, c'est l'écorce ; le *liber et le bois secondaires*
peuvent jouer le même rôle.

Les *feuilles peuvent* également s'hypertrophier ; il en est ainsi
pour les bulbes d'oignon, pour les écailles imbriquées du lis.

Les réservoirs nutritifs peuvent être des organes reproducteurs, par exemple les *graines*.

Les *cotylédons* peuvent renfermer la réserve ; il en est de même
de l'*albumen ;* et on distingue des *albumens farineux, oléagineux, cornés*.

L'albumen des graminées contient l'amidon de réserve.

L'albumen corné du dattier est organe de réserve.

MODE DE DISPARITION DES RÉSERVES

L'*oxygène* est utilisé directement par le protoplasme.

Le *soufre* l'est également, l'*eau* de même.

Le *gaz carbonique* pourrait, dans un certain sens, être considéré comme une matière de réserve ; c'est une substance rejetée
par le protoplasme ; mais c'est une réserve pour la chlorophylle.

Les *corps ternaires* doivent subir des modifications avant de
pouvoir être utilisés.

Le corps ternaire est attaqué par certaines substances existant
en très petites quantités dans le végétal et qu'on appelle des
diastases, produits du protoplasme.

En présence de l'eau, le corps ternaire, sous l'action de la
diastase, s'hydrate et constitue au moins *deux* corps nouveaux.

C'est une *digestion interne des réserves*.

Il y a *autant de diastases qu'il y a de réserves différentes*.

Pour la transformation du *saccharose* en lévulose et dextrose,
la diastase est l'*invertine* ou *sucrase*.

Pour la digestion de *l'amidon,* c'est d'abord *l'amylase* qui l'hydrate et le transforme en *dextrine* puis en maltose. La *maltase* intervient alors pour changer le maltose en *glucose* assimilable.

C'est *l'urase* qui transforme *l'urée* en *carbonate d'ammoniaque.*

C'est la *cellulase,* qui, par une série de transformations, rend assimilable la *cellulose.*

C'est *l'inulase,* qui agit sur *l'inuline.*

Dans le dédoublement des corps gras, la diastase active est la *lipase* ou *saponase.*

Pour la transformation des *corps albuminoïdes,* les diastases sont la *trypsine* en milieu neutre, et la *pepsine* en milieu *acide.*

Notons que *l'embryon,* dans la graine, est *vivant,* et digère lui-même ses réserves.

L'albumen oléagineux, dans le ricin, est également vivant, et se digère lui-même; étant vivant, il germe sans l'embryon.

Au contraire, *l'albumen farineux* est *mort* et ne peut ni se digérer, ni germer.

Dans le grain de blé, plusieurs diastases sont nécessaires pour la germination : *l'amylase* et la *maltase* pour la digestion de l'amidon, la *pepsine* pour l'albumen, la *cellulase* pour l'enveloppe de cellulose du grain.

UTILITÉ DE LA MISE EN RÉSERVE

La mise en réserve est un phénomène de régularisation vis-à-vis du milieu extérieur si variable.

Il y a ainsi élimination des causes de variations extérieures.

Il y a constance de l'aliment intérieur.

RÉSERVES DES ARBRES

Les *tiges et les racines des arbres* contiennent des *réserves hydrocarbonées* considérables. On y trouve de *l'amidon, des sucres,* et des *parois cellulosiques* pouvant servir d'aliments.

Pour la *cellulose,* dite de *réserve,* une ébullition d'une heure avec l'acide chlorhydrique à 10 °/₀ transforme en glucose toute la cellulose attaquable.

C'est principalement *dans le bois jeune* que ces substances de réserve des arbres sont abondantes.

Les réserves sucrées, dans les tissus des arbres, ont une très faible importance comparativement à la somme des réserves hydrocarbonées.

Des expériences faites sur le châtaignier, il résulte que les réserves de la racine diminuent lentement pendant l'hiver, puis rapidement au printemps, passent par un minimum, augmentent dans le courant de l'été, et passent par un maximum en automne un peu avant la chute des feuilles.

En effet, pendant l'hiver, l'assimilation est à peu près nulle et la consommation des réserves très faible. Au printemps, les réserves sont employées à la formation de nouvelles tiges et de nouvelles racines. En été, les feuilles vertes assimilent le carbone, et reconstituent les réserves.

Les faits sont les mêmes pour la tige que pour la racine. Cependant la proportion des réserves y est moindre que dans la racine, et il y a moins de différence entre le maximum et le minimum de ces réserves.

Les *sucres,* dans les arbres, sont en faible quantité, environ 1 à 5 °/₀ du poids sec. La quantité est minima en automne, quand la plante a peu d'activité; elle est maxima au printemps, quand il y a formation de nouveaux tissus; *les sucres sont la forme immédiatement assimilable des substances hydrocarbonées.*

L'*amidon,* dans les tissus végétaux ligneux, diminue ou même disparaît en hiver, reparaît au printemps, au moment du départ de la végétation, disparaît à la fin du printemps, se reforme et augmente pendant l'été, et passe par *un maximum en automne.*

Il y a donc pour l'amidon deux maxima, dont le principal en automne et l'autre au printemps.

En été, l'augmentation de l'amidon coïncide avec l'augmentation de l'ensemble des réserves.

En hiver, la disparition de l'amidon ne correspond qu'à une légère diminution des réserves; car, à ce moment, l'amidon se transforme en cellulose de réserve qui imprègne les parois cellulaires.

Au printemps, la réapparition de l'amidon coïncide avec une diminution des réserves, car alors la *cellulose de réserve revient à l'état d'amidon,* destiné à être transformé et assimilé.

Les substances de réserve élaborées en été par les feuilles, au moyen de l'assimilation chlorophyllienne, se rendent par les tissus libériens dans les racines. Ensuite, bien avant l'ouverture des bourgeons, ces mêmes réserves remontent dans la tige par les jeunes tissus du bois, et servent à la constitution de nouvelles pousses.

Dans l'arbre, c'est *surtout la racine,* qui joue le rôle d'organe de réserve.

Dans les arbres à feuilles persistantes, contrairement à ce qui se passe dans les arbres à feuilles *caduques, les réserves de la racine augmentent pendant l'hiver.* C'est qu'en effet l'assimilation par les feuilles continue, alors que la croissance est arrêtée.

Pendant la constitution des nouvelles pousses en mai, juin, juillet, les réserves sont consommées et la racine en possède moins.

A dater d'août, la croissance étant arrêtée, les réserves se reforment.

La période de végétation active correspond à une consommation rapide des réserves.

La principale cause de dépense des réserves est la *croissance.*

L'intensité plus grande de la respiration augmente aussi la consommation des réserves.

La température, favorisant la croissance et la respiration, agit dans le même sens pour diminuer les réserves.

Chez les arbres à *feuilles persistantes,* les réserves se constituent pendant l'automne et l'hiver; car il n'y a plus de croissance, la température diminue, et la respiration est à son minimum d'activité, alors que l'assimilation du carbone continue par les feuilles.

b) Sécrétions

En même temps que les réserves, les végétaux laissent en dépôt d'autres substances qui ne seront *jamais employées* par la plante : ce sont les *sécrétions*.

NATURE DES SÉCRÉTIONS

L'oxygène tout d'abord, qui est une *substance de réserve*, peut être aussi une *substance de sécrétion*.

Dans l'assimilation chlorophyllienne, le gaz carbonique est décomposé en carbone qui est fixé par la plante, et en oxygène ; une fraction de cet oxygène est retenue par le protoplasme *comme réserve ;* la majeure partie est rejetée dans l'atmosphère *comme sécrétion*.

L'acide carbonique est aussi en partie une *sécrétion*. Il est *sécrétion en dehors de l'action de la lumière*.

L'eau est encore un produit de *réserve et de sécrétion*. Ainsi les gouttelettes d'eau provenant de l'exsudation sont des sécrétions ; il en est de même du nectar.

Les *carbures d'hydrogène* sont parmi les produits de sécrétion. Il en est ainsi du *caoutchouc*, des *huiles essentielles ou essences*, des *oléorésines*, des *résines*, des *baumes*.

Les *hydrates de carbone* comprennent souvent, comme matière de sécrétion, la *cellulose*. Elle est telle dans la membrane moyenne des cellules, dans les *cystolithes*, dans les fibres du bois imprégnées de lignine, dans la cutine, dans la subérine.

Les *gommes et mucilages* sont des hydrates de carbone de sécrétion.

L'amidon est matière de sécrétion dans les tubes laticifères.

Les *sucres* le sont dans les fruits sucrés.

Les *corps gras* le sont également dans le péricarpe de l'olive.

Les *acides végétaux*, tels que l'acide oxalique par exemple, sont des sécrétions. L'acide oxalique constitue des cristaux d'*oxalate de calcium*, disposés soit en masses arrondies (*oursins*), soit en groupes d'aiguilles (*raphides*).

Les *alcalis végétaux* comme la quinine, la solanine, la morphine, sont des sécrétions.

Les *glucosides*, qui, en s'hydratant fournissent des glucoses, offrent de nombreuses substances de sécrétion, parmi lesquelles on compte surtout le **tanin**, particulièrement chez les végétaux ligneux.

Les tanins donnent dans l'eau une solution colloïde ; ils ont une saveur astringente ; ils produisent un *précipité noir avec les sels ferriques, brun avec le bichromate de potassium ;* ils précipitent l'albumine, la gélatine et la plupart des alcaloïdes.

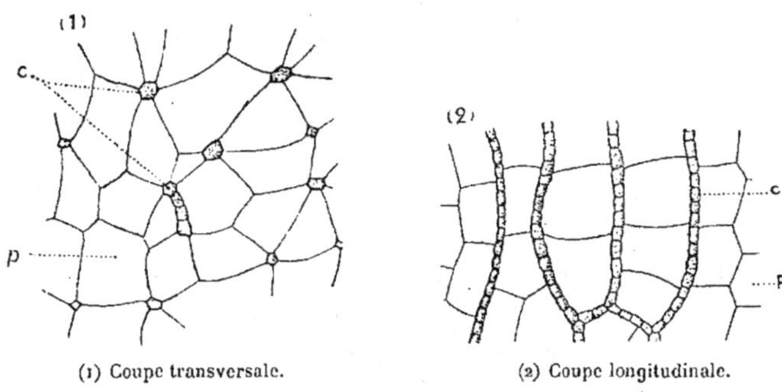

(1) Coupe transversale. (2) Coupe longitudinale.

Fig. 140. — Cellules secrétrices à tanin de la moelle du rosier.

c cellules sécrétrices. *p* parenchyme.

Beaucoup de plantes et beaucoup d'organes végétaux contiennent du tanin.

Les noix de galle du chêne en ont parfois plus de 5o °/₀ de leur poids en matière sèche.

Le tanin abonde aussi *dans les écorces des tiges ;* l'écorce de l'arbousier en renferme 36 °/₀ de son poids sec, l'écorce de chêne environ 10 °/₀, les feuilles de thé 10 à 12 °/₀.

Le tanin est souvent localisé dans des *cellules sécrétrices spéciales.* Dans l'écorce ou la moelle de certaines légumineuses et rosacées, on trouve ces cellules à tanin disposées en files ou en réseaux (fig. 140).

Le tanin augmente dans les feuilles éclairées et diminue dans les feuilles étiolées ; il s'accumule dans le vieux bois de certaines essences, telles que le mûrier.

Sous l'action d'un ferment, le tanin se dédouble en glucose assimilable et acide gallique ; et, dans cette circonstance, il semble pouvoir se comporter comme *matière de réserve*.

L'écorce du chêne, réduite en une poudre appelée *tan*, rend les peaux imputrescibles en précipitant les matières albuminoïdes par le tanin.

La *résine* est aussi un produit de sécrétion qui caractérise le sous-embranchement des gymnospermes ; elle s'accumule dans des *canaux résinifères* et constitue un produit des plus importants, dans les forêts de pins maritimes spécialement (fig. 144).

LOCALISATION DES SECRÉTIONS

Les lieux de dépôt des sécrétions sont variables. On peut les trouver dans des cellules vivantes, cellules solitaires, souvent peu différenciées par leur forme.

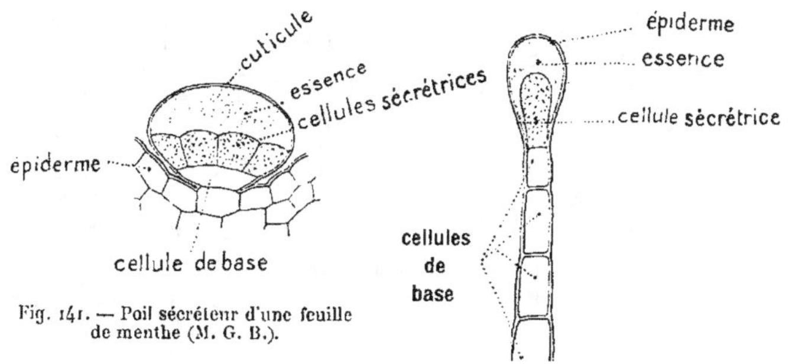

Fig. 141. — Poil sécréteur d'une feuille de menthe (M. G. B.).

Fig. 142. — Poil sécréteur de ciste (M. G. B.).

On les rencontre dans l'épiderme moins fréquemment que dans les tissus profonds.

Les substances sécrétées et leurs diastases peuvent appartenir à des cellules différentes.

Il en est ainsi du *myronate de potasse* et de la *myrosine,* de *l'amygdaline* et de *l'émulsine*. En écrasant les tissus végétaux,

les substances sécrétées sont mises en présence de leurs diastases,
et les réactions chimiques ont lieu.

Ainsi le myronate de potasse et la myrosine donnent du *sulfo-cyanure d'allyle ;* l'amygdaline et l'émulsine produisent de l'*acide cyanhydrique.*

Il n'est même pas besoin d'écraser les tissus. Diverses méthodes permettent d'obtenir la réaction sans écrasement des cellules. Telle est la *plasmolyse.* La plasmolyse, en contractant le contenu des cellules, établit un chemin qui conduit la diastase à la substance sécrétée.

Les poils appelés *poils sécréteurs* sont des cellules périphériques qui émettent des sécrétions (fig. 141 et 142).

Les *cellules à raphides* sont des cellules sécrétrices profondes et bien différenciées, renfermant, sous forme d'aiguilles cristallines, les substances sécrétées.

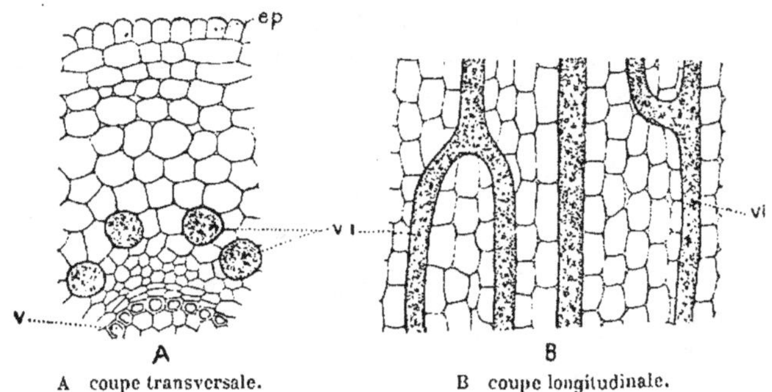

A coupe transversale.   B coupe longitudinale.

Fig. 143. — Vaisseaux laticifères d'euphorbe.

vl vaisseaux laticifères.   *ep* épiderme.   *v* vaisseaux ordinaires.

Les sécrétions peuvent se rencontrer dans des *files de cellules ;* et, dans ces files, les cloisons peuvent se détruire : on a alors un *symplaste.* Il en est ainsi dans la chélidoine, dans l'hevea.

Il peut se constituer un *réseau sécrétant,* comme celui des *cellules à tanin des rosacées* (fig. 140).

Dans ce réseau sécrétant, les cloisons des cellules peuvent également disparaître, par exemple dans les *liguliflores.*

Les cellules sécrétrices peuvent être disposées sur un plan et constituer des lames cellulaires, ces lames peuvent envelopper une cavité.

Chez les *myrtacées,* il y a de véritables *poches sécrétrices.*

Chez les euphorbes, les mûriers, les pervenches, la région sécrétrice est formée par de grands tubes rameux qui contiennent de nombreux noyaux; ce sont des *articles sécréteurs* remplis de latex, dans lequel on distingue des grains d'amidon en quantité (fig. 143).

Chez les *arbres résineux,* on trouve des canaux sécréteurs de la résine ou *canaux résinifères* (fig. 144).

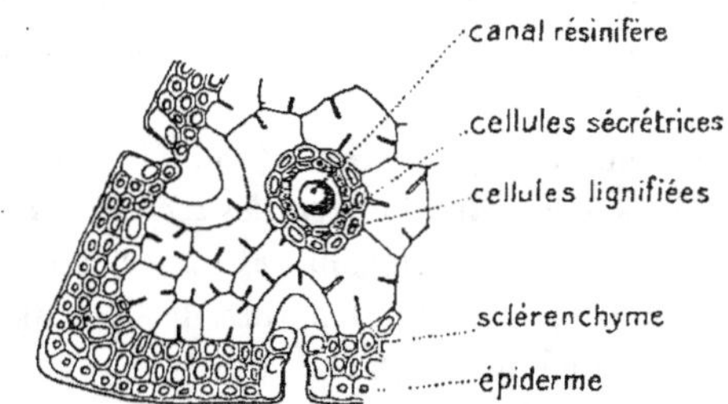

Fig. 144. — Section d'un canal sécréteur dans une feuille de pin maritime (d'après M. G. Bonnier).

Le canal résinifère dérive d'une file monocellulaire, dont chaque cellule se divise d'abord en deux, puis en quatre, formant entre elles un méat; ce méat devient un canal qui contient la résine (fig. 145).

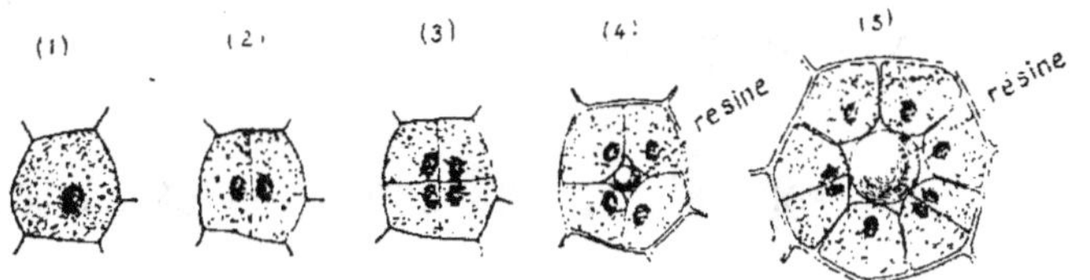

Fig. 145. — Formation d'un canal sécréteur (d'après M. G. Bonnier). Sections transversales successives : (1), (2), (3), (4), (5).

Les cellules mortes peuvent, comme les *cellules vivantes,* contenir des sécrétions : telles sont les fibres qui renferment dans leur membrane des cristaux d'oxalate de calcium.

Les *incrustations de lignine* dans les éléments du bois, la *cutine,* la *subérine,* sont également assimilables à des sécrétions.

UTILITÉ DES SÉCRÉTIONS

Beaucoup de substances sécrétées sont employées dans l'industrie, et constituent de véritables richesses commerciales ; tel est le *caoutchouc ;* telle est aussi la *résine.*

L'appareil sécréteur est utilisé dans la classification des plantes. Ainsi les conifères sont caractérisés par leurs canaux résinifères. Parmi ces conifères, les sapins et les cèdres se distinguent notamment par un *canal résinifère unique* situé au centre de la moelle dans la racine ; au contraire, chez les épicéas et les pins, il existe une *couronne* de ces canaux résinifères autour du centre.

Chez les composées, on trouve dans la chicorée un *réseau sécréteur,* dans le chardon des *cellules sécrétrices allongées,* dans l'hélianthe des *canaux* contenant des huiles essentielles.

Il n'y a aucun lien entre la nature des dépôts sécrétés et la constitution du lieu de dépôt.

Ainsi les canaux *gommifères* et les canaux *résinifères* possèdent la même constitution anatomique.

Inversement, on trouve la même matière sécrétée dans des organismes très différents ; ainsi le *latex* se trouve dans des réseaux cellulaires, dans des canaux ou dans de simples cellules.

Les sécrétions sont très répandues dans le règne végétal ; les diastases elles-mêmes, qui existent partout, sont, en quelque sorte, des sécrétions du protoplasme.

C — FONCTIONS DE REPRODUCTION DE L'ARBRE

A — *REPRODUCTION SEXUÉE*

1 — FORMATION DE L'ŒUF CHEZ LES ANGIOSPERMES OU FEUILLUS

DÉHISCENCE DE L'ANTHÈRE

Dès que l'anthère, qui contient les éléments reproducteurs mâles, est arrivée à maturité, la cloison qui séparait les deux sacs polliniques d'une même loge est résorbée.

Tout le long du sillon extérieur, qui correspond à cette cloison résorbée, se forme une fente qui met à nu le pollen (fig. 146).

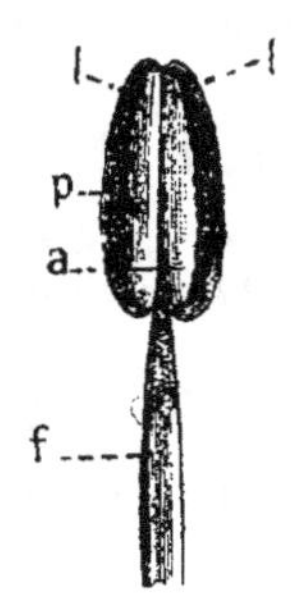

Fig. 146. — Les deux loges d'une anthère (*a*) se fendant pour laisser échapper le pollen.

a anthère.
l loges de l'anthère.
p pollen.
f filet.

Expérimentalement, on peut constater que la déhiscence de l'anthère est due à la dessiccation des parois de ses loges ; une atmosphère sèche, en activant cette dessiccation, provoque la déhiscence.

On se rend compte, en enlevant l'*épiderme*, qu'il ne joue *aucun rôle dans la déhiscence ;* celle-ci est due exclusivement *à l'assise mécanique.*

La face externe des cellules qui composent l'assise mécanique est constituée par une paroi mince et cellulosique ; la face interne porte des bandes d'épaississement lignifiées, qui se prolongent sur les faces radiales (fig. 147).

Par la dessiccation, la cellulose pure se contractant bien plus que la cellulose lignifiée, la face externe des cellules de l'assise mécanique se rétrécit plus que la face interne, et l'anthère s'ouvre au point où l'assise mécanique est interrompue, c'est-à-dire vis-à-vis de la cloison séparant les deux sacs polliniques voisins.

Dans les cellules de l'assise mécanique, la forme des bandes lignifiées varie suivant les espèces végétales.

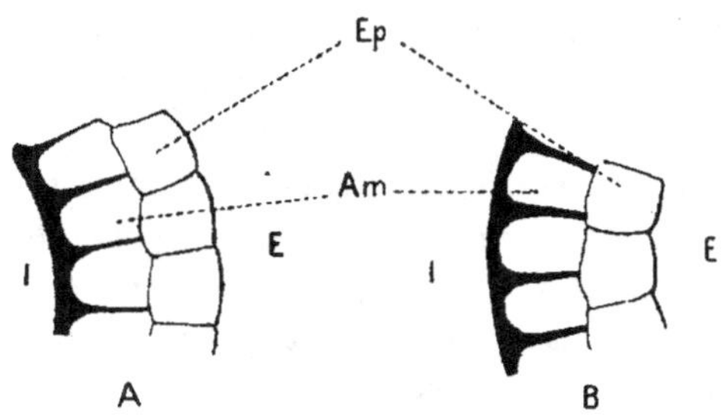

A   L'anthère fermée.   B   L'anthère ouverte.

Fig. 147. — Déhiscence de l'anthère, par changement de forme de l'assise mécanique.

I intérieur du sac pollinique.   *Am* assise mécanique.
E extérieur du sac pollinique.   *Ep* épiderme.

POLLINISATION

Le pollen est donc mis en liberté par déhiscence de l'anthère (fig. 148).

Le grain de pollen peut arriver *sur le stigmate de la même fleur;* dans ce cas, la *pollinisation* est *directe.*

Il peut parvenir *sur le stigmate d'une autre fleur;* dans ce cas, la *pollinisation* est *indirecte.*

Si le pollen d'une fleur est mis en contact avec le stigmate d'une fleur appartenant à un individu différent, la pollinisation est dite *croisée.*

Les fleurs sont *dichogames,* quand le pistil et les étamines ne

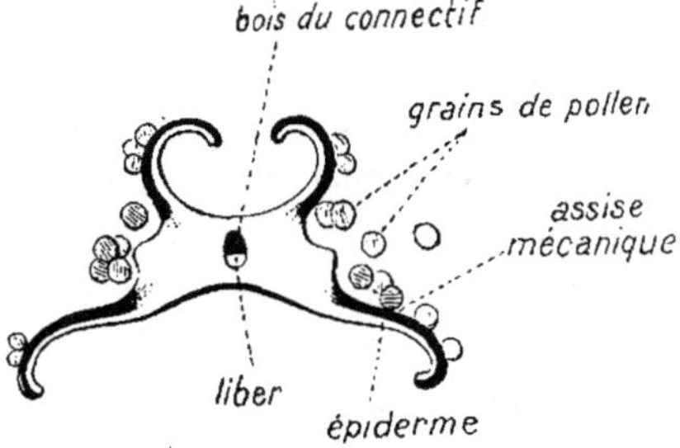

Fig. 148. — Mise en liberté du pollen (d'après M. G. Bonnier).

se développent pas en même temps; elles sont dichogames *protogynes* quand les organes femelles arrivent les premiers à maturité; dichogames *protandres* quand ce sont les organes mâles.

Le mécanisme de la *pollinisation directe* est extrêmement simple : dans les fleurs hermaphrodites, le pollen tombe souvent par son propre poids *sur le stigmate;* il peut y être apporté par un courant d'air quelconque; il peut y être amené aussi par les mouvements de l'anthère ou du pistil, dus à des groupes de cellules motrices.

Le mécanisme de la *pollinisation indirecte* s'explique parfois facilement par la simple action de la pesanteur; il en est ainsi dans le maïs, où les fleurs mâles du sommet de la tige laissent tomber le pollen sur les fleurs femelles situées immédiatement au-dessous.

Le *vent* peut emporter les grains de pollen très nombreux, très légers, à des distances immenses, et les mettre en contact avec les stigmates.

Les insectes, notamment les abeilles, transportent le pollen d'une fleur à une autre, et réalisent la *pollinisation croisée;* il en est ainsi dans le *Lychnis dioïca;* la seule action du vent ne peut toujours expliquer la pollinisation.

GERMINATION DU POLLEN

Le pollen, arrivé au contact du stigmate, est retenu par le liquide visqueux couvrant les papilles stigmatiques.

Le grain de pollen a un développement facile à étudier, par exemple dans la courge.

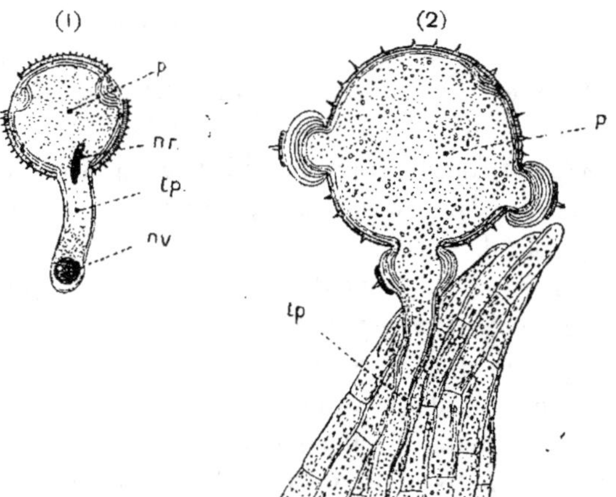

Fig. 149. — Germination d'un grain de pollen sur un stigmate.

p	protoplasme du grain de pollen.	*nv*	noyau végétatif.
tp	tube pollinique.	*nr*	noyau reproducteur.

La membrane du grain de pollen présente des pores incomplètement fermés par un petit couvercle.

Sous l'action du liquide stigmatique, le grain de pollen se

gonfle; le couvercle du pore le plus proche du stigmate se soulève et laisse passer une sorte de tube arrondi, qui s'enfonce dans le stigmate; c'est le *tube pollinique* issu de la germination du grain de pollen (fig. 149).

D'autres pores peuvent laisser échapper des tubes polliniques; mais, en général, leur développement s'arrête rapidement.

Quand le grain de pollen a des plis, au lieu d'avoir des pores, c'est par ces plis que sort le tube pollinique.

Finalement, un *seul* tube pollinique se développe jusqu'à

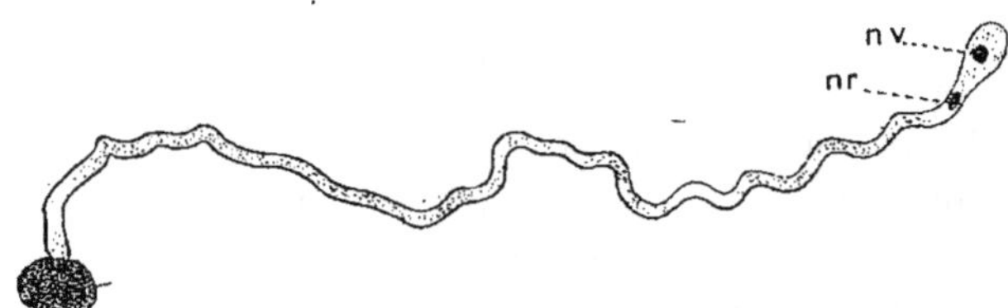

Fig. 150. — Germination d'un grain de pollen dans un liquide nutritif.

nv noyau végétatif.   *nr* noyau reproducteur.

l'oosphère, élément femelle, et contient les *deux noyaux* du grain de pollen.

Dans l'eau pure le grain de pollen, qui possède un contenu à pouvoir osmotique considérable, absorbe beaucoup d'eau et ne tarde pas à éclater.

Il n'en est pas de même *dans l'eau sucrée;* le grain de pollen y germe sans éclater (fig. 150).

Son protoplasme s'accumule vers l'extrémité du tube pollinique autour des deux noyaux.

Sur le stigmate, le tube pollinique sorti du grain de pollen, pénètre dans le tissu stigmatique et de là dans le tissu conducteur du style (fig. 149).

Les réserves de ce tissu lui servent d'aliments.

Comment se fait cette traversée des tissus? Au moyen d'une diastase sécrétée par l'extrémité du tube pollinique et capable de dissoudre la cellulose et un certain nombre d'autres substances.

L'amidon, le saccharose et les autres réserves du tissu conducteur sont digérés et absorbés.

Les parois cellulaires du tissu conducteur étant partiellement gélifiées, le tube pollinique suit facilement cette voie alimentaire ; il arrive au micropyle d'un ovule, perfore les cellules de la calotte qui le séparent du sac embryonnaire, et parvient près de l'oosphère (fig. 151 et 152).

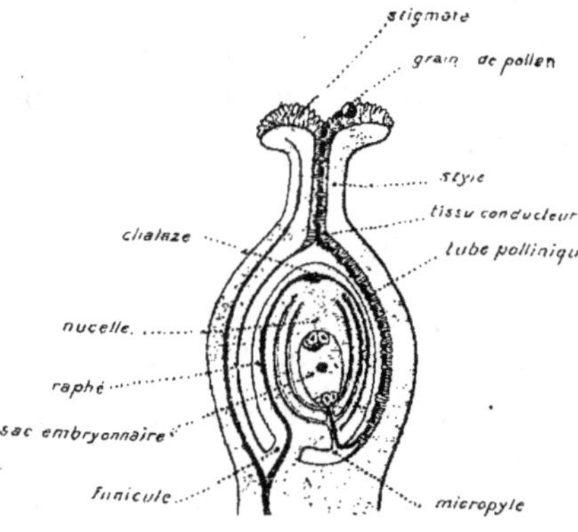

Fig. 151. — Trajet normal du tube pollinique chez les angiospermes.

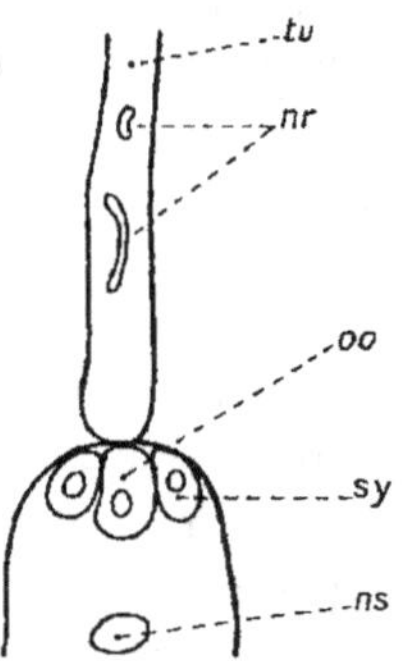

Fig. 152. — Le tube pollinique appliqué au sommet du sac embryonnaire (schéma).

tu tube pollinique.
nr noyaux du tube.
oo oosphère.
sy synergides.
ns noyau secondaire du sac embryonnaire.

Pendant ce temps, le *noyau végétatif* du grain de pollen s'est désorganisé ; le *noyau reproducteur* s'est divisé en *deux noyaux secondaires*, qui deviennent plus ou moins recourbés et sont appelés *anthérozoïdes* (fig. 153).

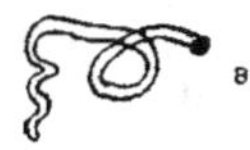

Fig. 153. — Les deux anthérozoïdes d'un tube pollinique. Gr. : 1.000 diamètres.

Parfois, comme chez l'aune et le bouleau, le tube pollinique ne pénètre pas dans l'ovule par le micropyle, le tissu conducteur n'étant pas développé de ce côté de l'ovule ; il arrive dans les parois de l'ovaire, puis *traverse le funicule et la chalaze*. Ce mode de pénétration a été appelé *chalazogamie*.

Entre la chalazogamie et la pénétration par le micropyle, il y a beaucoup d'intermédiaires, par exemple chez le noisetier, le noyer, l'orme.

Dans l'orme, le tube pollinique pénètre dans le tissu des carpelles, chemine dans le funicule, traverse les téguments de l'ovule, et parvient au sac embryonnaire au-dessous du micropyle.

Normalement le tube pollinique chemine par le tissu conducteur et le micropyle, traverse le tissu de la calotte et arrive ainsi au contact du sac embryonnaire (fig. 151 et 152).

Alors la paroi de l'extrémité du tube pollinique se gélifie et se dissout ; il en est de même de la membrane du sac embryonnaire au contact de ce tube pollinique.

FÉCONDATION

Ainsi les deux anthérozoïdes, avec le contenu du tube pollinique, peuvent pénétrer dans le sac embryonnaire. Ils passent entre les deux synergides ; et, la membrane albuminoïde de l'oosphère se résorbant, l'un des deux anthérozoïdes (généralement le plus épais ou le plus court), vient *au contact du noyau de l'oosphère ;* le second anthérozoïde s'accole *au noyau secondaire du sac embryonnaire* (fig. 154).

L'*œuf* reproducteur, origine de l'*embryon,* résulte de l'union du noyau de l'oosphère avec l'anthérozoïde correspondant.

L'autre anthérozoïde s'unit au noyau secondaire du sac embryonnaire et leur union forme l'*œuf accessoire* origine de l'*albumen,* tissu servant à la nutrition de l'embryon pendant son développement.

L'embryon ne tarde pas à *digérer* l'albumen.

En certains cas, par exemple dans le lis (*Lilium martagon*) (fig. 155¹), les deux noyaux, qui doivent former le noyau secondaire du sac embryonnaire, ne se sont pas réunis avant l'intervention du tube pollinique. Dans ce cas, l'un des anthérozoïdes va, comme précédemment, s'accoler au noyau de l'oosphère pour constituer l'œuf proprement dit ; l'autre anthérozoïde se met au contact d'un des deux noyaux constituants du noyau secondaire du sac embryonnaire (généralement le plus proche) ; un peu plus tard, ces deux noyaux constituants et l'anthérozoïde se réunissent tous trois ensemble pour donner l'œuf accessoire, origine de l'albumen (fig. 155²).

Les deux *synergides* se désorganisent et sont en parties digérées par l'œuf en

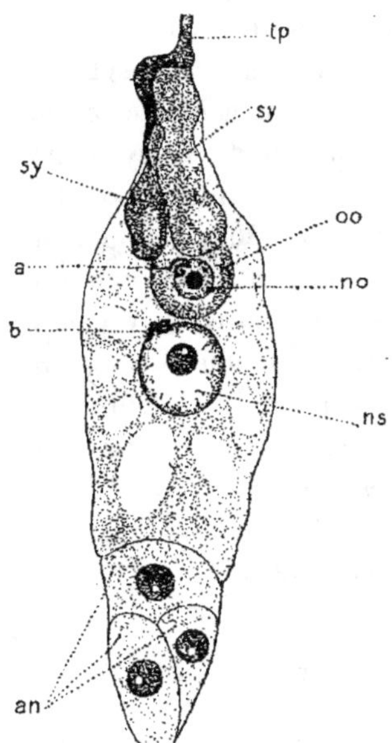

Fig. 154.
Fécondation dans le sac embryonnaire
du topinambour (d'après M. G. B.).
Gr. : 400 diamètres.

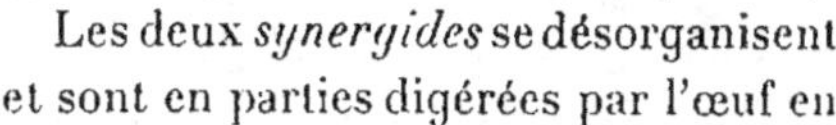

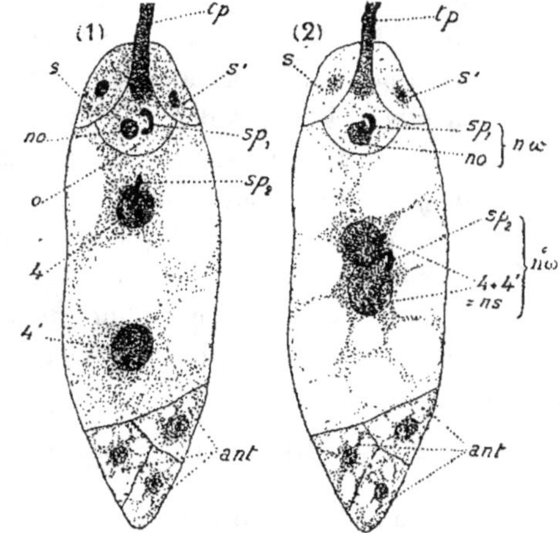

Fig. 155. — Fécondation dans le sac embryonnaire
du lis martagon (d'après Guignard).
Gr. : 300 diamètres.

tp	tube pollinique.
sy	synergides.
oo	oosphère.
no	noyau de l'oosphère.
ns	noyau secondaire du sac.
an	antipodes.
a	anthérozoïde nᵒ 1.
b	anthérozoïde nᵒ 2.

sp₁	anthérozoïde près du noyau (*no*) de l'oosphère.
sp₂	anthérozoïde près du noyau secondaire (*ns*) du sac.
nω	noyau de l'œuf principal.
nω'	noyau de l'œuf accessoire, origine de l'albumen.
s, s'	synergides.
ant	antipodes.

voie de développement. Il en est bientôt de même des trois antipodes, cellules situées à la partie inférieure du sac embryonnaire.

FORMATION DE L'ŒUF PROPREMENT DIT

Quand l'anthérozoïde s'est accolé au noyau de l'oosphère, le protoplasme de l'oosphère s'est montré plus granuleux à la périphérie ; puis la membrane qui l'entoure est devenue *cellulosique* : *l'œuf est formé*.

Le nombre de chromosomes, qui était, dans l'anthérozoïde et le noyau de l'oosphère, *moitié moindre* que celui des cellules végétatives ordinaires, revient, dans l'œuf, *au chiffre normal ;* il reste à ce chiffre normal dans les cellules issues de l'œuf.

En effet, l'anthérozoïde, au contact du noyau de l'oosphère, s'accroît, et perd sa forme incurvée ; c'est un noyau mâle accolé au noyau femelle de l'oosphère. Chacun de ces deux noyaux ne possède encore qu'un nombre de chromosomes moitié moindre que celui des noyaux des cellules végétatives. Mais au moment de la première bipartition de l'œuf, on observe la disparition des membranes de ces deux noyaux mâle et femelle, et on voit ces deux noyaux se fusionner. Il se constitue, à cet instant, *un noyau unique normal,* possédant un nombre de chromosomes double de celui de chacun des éléments mâle et femelle, c'est-à-dire *un nombre égal à celui des cellules végétatives ordinaires.*

Ainsi les noyaux des cellules de la plante future seront composés *à la fois du noyau mâle et du noyau femelle.*

FORMATION DE L'ŒUF ACCESSOIRE — ORIGINE DE L'ALBUMEN

Quand l'anthérozoïde accessoire s'est accolé au noyau secondaire du sac embryonnaire, ou à l'un des deux noyaux qui vont le former, il perd sa forme en arc ou en spirale, et grossit.

Au moment de la première division de l'albumen, la fusion a lieu entre cet anthérozoïde et le noyau secondaire du sac.

Les cellules de l'albumen qui en dérivent présentent, dans leurs noyaux, le nombre ordinaire de chromosomes des cellules végétatives. Ces cellules de l'œuf accessoire sont donc *des cellules végétatives normales,* comme *celles qui sont issues de l'œuf proprement dit.*

VARIATIONS DANS LA FORMATION DE L'ŒUF

Chez quelques *mimosées,* les synergides peuvent être fécondées, comme l'oosphère, par des tubes polliniques ; il y a alors *trois embryons,* dont *un seul* subsiste ; comme d'autre part l'albumen est aussi formé par fécondation, on doit admettre la présence de quatre anthérozoïdes provenant de deux tubes polliniques, issus chacun de grains de pollen différents, faisant partie du grain de pollen composé.

Chez certains *Naias,* plantes aquatiques submergées, il n'y a *que les deux synergides* qui sont fécondées et produisent des embryons.

Dans quelques espèces de *Balanophora,* un anthérozoïde s'unit au noyau d'une des cellules antipodes, et produit ainsi un embryon.

Certaines plantes, telles que les *orchidées,* les *cannas,* les *alismacées,* ont un embryon normal, mais pas d'œuf accessoire, c'est-à-dire *pas d'albumen.*

Cependant, dans l'ensemble des angiospermes, la formation normale de l'œuf et de l'albumen, comme nous l'avons indiqué, est d'une grande généralité.

PARTHÉNOGÉNÈSE CHEZ LES ANGIOSPERMES

La parthénogénèse est le développement d'une cellule reproductrice *sans fécondation.*

Dans plusieurs espèces d'*Alchemilla* (rosacées), dans l'*Antennaria alpina* (composées), on constate la formation d'un embryon aux dépens de l'oosphère sans l'action du pollen.

L'albumen s'y développe également sans fécondation.

EMBRYONS ADVENTIFS

Chez certaines angiospermes, *des cellules ordinaires du nucelle* peuvent constituer des embryons en dehors du sac embryonnaire.

Il en est ainsi chez le *Cœlebogyne ilicifolia,* euphorbiacée dioïque, dont il n'existe en Europe que des pieds femelles ; l'oosphère ne se développe pas ; il se constitue des *embryons adventifs* aux dépens de plusieurs cellules du tissu nucellaire.

Dans le genre *citron* (orangers, citronniers) *des embryons*

adventifs peuvent aussi se produire *en même temps que l'embryon normal* issu de l'oosphère fécondée, ou bien en l'absence
dé toute fécondation.

II — FORMATION DE L'ŒUF CHEZ LES GYMNOSPERMES OU RÉSINEUX

GERMINATION DU POLLEN CHEZ LES GYMNOSPERMES

Chez le pin, par exemple, la *cellule végétative* du grain de
pollen s'allonge du côté opposé aux autres cellules de ce grain,
pour constituer le tube pollinique; et le noyau végétatif de cette
cellule se porte à l'extrémité
du tube pollinique (fig. 156 et
156 *bis*).

Les deux cellules supérieures, situées immédiatement au-
dessus de la *cellule reproductrice,* sont résorbées.

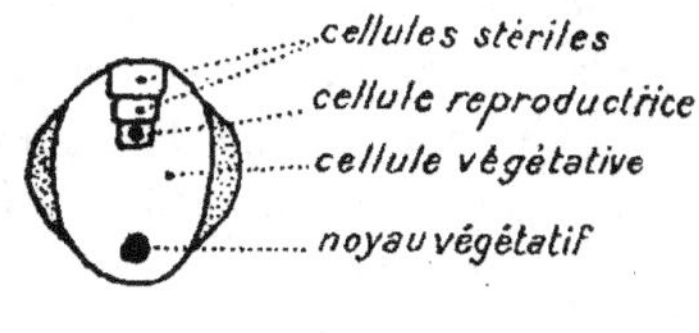

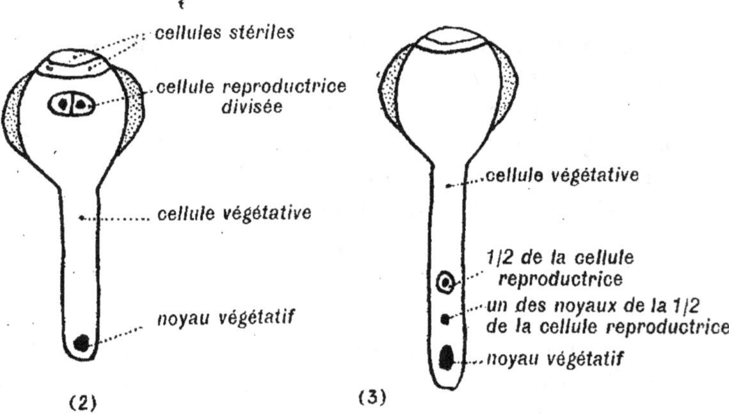

Fig. 156. — Schéma de la germination d'un grain de pollen de pin sylvestre.
Stades successifs : (1), (2), (3).

Quant à *cette cellule reproductrice,* elle se divise en deux
autres, qui se séparent et se dirigent vers l'extrémité du tube
pollinique (fig. 156² et 156³).

L'une de ces cellules confond son protoplasme avec celui de ce tube pollinique ; et, au moment de la fécondation, son noyau, de même que le gros noyau de la cellule végétative, disparaît à peu près complètement.

Au contraire, l'autre cellule se divise en deux nouvelles, qui deviennent bientôt indépendantes, constituent *les deux cellules génératrices mâles* ou *anthérozoïdes,* et se placent à l'extrémité du tube pollinique (fig. 156 *bis*).

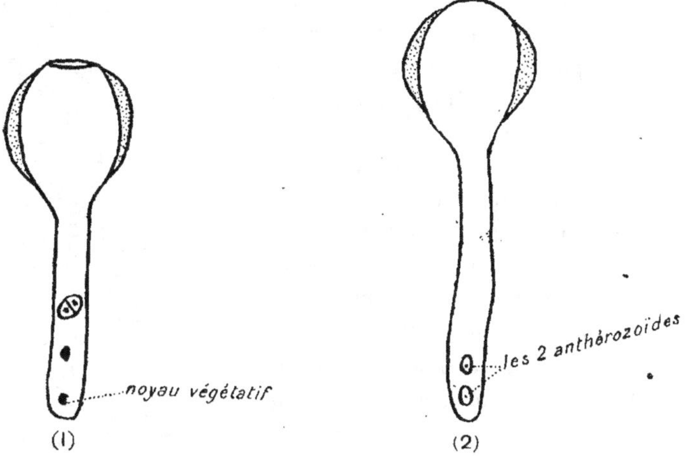

Fig. 156 *bis*. — Schéma de la germination d'un grain de pollen de pin sylvestre. Stades successifs : (1), (2).

Chez le *Ginkgo biloba,* le grain de pollen est formé de trois cellules, dont une première végétative donne le tube pollinique, une seconde reste stérile, et la troisième se divise en deux pour former les deux anthérozoïdes.

Chacun des deux anthérozoïdes a, sur une de ses faces, de nombreux cils vibratiles insérés suivant une ligne spirale ; ce sont des *anthérozoïdes à cils vibratiles,* analogues à ceux des cryptogames.

On trouve des anthérozoïdes à cils vibratiles également chez le *Cycas* et le *Zamia.*

CONSTITUTION DE L'ŒUF CHEZ LES GYMNOSPERMES

Le pollen, mis en liberté, est emporté par les courants aériens et peut être mis au contact du nucelle, complètement découvert.

Chez le pin, les grains de pollen, placés dans cette dépression du nucelle appelée *chambre polli-nique,* ne tardent pas à germer (fig. 130, p. 138).

Le tube pollinique s'enfonce dans le nucelle; mais, les oosphè-res n'étant pas encore dévelop-pées, il reste en cet état de germi-nation incomplète *jusque vers le mois de mai de l'année suivante.*

A ce moment, les oosphères sont complètement formées, et le tube pollinique continue son dé-veloppement. Les deux anthéro-zoïdes se placent au sommet de ce tube pollinique. Puis la mem-brane de ce tube se résorbe, et l'un des anthérozoïdes unit son noyau à celui de l'oosphère pour constituer le *noyau de l'œuf* (fi-gure 157).

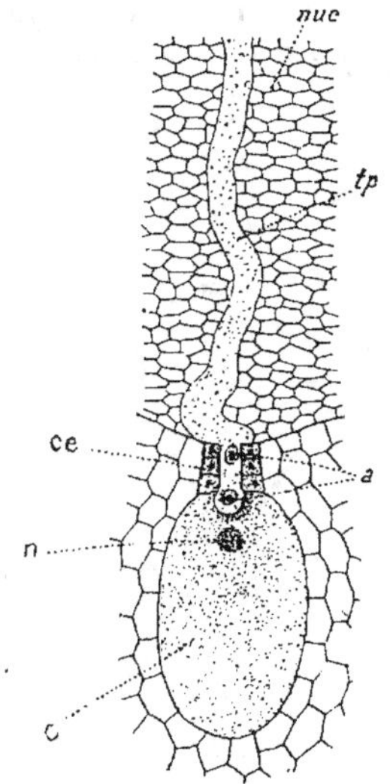

Fig. 157. — Pénétration du tube pollinique vers l'oosphère chez le pin sylvestre.

nuc nucelle.
tp tube pollinique.
a anthérozoïdes.
ce cellules du col du corpuscule.
n noyau de l'oosphère.
o protoplasme de l'oosphère.

Chez le cyprès et le thuia, la fécondation a lieu peu après la germination du pollen, et les graines sont mûres l'année même de la naissance des ovules.

Dans le genévrier, les deux anthérozoïdes d'un seul tube pollinique peuvent féconder les deux corpuscules voisins.

Dans le Ginkgo, les grains de pollen pénètrent dans la chambre pollinique agrandie par dissociation des cellules du nucelle; ils se fixent, du côté de leur cellule végétative, sur ces cellules dissociées, au moyen de crampons protoplasmiques provenant de la cellule végétative.

Bientôt le tissu de l'endosperme se développe et forme une colonnette au milieu des entonnoirs des corpuscules ; le nucelle désorganisé s'affaisse sur cette colonnette en constituant une cavité close, qui renferme, avec les grains de pollen, un liquide clair.

Dans ce liquide, les grains de pollen se gonflent et mettent chacun en liberté les deux anthérozoïdes, qui nagent dans le liquide au moyen de leurs cils vibratiles.

Un anthérozoïde ne tarde pas à pénétrer dans le col d'un corpuscule ; son noyau et son protoplasme se conjuguent avec ceux de l'oosphère pour former l'œuf.

Il n'y a pas de tube pollinique, dans ce cas.

Au contraire, *chez le Zamia,* il y a formation d'un tube pollinique qui contient vers son extrémité les *deux anthérozoïdes ciliés.* Ce tube pénètre dans le tissu du nucelle, et arrive au voisinage de la rosette du corpuscule ; en cette région, une cavité remplie de liquide s'est formée par désorganisation des cellules nucellaires ; le tube pollinique y met en liberté ses anthérozoïdes à cils vibratiles ; ceux-ci pénètrent dans le canal d'un corpuscule, et entrent dans le protoplasme de l'oosphère où ils perdent leur enveloppe ciliée ; l'un deux conjugue son noyau et son protoplasme avec ceux de l'oosphère.

Chez le Gnetum, qui a plusieurs sacs embryonnaires dont un seul se développe, l'endosperme est réduit ; il n'y a qu'un seul grand corspuscule bordé par une série de noyaux, qui sont des *noyaux d'oosphère sans parois.* Les tubes polliniques peuvent venir féconder, par leurs anthérozoïdes sans cils, l'un ou l'autre de ces noyaux. Il y a ainsi un certain nombre d'œufs.

III — FRUIT ET GRAINE DES ANGIOSPERMES

1° Fruit

STRUCTURE DU FRUIT EN GÉNERAL

Les *fruits* sont les *carpelles* modifiés à la suite de la fécondation ; les *graines* sont les *ovules fécondés et accrus.*

Ordinairement, *l'ovaire seul* constitue le fruit ; le style et le stigmate se flétrissent.

Cependant chez la clématite par exemple, le style, après la

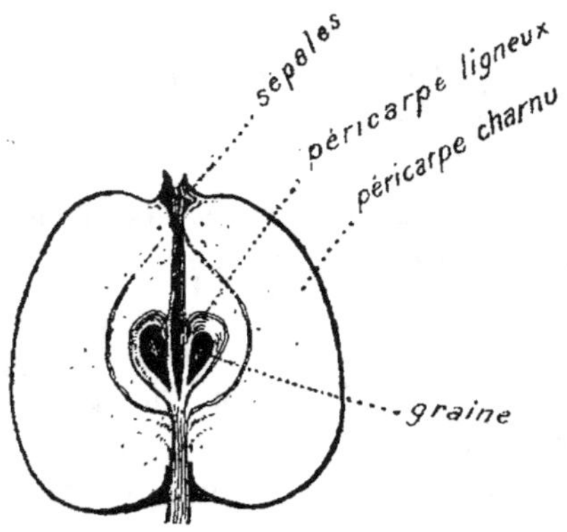

Fig. 158. — Pomme.

Fig. 159. — Pêche.

fécondation, s'allonge en un long filament couvert de poils. Il y a parfois des styles *persistants*.

Deux parties composent le fruit :

Le *péricarpe*, constitué par les parois de l'ovaire,

Les *graines*, renfermées dans le péricarpe.

Les fruits prennent les formes les plus diverses.

Les parois de l'ovaire peuvent se transformer en masses charnues gorgées de sucs : ce sont les *fruits charnus* (cerise, pêche, grain de raisin) (fig. 158, 159, 160).

Quand les parois de l'ovaire sont formées par un tissu desséché et en partie lignifié, ce sont des *fruits secs*.

Dans le cas d'un ovaire *adhérent*, la base commune des

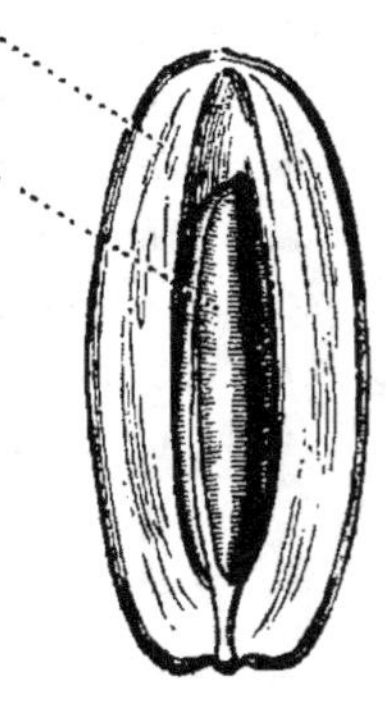

Fig. 160.
Baie à une graine
(datte).

sépales, pétales et étamines contribue avec les parois des carpelles, à la formation du péricarpe.

Quand un fruit ne renferme *qu'une graine,* le péricarpe reste habituellement accolé à la graine sans s'ouvrir, et le fruit est dit *indéhiscent.*

Quand un fruit s'ouvre au moment de la maturité, pour la dissémination des graines, il est *déhiscent.*

FRUITS CHARNUS INDÉHISCENTS

Lorsque les parois du fruit sont complètement charnues, le fruit est une *baie* (grain de raisin, groseille).

Si la partie interne du péricarpe (qui forme le noyau) est dure et lignifiée, et la partie externe seule charnue, le fruit est une *drupe* (pêche, olive).

La *pomme* et la *poire* sont intermédiaires entre les baies et les drupes ; le péricarpe est simplement cartilagineux dans sa partie interne.

FRUITS CHARNUS DÉHISCENTS

Les fruits charnus déhiscents sont rares. On peut citer celui de la balsamine, et celui de l'*Ecballium elaterium,* de la famille des cucurbitacées.

STRUCTURE DES FRUITS CHARNUS

Le péricarpe d'une baie est constitué par des cellules à parois minces et gorgées de suc cellulaire contenant généralement des sucres en dissolution.

Le raisin renferme surtout des glucoses, la poire un mélange de glucoses et de saccharoses, formés aux dépens du tanin, de l'amidon et des acides, qui existent avant la maturité. La surface externe est recouverte d'un épiderme à cuticule imprégnée de cire, qui la rend imperméable.

La partie charnue d'une drupe a la même structure que le péricarpe d'une baie.

La région intérieure, ou *noyau,* est composée de cellules à parois lignifiées épaisses et creusées de canaux permettant le passage des liquides *d'un élément à l'autre.*

FRUITS SECS INDÉHISCENTS

Les fruits secs indéhiscents, qui ne contiennent qu'une graine, sont des *akènes*.

Quand la graine se soude intimement au péricarpe au lieu de rester distincte comme dans les akènes proprement dits, le fruit s'appelle *caryopse*. Tel est le fruit du blé, le *grain de blé*.

FRUITS SECS DÉHISCENTS

Les *fruits secs déhiscents* sont des *capsules*.

Lorsque les capsules comprennent plusieurs carpelles ou plusieurs loges, les fentes de déhiscence peuvent correspondre au milieu des loges, c'est la *déhiscence loculicide* (fig. 161).

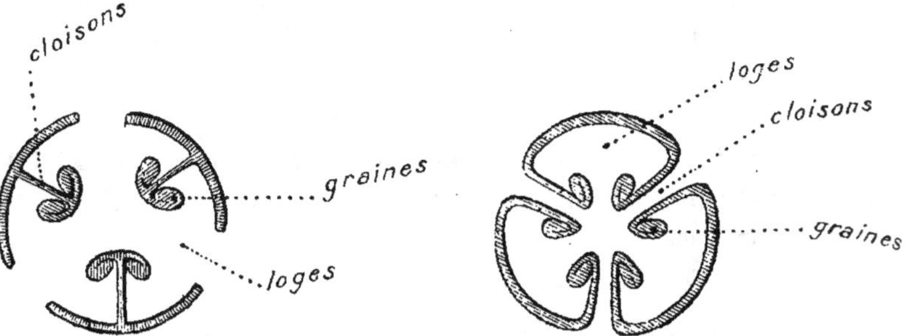

Fig. 161. — Déhiscence loculicide.   Fig. 162. — Déhiscence septicide.

Si les fentes de déhiscence correspondent à la cloison qui sépare les loges, c'est la *déhiscence septicide;* dans ce cas, c'est par leur suture que s'ouvrent les carpelles (fig. 162).

Une capsule formée par un carpelle, s'ouvrant *par une seule fente du côté interne,* est un *follicule*.

Une capsule formée par un carpelle s'ouvrant par *deux fentes,* l'une correspondant à la nervure médiane du carpelle, l'autre à la suture, est appelée *gousse* ou *légume*.

Une capsule peut être constituée par deux carpelles dont les placentas pariétaux sont réunis par une mince fausse cloison ; le fruit s'ouvre par *quatre* fentes situées de part et d'autre des placentas ; les deux valves réunies en haut s'écartent pour découvrir les placentas qui portent les graines ; ce fruit est une *silique* (crucifères).

Les capsules, qui s'ouvrent par une fente circulaire détachant comme une sorte de couvercle à la partie supérieure du fruit, sont des *pyxides* (jusquiame, anagallis, plantain).

STRUCTURE DES FRUITS SECS

A la maturité, les fruits secs sont formés par un épiderme *extérieur* et un épiderme *intérieur ; une couche non lignifiée parenchymateuse située à l'extérieur,* et *une couche lignifiée à parois épaisses située à l'intérieur,* se trouvent entre les deux épidermes.

Les fruits secs (capsules) s'ouvrent par suite de la dessiccation de leurs parois ; c'est la *sécheresse de l'atmosphère* qui provoque la déhiscence.

Cette déhiscence est due à la partie lignifiée du péricarpe. Celle-ci est formée de deux couches de fibres : une *externe* constituée par des fibres *transversales,* une interne, composée de fibres *longitudinales ;* la première *se contracte plus que la seconde,* et produit la **déhiscence.**

PARTIES ACCESSOIRES DU FRUIT

Certaines parties accessoires du fruit peuvent se développer à la maturité.

Ainsi dans l'épinard, c'est le *calice* qui forme autour de l'akène une enveloppe dure et persistante ; dans le mûrier, les calices deviennent charnus et constituent la *mûre.*

Dans le fraisier, c'est le *réceptacle* de la fleur, accru et devenu charnu, qui donne la *fraise ;* la fraise est un *polyakène* à réceptacle charnu. C'est encore le *réceptacle* qui fournit la *figue.*

DÉVELOPPEMENT DU PISTIL EN FRUIT

Les *parois des carpelles* donnent les *parois du fruit.* Ces parois, en général, deviennent plus volumineuses par agrandissement de chaque cellule

Les éléments des carpelles, en devenant les éléments du fruit mûr, se sont différenciés de diverses façons, pour former des *fibres,* du *sclérenchyme,* ou de *grandes cellules gorgées de sucs.*

Le nombre des graines (et aussi le nombre des loges) est souvent bien moindre dans le fruit mûr que dans le pistil. Car un certain nombre d'ovules peuvent n'être pas fécondés ou s'arrêter dans leur développement. Il en est ainsi du pistil du chêne, qui est à trois loges contenant chacune deux ovules ; le fruit mûr (*gland*) n'a qu'*une seule loge* renfermant *une seule graine.*

Quelquefois, le nombre des loges peut augmenter dans le fruit mûr, par suite de la formation de fausses cloisons ; il en est ainsi dans le sainfoin.

2° Graine

STRUCTURE DE LA GRAINE EN GÉNÉRAL

La graine est enveloppée par des *téguments* protecteurs qui renferment l'*amande.*

Cette amande comprend (fig. 163) :

1° L'*embryon* ou *plantule,* plante réduite qui se développe pendant la germination ;

2° L'*albumen,* tissu rempli de matières de réserve qui seront consommées par la plantule pendant son développement.

Dans les graines de certaines plantes, par exemple le nénuphar, l'albumen est accompagné d'un tissu de réserve supplémentaire, le *périsperme ;* il provient des cellules du nucelle situées en dehors du sac embryonnaire.

Quand l'amande mûre ne contient *pas d'albumen,* c'est que cet albumen a été *digéré pendant la maturation* de la graine.

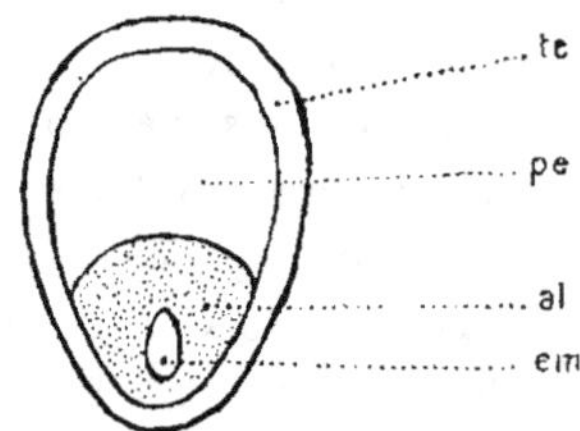

Fig. 163. — Coupe d'une graine de nénuphar.

em embryon.   *pe* périsperme.
al albumen.   *te* tégument.

A la maturité, on distingue donc les *graines à albumen,* et les *graines sans albumen.*

Sur les téguments, une cicatrice indique le point où la graine était rattachée au funicule : c'est le *hile de la graine* qui correspond au *hile de l'ovule.*

Le *micropyle* de la graine apparaît quelquefois sous forme d'une légère dépression.

Le nombre et la disposition des assises cellulaires des téguments sont très variables suivant les espèces.

Le tégument extérieur de la graine peut présenter diverses particularités destinées à faciliter la dissémination. Il peut être rugueux et recouvert de petites excroissances (tabac), ou orné d'un réseau saillant (coquelicot). Il peut former des ailes membraneuses (paulownia), ou des poils (saule, cotonnier).

Rarement le tégument externe est charnu (grenadier).

Dans la graine de nénuphar, un tégument supplémentaire apparaît, pendant la formation de la graine, sous forme d'un bourrelet formé par le hile ; puis ce bourrelet s'accroît et entoure la graine : c'est un *arille.*

Dans le fusain, un tégument supplémentaire naît des tissus qui entourent le *micropyle,* et recouvre toute la graine : c'est un *arillode* ou *faux arille.*

Dans la graine du ricin et de quelques autres euphorbiacées, les *bords du micropyle* constituent un petit bourrelet appelé *caroncule,* qui est un *arillode incomplet.*

GRAINE A ALBUMEN

Une graine à albumen, telle que celle du ricin, comprend un *albumen* entourant la *plantule* et constituant la plus grande partie de l'amande (fig. 164).

La *plantule,* ou *embryon,* se compose des parties suivantes :

1° La *radicule,* qui produira la racine et ses ramifications ;

2° La *tigelle,* origine de l'axe hypocotylé ;

3° Les *cotylédons,* feuilles nourricières de la plantule, insérées au sommet de la tigelle ;

4° La *gemmule,* bourgeon terminal, qui donnera toutes les parties aériennes de la plante, sauf l'axe hypocotylé.

La *radicule* de l'embryon est toujours dirigée *du côté du micropyle de la graine,* par suite du côté du hile dans les ovules *anatropes* et *campylotropes,* et du côté opposé au hile dans les ovules *orthotropes.*

Par rapport à l'albumen, la plantule occupe les positions les plus diverses suivant les espèces.

Les *albumens* diffèrent entre eux par les matières de réserve qu'ils renferment.

On trouve :

Des *albumens oléagineux,* qui contiennent une forte quantité

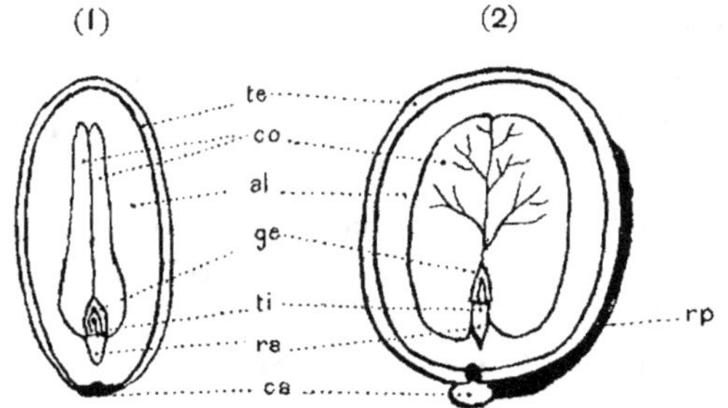

Fig. 164. — Coupe d'une graine à albumen (ricin).

(1) Dans la moindre largeur.   (2) Dans la plus grande largeur.

te	tégument.	*ti*	tigelle.
co	cotylédons.	*ra*	radicule.
al	albumen.	*ca*	caroncule.
ge	gemmule.	*rp*	raphé.

d'huile, avec des substances albuminoïdes sous forme de *grains d'aleurone* (ricin, pavot, etc.) ;

Des *albumens cornés,* dont les réserves sont formées surtout par la cellulose des parois cellulaires épaissies et durcies (dattier) ;

Des *albumens gélatineux,* dont les réserves sont constituées principalement par les parois des cellules épaissies et gélifiées (cellulose gélifiée des *Gleditschia, Ceratonia, Sophora,* etc.);

Des *albumens amylacés* dont les substances de réserve sont de l'*amidon;* tels sont les albumens des graminées, comme le blé ou le maïs, dont les cellules sont gorgées de grains d'amidon, saut les cellules périphériques remplies d'une 'matière albuminoïde granuleuse.

GRAINE SANS ALBUMEN

Une graine sans albumen, *mûre*, se compose uniquement des *téguments* et de la *plantule*. Telle est celle du haricot (fig. 165 et 166).

Dans la plantule, on trouve les mêmes parties que dans les graines à albumen : *radicule, tigelle, cotylédons, gemmule.*

Dans les graines sans albumen, les cotylédons sont généralement très épais ; car ils renferment toutes les matières de réserve nécessaires à la germination. Ainsi, dans le haricot, les cellules des cotylédons contiennent des grains d'aleurone et de l'amidon en quantité.

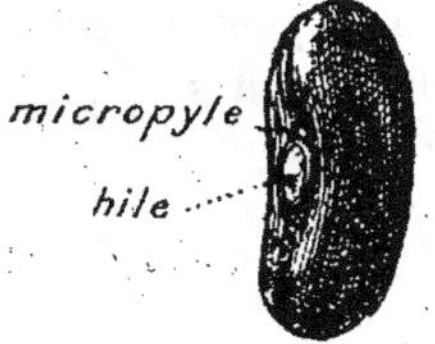

Fig. 165. — Graine sans albumen (Haricot). Vue extérieure.

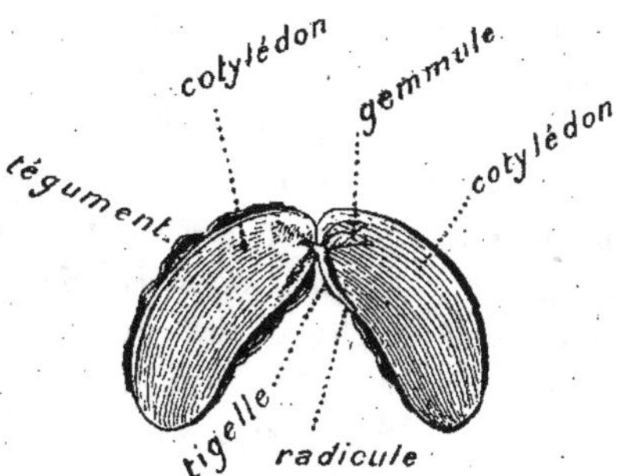

Fig. 166. — Graine sans albumen (Haricot fendu).

Parfois, comme chez les *orchidées*, la plantule est constituée par une masse cellulaire homogène où l'on ne distingue ni radicule, ni tigelle, ni cotylédons, ni gemmule.

Quant aux matières de réserve contenues dans les cotylédons, elles sont de même nature que celles de l'albumen.

Les substances azotées se rencontrent surtout sous forme de *grains d'aleurone ;* les composés ternaires peuvent être des corps gras, de l'amidon, du saccharose, etc.

Quand, en plus de l'albumen produit dans le sac embryonnaire, on trouve dans la graine un autre tissu provenant du nucelle, un *périsperme,* ce tissu peut contenir d'autres substances que l'albumen proprement dit. Ainsi, dans le nénuphar, il y a un *périsperme amylacé* et un *albumen oléagineux.*

Dans le balisier (canna), il n'y a pas d'albumen, mais un périsperme qui en remplit les fonctions.

On trouve, spécialement chez les légumineuses, tous les intermédiaires entre une graine riche en albumen et à embryon très réduit, d'une part, et une graine sans albumen et à embryon très développé, d'autre part.

Souvent la partie interne des téguments est constituée par l'assise externe de l'albumen.

DÉVELOPPEMENT DE L'OVULE EN GRAINE

Nous avons vu la structure de l'ovule.

Nous avons également étudié la structure de la graine.

Dans l'ovule, *l'œuf proprement dit* produit l'embryon ou plantule ; l'œuf accessoire donne l'albumen ; les téguments fournissent en général les téguments de la graine ; le nucelle est le plus souvent entièrement digéré ; rarement il subsiste pour fournir un *périsperme* ou *faux albumen*. Synergides et antipodes disparaissent dans la plupart des cas.

DÉVELOPPEMENT DE L'ŒUF PROPREMENT DIT

En général, l'œuf, constitué par une seule cellule, se divise *en deux* par une cloison transversale, c'est-à-dire perpendiculaire à l'axe du sac embryonnaire (fig. 167).

La cellule supérieure, la plus rapprochée du micropyle, s'allonge, se divise par des cloisons transversales et constitue une file de cellules, qui est le *suspenseur* (fig. 168).

En haut, le suspenseur est attaché à la paroi du sac embryonnaire ; en bas, il s'enfonce dans l'albumen.

La *cellule inférieure* est l'origine de *l'embryon proprement dit*.

Elle se divise bientôt en seize cellules, dont *huit périphériques* (qui donneront l'épiderme des cotylédons et de l'axe hypocotylé, ainsi qu'une partie de la coiffe de la racine principale), et *huit intérieures* (qui produiront les tissus internes) (fig. 168).

Bientôt la plus inférieure des cellules issues de la cellule supérieure constitue le *tissu de pénétration du suspenseur dans l'embryon*.

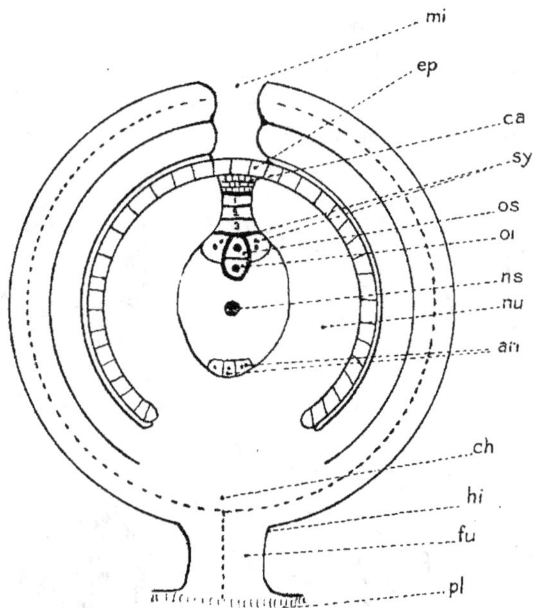

Fig. 167. — Bipartition de la cellule-œuf dans l'ovule des angiospermes (schéma).

pl placenta.
fu funicule.
hi hile.
ch chalaze.
an antipodes.
nu nucelle.
ns noyau secondaire du sac embryonnaire.

oi division inférieure de l'œuf.
os division supérieure de l'œuf.
sy synergides.
ca calotte.
ep épiderme.
mi micropyle.

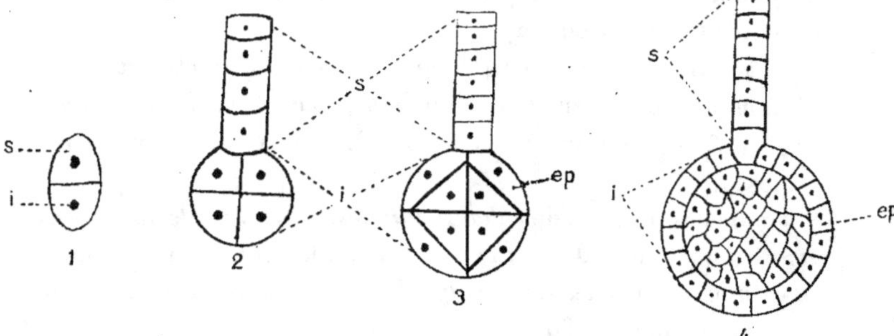

Fig. 168. — Phases successives de la formation de l'embryon chez les angiospermes (schéma).

s suspenseur.   *i* embryon.   *ep* épiderme de l'embryon.

L'embryon total comprend alors :

1° *L'embryon proprement dit*, et le *tissu de pénétration ;*

2° Le *suspenseur* (fig. 169).

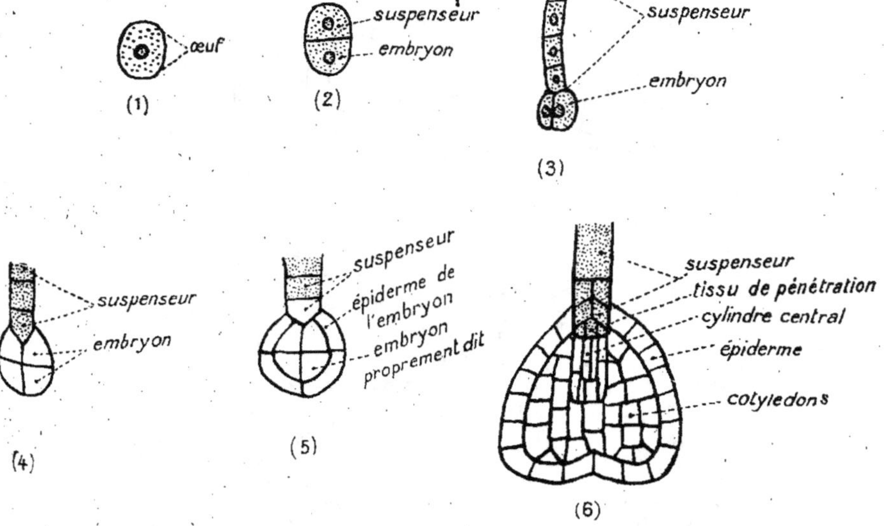

Fig. 169. — Développement de l'embryon, du tissu de pénétration et du suspenseur. Stades successifs (schéma).

L'épiderme, l'écorce, le cylindre central apparaissent ; les deux cotylédons forment deux protubérances visibles ; la radicule sera du côté du suspenseur (fig. 170).

Plus tard, les deux cotylédons sont très distincts, et *deux* régions de cloisonnements cellulaires principaux, *deux « points végétatifs »* s'établissent dans l'embryon à ses deux pôles opposés.

Un de ces groupes de *cellules initiales*, situé *du côté du suspenseur*, donnera la radicule ; l'autre groupe fournira, dans la suite, *la gemmule, entre les deux cotylédons* qui naissent sous la forme de deux mamelons (fig. 171).

Dans la radicule, les initiales communes à la coiffe et à l'assise pilifère et les initiales de l'écorce se trouvent *dans le tissu de pénétration du suspenseur,* tandis que les initiales du cylindre central sont formées par les cellules axiales de la région de l'embryon la plus voisine du tissu de pénétration.

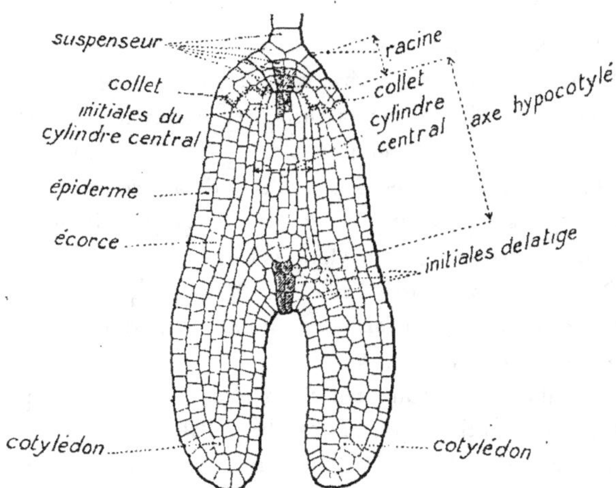

Fig. 170. — Différenciation des initiales dans l'embryon.

Les cellules épidermiques situées au voisinage du tissu de pénétration se sont cloisonnées *tangentiellement* autour de

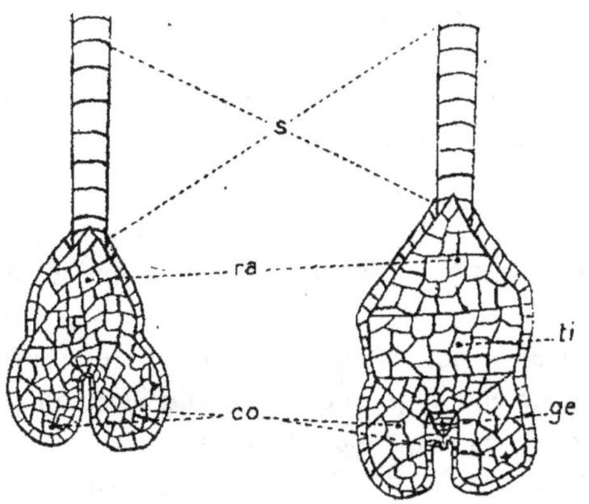

Fig. 171. — Dernières phases de la constitution de l'embryon (schéma).

s suspenseur.   *ra* radicule.   *ti* tigelle.   *ge* gemmule.   *co* cotylédons.

l'embryon jusqu'en un point qui marque le *collet*, c'est-à-dire la limite entre *la radicule et l'axe hypocotylé* (fig. 170).

Ces cellules épidermiques provenant des cloisonnements tangentiels et situées autour de *l'initiale de la coiffe* devront s'exfolier après la disparition du suspenseur proprement dit.

Le développement ultérieur s'effectue par les cloisonnements des cellules initiales de la radicule, puis par ceux des initiales de la gemmule, de la même manière qu'à l'extrémité de la racine ou de la pousse feuillée d'une plante déjà formée.

Les *tissus vasculaires* se constituent dans le méristème du cylindre central et des cotylédons (fig. 170 et 171).

Chez les *monocotylédones*, on ne voit qu'*un seul mamelon terminal* indiquant la formation d'*un seul* cotylédon ; l'origine de la gemmule est *sur le côté*.

La radicule est toujours formée du côté du suspenseur et possède des initiales profondes ; les initiales de la coiffe et celles de l'écorce et de l'assise pilifère proviennent du *tissu de pénétra- tion du suspenseur ;* les initiales du cylindre central dépendent de la partie supérieure de l'embryon proprement dit.

La forme et le développement de l'embryon sont très variables dans les diverses graines.

Dans tous les cas, l'œuf se divise transversalement en *deux cellules,* l'une qui donnera le *suspenseur,* l'autre qui donnera *l'embryon.*

Ce qui est également constant, c'est que *la radicule prend naissance du côté du micropyle* et qu'elle est toujours d'origine *endogène.*

Au contraire, les éléments qui produisent la gemmule n'exfo- lient aucun tissu en se développant : la gemmule est d'origine *exogène.*

Le suspenseur peut affecter des formes très différentes. Tantôt il est simplement composé d'une ou plusieurs files de cellules, et son rôle se borne à enfoncer l'embryon dans les matières nutri- tives de l'albumen. Tantôt il atteint des dimensions considérables, se nourrit aux dépens de l'albumen et du nucelle, et accumule en lui des réserves destinées plus tard à l'embryon.

Chez certaines orchidées (Herminium, Serapias), le suspenseur est formé de cellules très allongées, qui sortent du sac embryonnaire, se dirigent sur le placenta et absorbent des substances nutritives destinées à l'embryon; le suspenseur est alors un *organe d'absorption*.

DÉVELOPPEMENT DE L'ŒUF ACCESSOIRE EN ALBUMEN

Le noyau de l'œuf accessoire est constitué, comme nous l'avons indiqué, par la fusion d'un anthérozoïde avec deux des noyaux du sac embryonnaire.

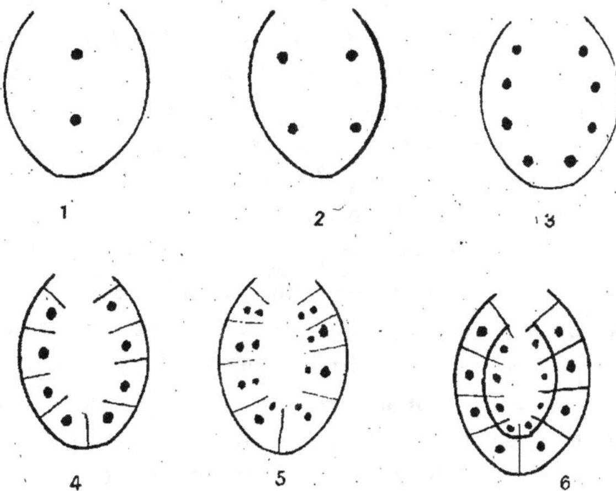

Fig. 172. — Schéma des stades successifs de la formation de l'albumen par division du noyau secondaire du sac embryonnaire.

Ce noyau de l'œuf accessoire se divise ensuite en deux autres noyaux; ces deux derniers se dirigent ordinairement *vers les parois du sac embryonnaire,* et se subdivisent rapidement en fournissant 4, 8, 16, 32 noyaux (fig. 172).

Tandis que l'embryon se développe, l'albumen se constitue ainsi en un certain nombre d'énergides, sans cloisons cellulaires, au milieu d'un protoplasme commun.

Bientôt les cloisons se forment entre les noyaux de l'albumen, pendant que l'embryon continue à s'accroître aux dépens du tissu voisin de l'albumen en voie de formation.

Cet embryon digère les cellules de l'albumen, membranes et noyaux.

Si la dessiccation et la maturation de la graine ont lieu quand l'albumen n'est pas entièrement digéré, on a une *graine à albumen*.

Si la dessiccation et la maturation de la graine ont lieu quand l'albumen est complètement digéré, on a une *graine sans albumen*.

Dans le cas d'une *graine albuminée, la digestion du reste de l'albumen ne reprendra qu'au moment de la germination.*

Dans le cas d'une *graine sans albumen*, c'est la nouvelle réserve nutritive, constituée par les *cotylédons*, qui est employée par la plantule *au moment de la germination.*

Notons que, chez les légumineuses du groupe des *viciées*, l'albumen se constitue *sans se cloisonner.*

Chez les orchidées, l'*albumen ne se constitue pas*, bien que le noyau secondaire du sac embryonnaire produise un œuf accessoire avec l'un des anthérozoïdes du tube pollinique.

Dans bon nombre de graines, dites *sans albumen*, restent en réalité quelques assises d'albumen formant la *couche protéique* riche en substances albuminoïdes. *Il y a ainsi tous les passages entre la graine mûre sans albumen et la graine mûre albuminée.*

Dans quelques groupes de gamopétales, tels que les scrofularinées et les plantaginées, on a constaté que l'albumen constitue des sortes de *cellules-suçoirs* puisant, dans les parties de l'ovule les plus riches en matières nutritives, les aliments nécessaires au jeune embryon. Ces suçoirs se rencontrent dans les ovules dont les téguments n'ont pas de *faisceaux libéro-ligneux*, et chez lesquels par conséquent le transport des matières nutritives est difficile.

Quant aux *synergides* et aux *antipodes*, sauf dans les cas très rares où elles peuvent produire des embryons, elles disparaissent en général à l'époque où se développent l'embryon et l'albumen, qui les digèrent.

Le nucelle est le plus souvent digéré soit par l'albumen, soit par l'embryon. Cependant dans certaines plantes (nymphéacées, zingibéracées, pipéracées, cannas), il reste un tissu nucellaire de réserve, le *périsperme,* jouant le même rôle que l'albumen.

Les graines des nymphéacées, zingibéracées, pipéracées contiennent à la fois un albumen et un périsperme ; la graine des cannas ne renferme qu'un périsperme.

DÉVELOPPEMENT DES TÉGUMENTS DE LA GRAINE

Les *téguments de l'ovule* fournissent les *téguments de la graine.*

Le tégument externe de l'ovule, avec ses nervures, constitue habituellement la partie la plus épaisse des téguments de la graine.

Le tégument interne de l'ovule, ordinairement dépourvu de nervures, est la région la moins épaisse. Ce tégument interne est parfois digéré par l'albumen ; il en est ainsi chez les renonculacées.

Chez certaines graminées, le tégument externe de l'ovule est lui-même digéré à son tour par l'albumen ; alors l'amande de la graine mûre est directement entourée par le *péricarpe,* c'est-à-dire par les *parois de l'ovaire.*

IV — FRUIT ET GRAINE DES GYMNOSPERMES

Chez les pins, le fruit est un *fruit composé* appelé *cône* (fig. 51, 52, 53, 54, p. 59).

Il est formé d'un axe sur lequel sont insérés les carpelles durcis et lignifiés ; *entre ces carpelles sont cachés les ovules transformés en graines.*

Les bractées, à l'aisselle desquelles se trouvent les carpelles dans la fleur, disparaissent en général à peu près complètement dans le fruit.

A la maturité, les carpelles (ou écailles du cône) se recourbent vers l'extérieur, s'écartent les uns des autres, et laissent échapper les graines.

Le tégument des graines de gymnospermes est très dur et muni latéralement d'une membrane mince (fig. 173), sorte d'aile qui favorise la *dissémination par le vent*.

Sous le tégument se trouve une amande, composée de l'*endosperme* non digéré pendant la maturation de la graine et de l'*embryon unique* situé à l'intérieur de l'endosperme (fig. 174).

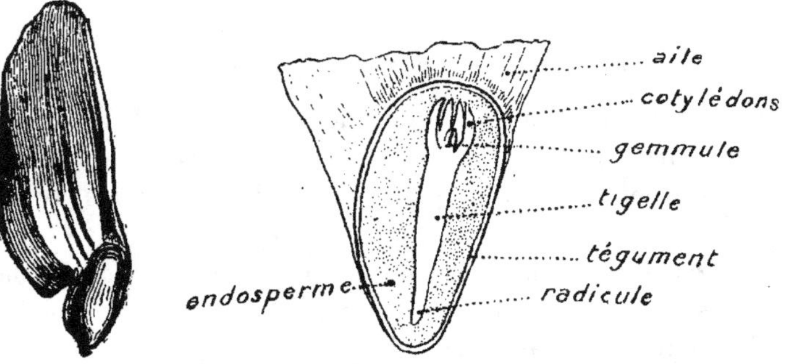

Fig. 173.
Graine de pin sylvestre
avec son aile latérale.

Fig. 174. — Coupe d'une graine de pin sylvestre.

L'endosperme, développé *directement* par bipartition des cellules contenues dans le sac embryonnaire, est un tissu homogène, dont les cellules à parois minces sont remplies de substances de réserve. Bien que d'origine différente, cet endosperme joue, chez les gymnospermes, le même rôle physiologique que l'albumen chez les angiospermes.

Chez les gymnospermes, en général l'embryon a la même constitution que chez les angiospermes.

Il possède une *radicule,* un *axe hypocotylé* portant les *cotylédons* à sa partie supérieure, et une *gemmule.*

Mais, contrairement aux angiospermes, chez lesquels le nombre des cotylédons est un caractère d'une fixité absolue, les gymnospermes possèdent un nombre de cotylédons variable non seulement d'un genre ou d'une espèce à l'autre, mais *variable aussi parmi les individus d'une même espèce.*

Le Zamia n'a ordinairement qu'un cotylédon; il peut en posséder deux ou trois.

Le cyprès en a le plus souvent deux.

Le nombre des cotylédons change beaucoup chez les diverses espèces de pins; le pin sylvestre en possède généralement trois à cinq; le pin pignon en a douze.

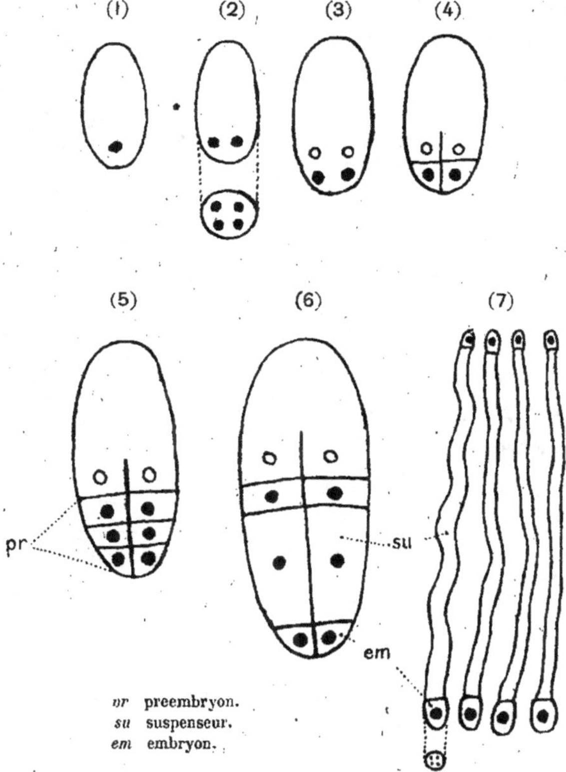

Fig. 175. — Phases successives de l'évolution de l'œuf chez les conifères.

Le développement de l'œuf des gymnospermes diffère de celui des angiospermes.

En thèse générale, par exemple chez le pin, le noyau de l'œuf des gymnospermes, qui occupait le pôle supérieur de la cellule-œuf à l'instant de la fécondation, descend au pôle inférieur aussitôt après. Il subit deux bipartitions successives dans un plan transversal; ce qui donne quatre nouveaux noyaux situés dans un même plan (fig. 175).

Ces quatre noyaux se divisent parallèlement à l'axe du corpuscule; et alors *deux étages de chacun quatre noyaux* se trouvent formés (fig. 175⁴).

Une cloison de cellulose paraît bientôt entre les deux étages;

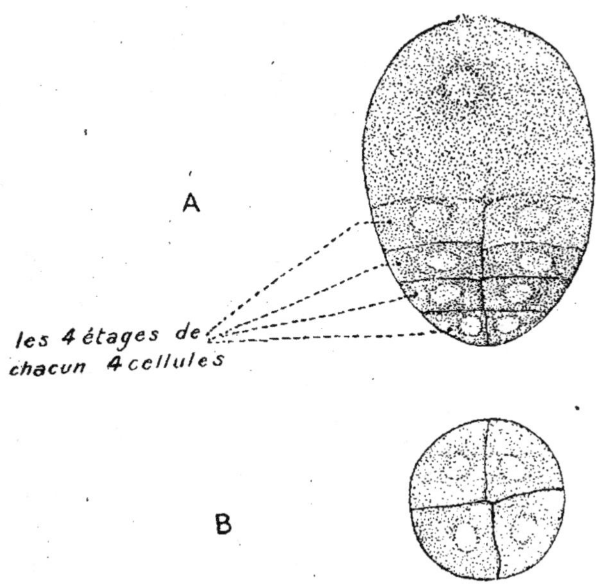

Fig. 176. — Préembryon de pin sylvestre (schéma).

A Coupe longitudinale.   B Coupe transversale.

puis deux cloisons longitudinales perpendiculaires l'une à l'autre séparent les huit noyaux des deux étages : dès ce moment les quatre noyaux inférieurs sont enfermés dans *quatre cellules complètes,* tandis que les quatre noyaux supérieurs sont contenus dans des sortes d'alvéoles ouvertes à la partie supérieure.

Plus tard, les quatre cellules inférieures se cloisonnent deux fois de suite transversalement, pour fournir *trois étages super-*

posés de chacun quatre cellules. Seules les cellules de ces trois étages prendront part à la constitution des embryons; elles forment un *préembryon* (fig. 175 et 176).

La partie supérieure du protoplasme de l'œuf, avec les quatre noyaux contenus dans les alvéoles, se résorbe et disparaît.

Dans le préembryon, les quatre cellules de l'étage supérieur conservent leurs dimensions; les quatre cellules de l'*étage moyen*

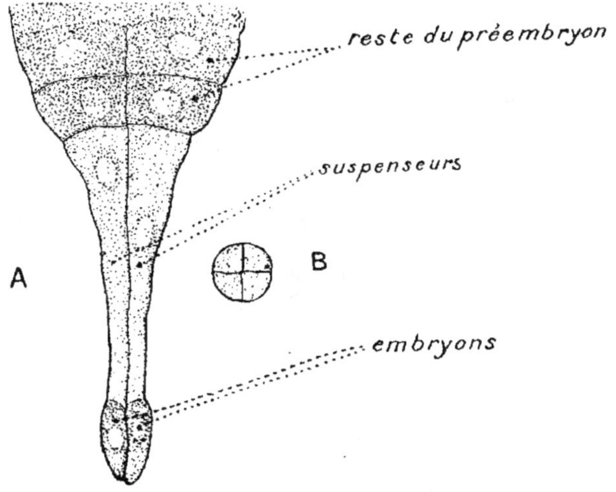

Fig. 177. — Formation des embryons du pin sylvestre.

A Coupe longitudinale.　　　　B Coupe transversale.

s'allongent considérablement, se cloisonnent transversalement et poussent les *quatre cellules de l'étage inférieur dans l'endosperme,* dont les réserves nutritives servent au développement de l'embryon (fig. 177).

Les quatre cellules allongées de l'étage moyen, avec leurs divisions, forment le *suspenseur* de l'embryon.

Les quatre cellules de l'étage inférieur constituent *chacune un embryon distinct.* Elles s'écartent les unes des autres, en isolant leur suspenseur, puis se divisent chacune en quatre par deux cloisons rectangulaires. D'autres cloisonnements successifs continuent la formation de l'embryon.

Chaque corpuscule fournit ainsi *quatre embryons* (fig. 178 et 179). On devrait donc trouver autant de fois quatre embryons qu'il y a de corpuscules dans l'ovule. En réalité, *un seul des embryons* atteint son développement complet, après avoir digéré tous les autres ainsi qu'une partie de l'endosperme.

Dans la partie voisine de son suspenseur, l'embryon constitue *sa radicule;* au pôle opposé, il forme *sa gemmule,* autour de

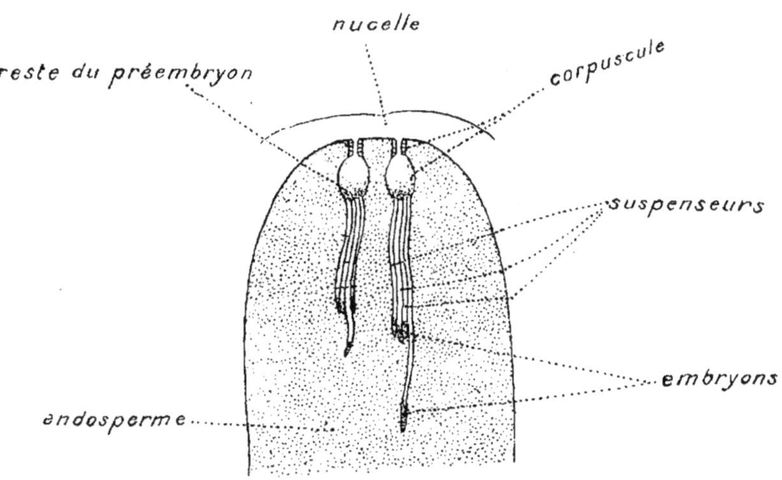

Fig. 178. — Développement des embryons du pin sylvestre.

laquelle la tigelle porte un nombre variable de cotylédons (fig. 180).

Nous avons vu que les gymnospermes n'ont *pas d'albumen,* mais *un endosperme* qui remplit les mêmes fonctions.

Chez les gymnospermes autres que le pin, on peut constater des variations dans le mode de formation du suspenseur, dans le nombre des embryons donnés par le même œuf, et dans les premiers cloisonnements de l'embryon.

Chez le *thuia,* le *cyprès,* l'*épicéa,* le *préembryon ne fournit qu'un embryon* au lieu de quatre.

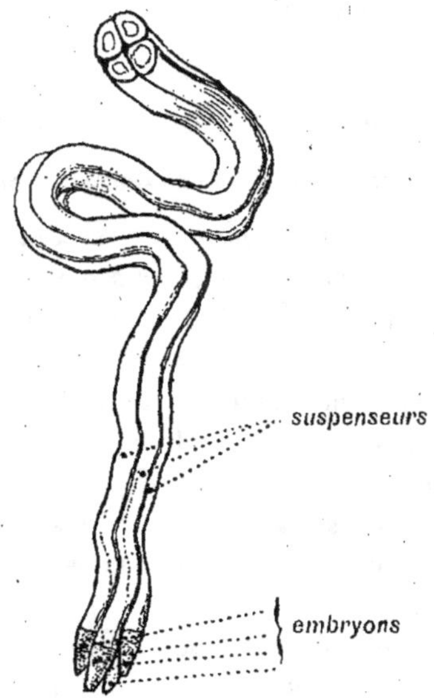

Fig. 179. — Le groupe des 4 embryons du pin sylvestre.

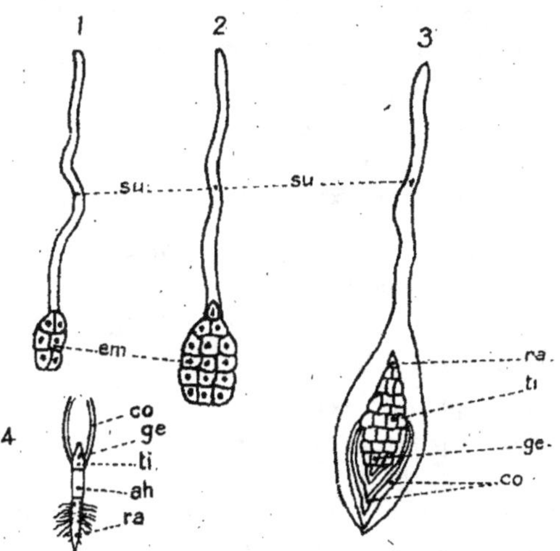

Fig. 180. — Développement de l'embryon de gymnosperme.

su suspenseur.
em embryon.
ra radicule.
ti tigelle.

ge gemmule.
co cotylédons.
ah axe hypocotylé.

V — GERMINATION DE LA GRAINE ET ÉVOLUTION DE LA PLANTE

CONDITIONS INTERNES DE LA GERMINATION

Pour que la graine puisse *germer,* c'est-à-dire se transformer en *plantule,* il faut certaines conditions tenant à la graine elle-même, à sa structure, à son état de développement. C'est ce qu'on appelle les *conditions internes de la germination.*

Chez les arbres, et notamment dans la famille des rosacées, il arrive que la graine, ayant atteint *son complet développement, ne peut pas encore germer.*

Au contraire, d'autres graines *n'ayant pas atteint leur complet développement,* comme celles de certaines légumineuses, sont capables de germer.

La durée du pouvoir germinatif varie avec l'espèce. En général, les graines contenant des réserves *amylacées* conservent la faculté de germer plus longtemps que les graines qui renferment des réserves *oléagineuses;* en effet, l'huile de l'albumen s'oxyde et ne peut plus être digérée au bout de peu de temps.

Il y a, pour chaque espèce, *un état de développement interne* correspondant au pouvoir germinatif; cet état est atteint à des époques qui varient avec l'espèce.

CONDITIONS EXTERNES DE LA GERMINATION

Les conditions externes de la germination sont celles qui tiennent *au milieu ambiant.*

Pour qu'une graine puisse germer, il faut :

Une certaine *température;*

Une certaine quantité d'*eau;*

Une certaine quantité d'*oxygène.*

1° **Température.** — Une graine ne peut germer que si on lui fournit une température suffisante.

Il y a pour chaque espèce de graines :

Une *température minima,* au-dessous de laquelle la germination ne se produit pas; .

Une *température maxima,* au-dessus de laquelle la germination n'a plus lieu;

Une *température optima,* à laquelle la germination se produit le mieux.

2° **Eau.** — Il y a, pour chaque espèce de graines :

Une quantité d'eau *minima,* nécessaire à la germination ;

Une quantité d'eau *maxima,* au-dessus de laquelle la germination n'a plus lieu ;

Une quantité d'eau *optima,* qui donne la germination la plus rapide.

Cette eau pénètre dans la graine *par toute la surface des téguments, et non pas seulement par le hile.*

3° **Oxygène.** — Il n'y a pas de germination sans oxygène, et il faut que cet oxygène qui entoure la graine ait une *certaine pression,* variable suivant les espèces.

Il y a une pression *minima,* une pression *maxima,* une pression *optima,* dont les valeurs dépendent des diverses espèces de graines.

La pression *optima* correspond à la pression de l'oxygène voisine de sa pression dans l'air, ou un peu supérieure.

D'autres gaz inertes, venant s'ajouter à l'oxygène pour augmenter la pression totale de l'atmosphère, n'ont pas d'influence sur la germination.

ESSAI DES GRAINES

Pour *essayer* des graines d'une essence quelconque, on prend un poids déterminé de ces graines, soit 10 grammes par exemple. De cet échantillon on enlève les corps étrangers. Supposons que le poids restant soit de 9 grammes, on dit que la *pureté des graines* est de 90 °/₀.

Pour apprécier la *faculté germinative* des graines, on en prélève une certaine quantité, et on les met dans les conditions nécessaires pour la germination.

Pour cela, on les fait d'abord tremper dans l'eau pendant une durée de quelques heures à deux jours suivant les dimensions et la dureté des téguments. Puis on les place soit entre deux couches de papier buvard humide, soit dans du sable ou de la sciure de bois imprégnés d'eau, le tout dans une étuve maintenue à la température *optima* de germination (21° le plus souvent).

On laisse les graines séjourner dans ce milieu pendant un nombre de jours déterminé pour chaque espèce (le plus souvent environ un mois).

Puis on établit la proportion des graines qui ont germé.

Supposons que, sur 100 graines, 90 ont germé : la *faculté germinative* du lot en expérience sera de 90 °/₀.

L'*énergie germinative* consiste dans la rapidité plus ou moins grande de la germination. Il faut également en tenir compte; car les graines germant lentement et irrégulièrement fournissent de jeunes plants peu résistants.

La valeur d'un lot de graines dépend donc à la fois de la *pureté*, de la *faculté germinative* et de l'*énergie germinative* de ces graines.

GERMINATION DES GRAINES A ALBUMEN

La germination a pour résultat le développement de l'*embryon* en *plantule* (fig. 181).

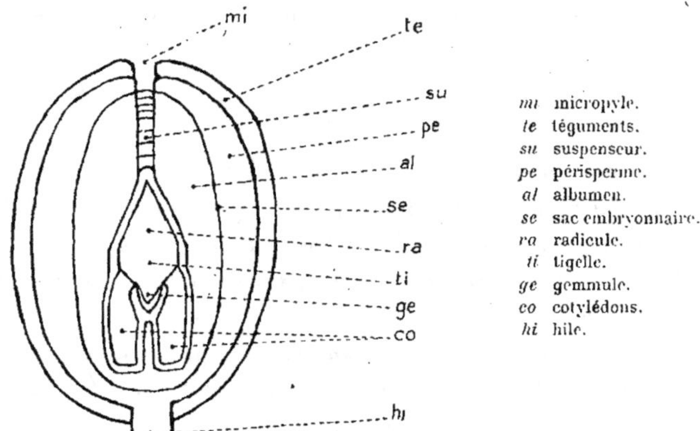

Fig. 181 — Position de l'embryon dans un ovule orthotrope (schema).

Si nous prenons comme exemple une graine de ricin (fig. 182), nous constatons que, au moment de la germination, elle absorbe de l'eau, se gonfle et distend le tégument.

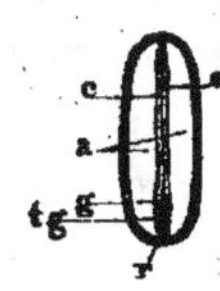

Fig. 182.
Graine de ricin.
Grandeur naturelle.
(D'après M. G. B.)

r   radicule.
tg tigelle.
g   gemmule.
c   cotylédons.
a   albumen.

La radicule s'allonge en premier lieu ; comme cette radicule a sa pointe tournée vers le micropyle, c'est précisément au micropyle que se produit la rupture première du tégument de la graine (fig. 183).

Par la fente ainsi produite, la radicule sort et s'allonge en bas, suivant la verticale, guidée par son *géotropisme positif;* elle constituera la *racine terminale.*

Quand la radicule est sortie, la tigelle à son tour s'allonge en haut, suivant la verticale, guidée par son *géotropisme négatif;* elle devient l'*axe hypocotylé.*

La tigelle, en s'allongeant, soulève progressivement la graine

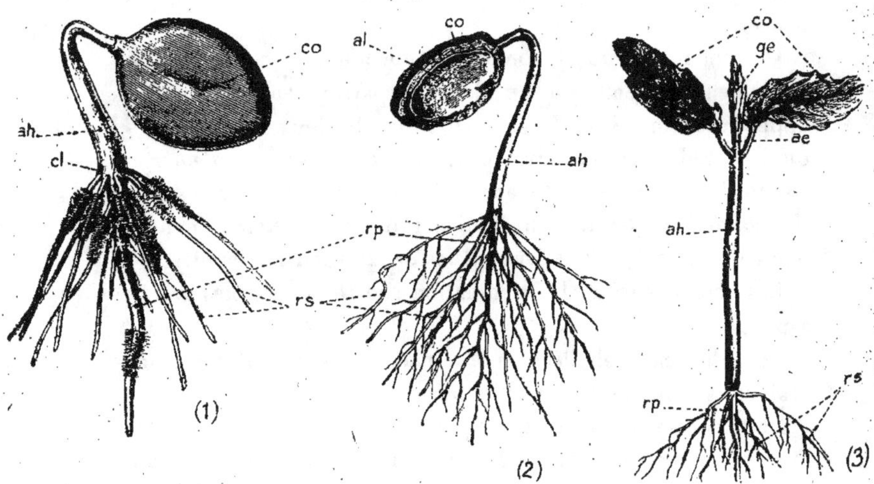

Fig. 183. — Phases successives de la germination du ricin (d'après M. G. Bonnier) : (1) (2), (3).

co   cotylédons.
ah   axe hypocotylé.
ae   axe épicotylé.
rp   racine principale.

rs   radicelles.
ge   gemmule.
al   reste de l'albumen.
cl   collet de la racine.

portée à son sommet, avec la gemmule, les cotylédons, l'albumen et les téguments.

La *région hypocotylée* de la tige ainsi développée est comprise entre la limite supérieure de la radicule (marquée par les premiers poils absorbants) et la graine soulevée ; c'est le *premier entre-nœud*.

Bientôt le tégument de la graine, de plus en plus distendu par son contenu, se déchire davantage et finit par se détacher complètement.

Les cotylédons s'épanouissent alors, se séparent l'un de l'autre et *verdissent sous l'action de la lumière ;* leurs nervures s'accusent, et ils ne tardent pas à prendre l'apparence de feuilles vertes fixées au sommet de l'axe hypocotylé.

Plus tard, le cône végétatif, ou *gemmule,* s'allonge au-dessus de l'insertion des cotylédons et forme progressivement des feuilles nouvelles, qui s'épanouissent successivement ; cette partie de la tige, supérieure aux cotylédons et issue de la gemmule, constitue la *région épicotylée de la tige ;* c'est *toute la tige des arbres.*

On remarquera que l'albumen est, pendant le cours du développement de l'embryon en plantule, partagé en deux moitiés appliquées contre les faces inférieures de deux cotylédons, et qu'il se réduit progressivement ; il est *digéré par l'embryon* auquel il fournit ses substances de réserve *par l'intermédiaire des cotylédons ;* finalement il disparaît complètement, pendant que les deux cotylédons forment les deux premières feuilles.

Les phénomènes de la germination sont très variables avec les espèces.

Chez les caryophyllées et les chénopodées, l'albumen des graines est entouré par l'embryon.

Dans ce cas, un seul des cotylédons est en contact avec l'albumen, tandis que l'autre est en contact avec les téguments. Malgré cela, pendant le développement, les deux cotylédons deviennent presque toujours parfaitement égaux en verdissant, en prenant l'apparence foliacée ; les matières de réserve sont absorbées également par les deux cotylédons.

Chez certaines plantes, comme le maïs, la tigelle ne s'allonge pas pendant la germination.

Le cotylédon, la gemmule et l'albumen ne sont pas soulevés.

Le cotylédon reste enfermé dans les enveloppes du caryopse, ne contient pas de chlorophylle et n'acquiert pas l'apparence foliacée ; il se flétrit après avoir absorbé les réserves de l'albumen. Le système normal des racines est remplacé, pendant la germination, par des *racines adventives, nées sur les nœuds les plus inférieurs de la tige.*

Les graines du dattier (Phœnix dactylifera), des autres palmiers et d'un grand nombre de monocotylédones germent d'une manière tout à fait spéciale.

La radicule s'allonge d'abord, la tigelle restant très courte.

Puis la partie terminale du cotylédon s'élargit et digère les parties voisines de l'albumen.

Le pétiole de ce cotylédon s'allonge très vite et enfonce dans la terre la radicule, la tigelle et la gemmule. Celle-ci, entourée par la gaine cotylédonaire, laisse échapper ses feuilles hors de cette gaine et hors de terre. La tige ne s'allonge que plus tard.

Chez la plupart des monocotylédones, l'axe hypocotylé reste très court, et la tige principale n'est visible qu'après la germination.

GERMINATION DES GRAINES SANS ALBUMEN

Examinant, par exemple, une graine de haricot, nous observons, lors de la germination, les phénomènes suivants :

La radicule déchire les téguments, et s'allonge verticalement de haut en bas.

La tigelle s'allonge verticalement de bas en haut, et soulève au-dessus du sol les cotylédons qui s'écartent l'un de l'autre et rejettent les téguments (fig. 184).

Puis la gemmule se développe, et forme, au-dessus des cotylédons, une tige garnie de feuilles.

Pendant la germination, *ce sont les cotylédons,* contenant les matières de réserve, qui nourrissent la jeune plantule en voie de développement. D'abord très épais, ils se vident tout en devenant verts, se rident, puis se flétrissent et tombent.

Chez certaines graines sans albumen, la tigelle ne s'allonge pas comme dans le haricot, et les cotylédons restent dans le sol, enfermés dans les téguments. Il en est ainsi dans le pois (Pisum sativum). Alors les cotylédons sont *hypogés,* au lieu d'être *épigés* comme dans le cas précédent.

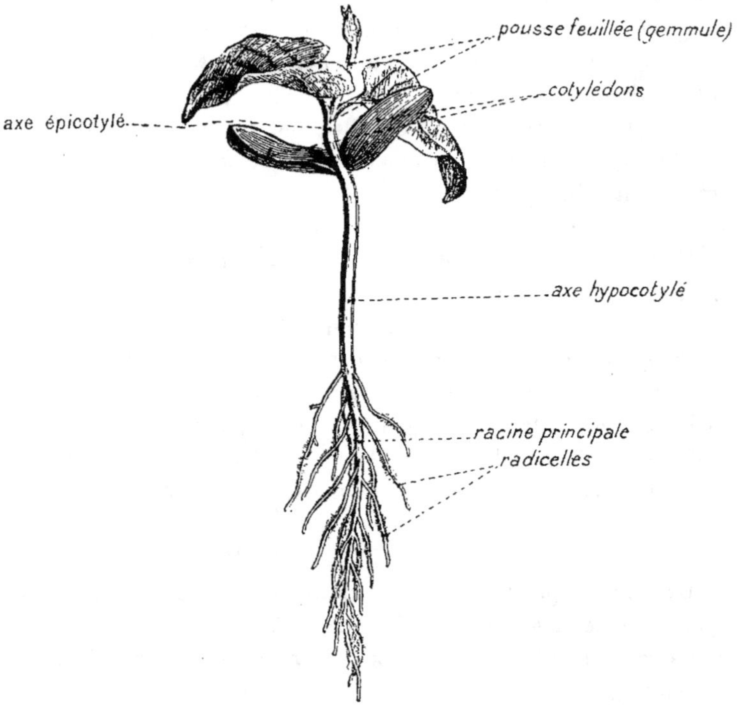

Fig. 184. — Germination du haricot (d'après M. G. B.).

Chez le chêne, on trouve *un cas intermédiaire entre celui du haricot et celui du pois* (fig. 185 et 186).

La radicule, lors de la germination, perce le mince tégument de la graine et le péricarpe durci du gland.

Elle s'enfonce dans le sol.

Puis le tégument de la graine se déchire ; l'enveloppe du fruit se brise ; les cotylédons se gonflent.

Ces cotylédons, pétiolés et munis d'une sorte de talon, ne prennent pas la forme de feuille et verdissent à peine ; ils se

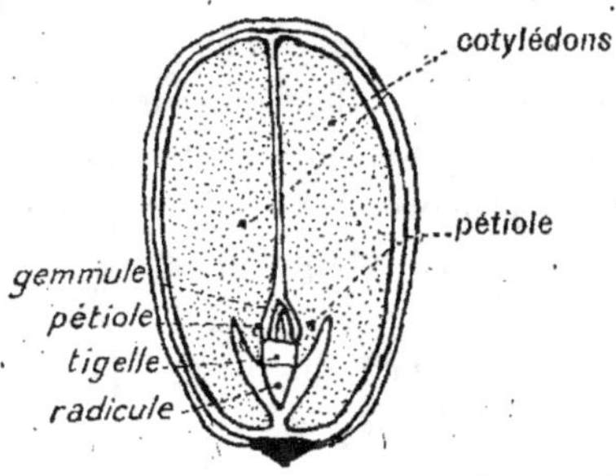

Fig. 185. — Gland de chêne. Coupe longitudinale

détachent dès qu'ils ont fourni à la plante les réserves qu'ils contenaient ; la gemmule s'allonge ensuite à son tour, et *se développe en pousse feuillée.*

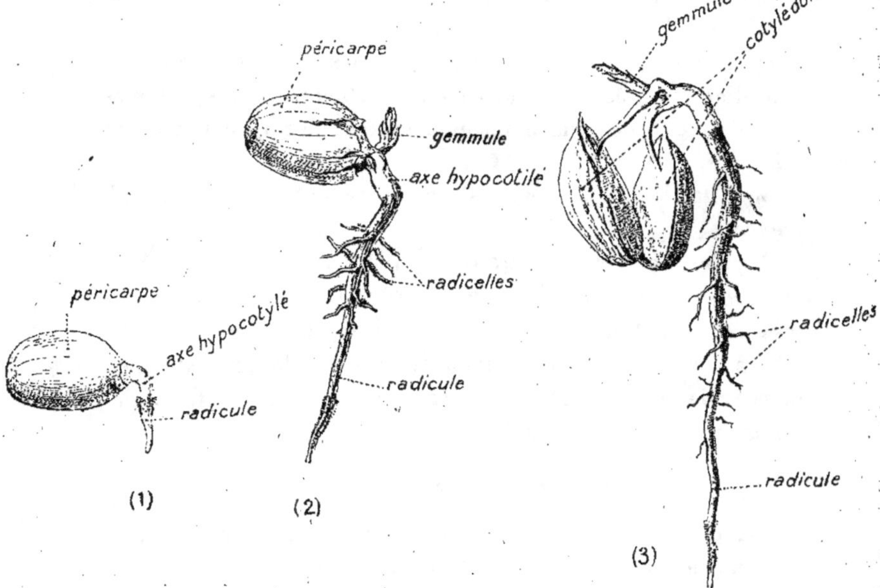

Fig. 186. — Germination du chêne (réduction de 1/3, d'après M. G. BONNIER). Stades successifs : (1), (2), (3).

DÉVELOPPEMENT DE LA GEMMULE

La *gemmule* produit la *tige feuillée* proprement dite.

Les premières feuilles, *dites primordiales,* diffèrent le plus souvent, par leur forme, à la fois des cotylédons et des feuilles ordinaires qui apparaissent ensuite sur la plante développée.

Ainsi les feuilles primordiales de l'eucalyptus sont produites pendant plusieurs années sur la plante; elles ne ressemblent pas aux feuilles définitives.

Les feuilles *primordiales* de l'eucalyptus sont *opposées, dépourvues de pétiole, à limbe horizontal,* à parenchyme *palissadique* vers la face supérieure et *lacuneux* vers la face inférieure. Les feuilles *ordinaires* sont *alternes, pétiolées, à limbe à peu près vertical, à parenchyme palissadique sur les deux faces.*

Chez certaines plantes (lotus, bunium...), la gemmule ne se développe pas; la première tige est produite soit par des bourgeons latéraux, nés à l'aisselle des cotylédons, soit par des bourgeons adventifs issus de l'axe hypocotylé ou de la racine principale.

Dans le développement de la plantule, les réserves de la graine sont digérées grâce à l'influence des substances azotées, solubles dans l'eau et généralement insolubles dans l'alcool, qu'on appelle *diastases.*

Chez le ricin, les diastases sont disséminées *dans tout l'albumen.*

Chez les graminées, on trouve les diastases surtout dans l'*assise périphérique* de l'albumen, dépourvue d'amidon; ces diastases se rencontrent également dans la plantule elle-même.

Dans certaines graines, notamment dans le dattier, l'albumen ne possède *pas de diastases;* celles-ci sont dans la plantule, spécialement dans le cotylédon.

GERMINATION CHEZ LES GYMNOSPERMES

En règle générale, la germination a lieu chez les gymnospermes de la même manière que chez les angiospermes.

Ainsi la graine du pin sylvestre absorbe de l'eau; le tégument éclate sous la pression de la radicule qui s'enfonce en terre ; l'axe hypocotylé se développe en soulevant les cotylédons ; ceux-ci absorbent les réserves de l'endosperme qui leur reste accolé ; puis les téguments de la graine se détachent et les cotylédons achèvent leur croissance (fig. 187).

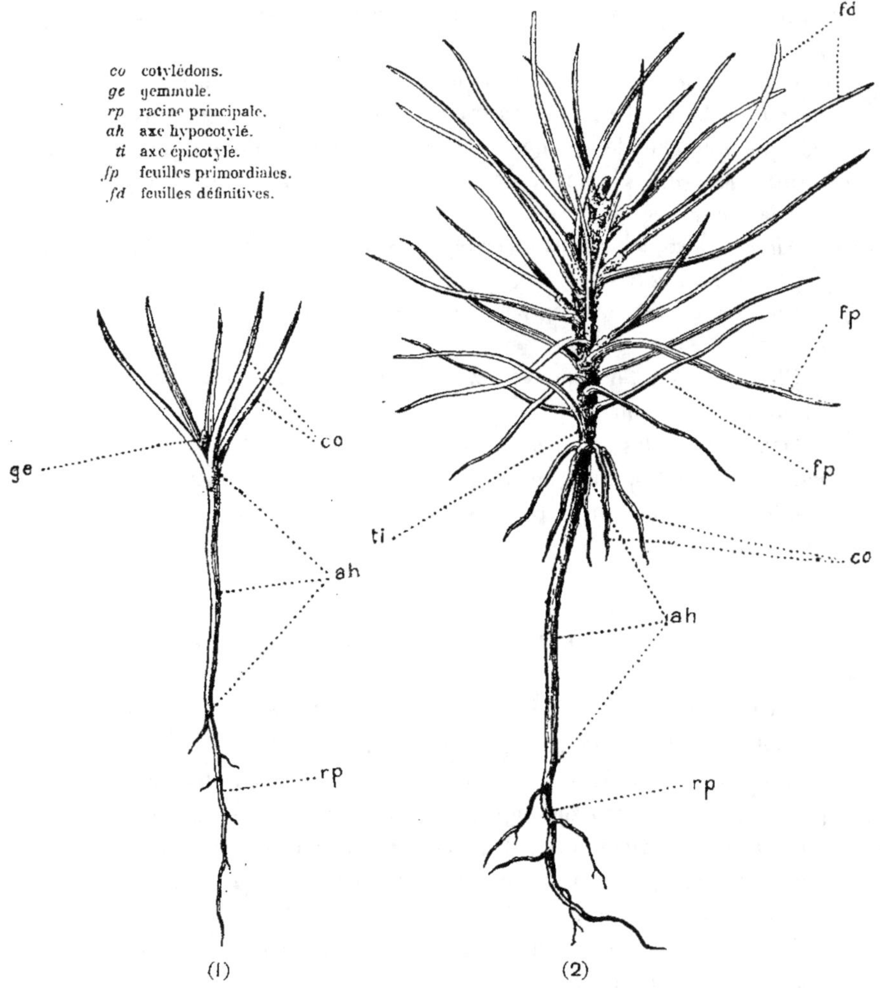

Fig. 187. — Germination du pin sylvestre. Stades (1) et (2).

La gemmule s'allonge ensuite.

Les premières feuilles, ou *feuilles primordiales,* sont plus courtes que celles du pin adulte ; de plus elles sont insérées directement et isolément sur la tige.

Après un ou deux ans, les tiges ne portent que des écailles sans chlorophylle à l'aisselle desquelles naissent des *bourgeons rudimentaires* portant chacun *deux longues feuilles.* Le pin est alors *caractérisé.*

Chez beaucoup de gymnospermes existent des feuilles *primordiales* bien différentes des *feuilles définitives.* Il en est ainsi par exemple chez le ginkgo, dont les feuilles primordiales sont étroites et simples, au lieu d'être aplaties et bilobées comme les feuilles définitives.

Au contraire, les sapins et les épicéas ont *immédiatement des feuilles définitives.*

Chez les cycadées, les premières feuilles ont presque la forme définitive.

Chez la plupart des gnétacées, il y a des feuilles *primordiales* ayant une forme spéciale.

Dans toutes les graines de gymnospermes on trouve une partie de l'endosperme non digérée pendant la maturation de l'embryon. Cette partie est absorbée pendant le cours de la germination.

B — *REPRODUCTION ASEXUÉE*

Un fragment de l'appareil végétatif d'une plante peut parfois reproduire cette plante, sans formation d'œuf.

Ainsi, un pied de fraisier fournit plusieurs autres pieds distincts par simple séparation des tiges rampantes qui en sont issues ; un bulbille (bourgeon aérien) de ficaire donne naissance à une nouvelle plante ; un rameau de saule osier mis en terre émet des racines et forme un nouvel arbre.

Ces modes de *reproduction asexuée* constituent ce qu'on appelle une *multiplication.*

C'est à la multiplication *par bouture,* c'est-à-dire à l'aide d'un rameau, détaché de la plante, qu'on peut ramener les divers modes de reproduction asexuée. Ainsi la multiplication par bulbille est en réalité un bouturage. La *greffe* est un bouturage d'une plante sur une autre.

La *bouture* est un fragment de plante, qui, mis dans un milieu favorable, peut reproduire la plante complète.

I — BOUTURAGE

Ordinairement, la bouture est constituée par une branche pourvue de bourgeons; c'est ainsi qu'on multiplie par exemple le saule et le figuier (fig. 188).

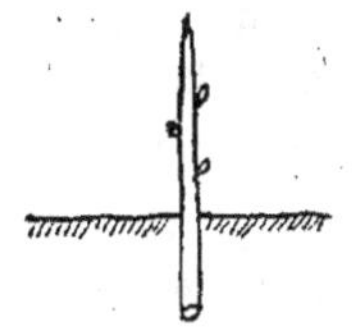

Fig. 188. — Bouturage.

Souvent la branche est feuillée, comme pour le géranium, l'œillet, le tradescantia.

Les racines se produisent alors au niveau de la section, soit dans la terre, soit dans l'air humide, soit dans l'eau.

La bouture peut être une racine, une feuille, un cotylédon.

Pour qu'une plante puisse se bouturer, il faut que le fragment détaché de cette plante émette assez rapidement des *racines adventives* suffisantes pour fournir de l'eau aux parties aériennes.

« Si les racines se forment trop tard, dit M. Gaston Bonnier, l'eau perdue par la transpiration n'est pas remplacée et la bouture se dessèche. Pour éviter cet inconvénient, on cherche autant que possible à diminuer la transpiration; c'est ainsi qu'on ne plante ordinairement que des boutures dépourvues de feuilles et ne portant pas de bourgeons sur le point de s'ouvrir; les racines ont alors le temps de pousser avant que les feuilles se soient développées. Certaines plantes, cependant, peuvent se bouturer avec leurs feuilles; tel est le Pélargonium des jardins. Lorsqu'on veut faire des boutures de plantes à feuilles persistantes, telles, par exemple, que le fusain du Japon, on ralentit la transpiration en recouvrant les boutures d'une cloche en verre qui maintient l'atmosphère saturée d'eau. »

Le bouturage a l'avantage de donner de nouveaux plants plus rapidement obtenus que par la graine et *conservant exactement tous les caractères de la plante-mère.*

La reproduction par graines permet de créer des *variétés nouvelles;* la multiplication par boutures donne le moyen de conserver la *variété produite.*

Beaucoup d'arbres ne peuvent se multiplier par bouturage.

On trouve de nombreux exemples de *boutures naturelles;* tels sont les bulbes (lis) les bulbilles (ficaire), les tubercules (dahlia, pomme de terre), les spores des cryptogames.

Certaines plantes aquatiques, comme les potamots, se multiplient normalement par des fragments de tige ou des bourgeons constituant des boutures naturelles.

Le bouturage est un mode de multiplication appliqué plus généralement en horticulture qu'en sylviculture. Cependant il peut rendre de grands services au point de vue forestier, spécialement en montagne, dans les divers cas suivants :

Quand il s'agit de fixer les terres en pente et de les préserver des affouillements (on emploie alors des boutures de peuplier noir, d'aune blanc, d'aune vert);

Quand on établit des clayonnages et des fascinages, destinés à constituer des barrages vivants (on utilise pour cela tout particulièrement les boutures des divers saules);

Quand on doit reboiser des terres aquatiques ou mouilleuses; (on se sert de boutures de saules et de peupliers);

Quand on désire créer des oseraies.

Dans les pépinières, le bouturage est toujours le meilleur mode de multiplication des saules et peupliers, à l'exception du *saule-marceau* et du *peuplier-tremble.*

Certaines essences exotiques, comme les platanes, sont reproduites de préférence par le bouturage.

On distingue, en bouturage :

Le *plançon,*

La *bouture à bois de deux ans,*

La *bouture à bois de l'année*.

Le *plançon* est une branche de 3 à 4 mètres de longueur sur o^m o5 de diamètre environ.

On la prive de ses rameaux, et on la taille en biseau à son extrémité inférieure, afin d'avoir une grande surface d'absorption destinée à favoriser la *reprise*.

Puis, on la met dans un trou de o^m 5o de profondeur environ, rebouché avec de la bonne terre, autant que possible émiettée à la main.

Il faut éviter soigneusement d'arracher l'écorce du plançon.

Ce mode de multiplication réussit bien pour les grands saules, le saule blanc, le saule osier.

La *bouture à bois de deux ans* est utilisée avec succès pour la multiplication des peupliers, des platanes, des petits saules, des aunes. Le rameau de bouturage est constitué par une branche de l'année, à laquelle on laisse une partie de bois de deux ans. La bouture est d'une longueur de o^m 3o à o^m 7o et taillée en biseau à son extrémité inférieure. On la met en terre, sans endommager l'écorce, en laissant hors du sol les deux ou trois bourgeons supérieurs.

La *bouture à bois de l'année* est constituée par un fragment de tige de l'année. Elle est spécialement employée pour le saule-osier.

Dans tous les cas, la saison de choix pour les bouturages est le *printemps* avant le départ de la végétation.

Les boutures peuvent être conservées en jauge jusqu'à l'instant de leur emploi en place.

II — MARCOTTAGE

Une marcotte est un fragment de végétal, qu'on sépare de la plante-mère seulement après la production des racines nécessaires pour une vie indépendante.

Sur une tige, on choisit par exemple un rameau jeune et vigoureux, voisin du sol ; on le recourbe de manière à le couvrir partiellement de terre (fig. 189).

L'extrémité du rameau, seule, est placée en dehors du sol.

Ce rameau fournit au printemps des pousses feuillées, tandis que la partie souterraine émet des racines.

On peut alors sectionner la base du rameau immédiatement avant la partie mise en terre : on a une *marcotte,* nouveau pied indépendant de l'ancien.

Il est évident que, dans le marcottage, les racines peuvent se développer plus rapidement que dans le bouturage, puisqu'il y a communication de la marcotte avec la plante-mère.

Dans le cas de la vigne, le marcottage, appliqué en grand, s'appelle *provignage,* et les marcottes sont des *provins.*

On peut marcotter un rameau très élevé sur la tige, en l'entourant d'une motte de terre humide et en coupant le rameau après le temps nécessaire à la production des racines (laurier-rose, grenadier).

La marcotte est un procédé de multiplication plutôt horticole que sylvicole. Cependant, dans les reboisements en mon-

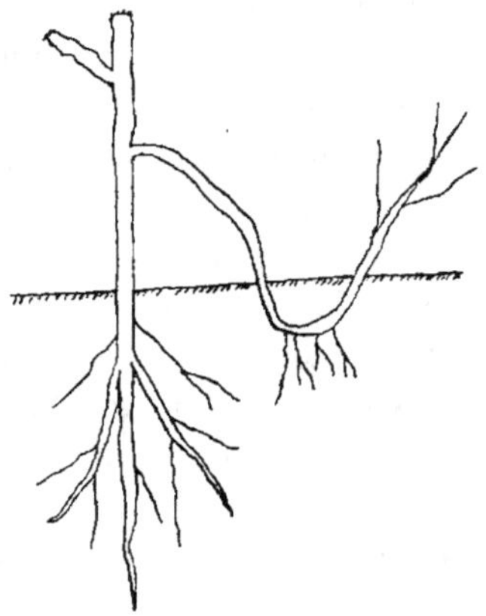

Fig. 189. — Marcottage.

tagne, elle rend les plus grands services. Dans les Alpes, on multiplie très fréquemment l'aune blanc et l'aune vert au moyen du marcottage.

Dans les taillis qui s'épuisent, on peut utiliser avec profit, pour le marcottage, les brins traînants de charme et de tilleul par exemple. On obtient ainsi de nouveaux sujets indépendants.

Le marcottage peut être utile dans les *taillis furetés,* où l'on doit remplacer les souches usées.

Dans les travaux de boisement, ce mode de multiplication diminue beaucoup les frais de plantation.

L'évolution des racines dans le marcottage est notablement

accélérée, si l'on pratique une légère entaille au pied de la marcotte dans la région enterrée.

La saison la meilleure pour le marcottage, comme pour le bouturage, est le *printemps*.

III — GREFFE

La *greffe* consiste à fixer un tronçon de plante ou *greffon* sur une autre plante appelée *sujet,* en mettant en contact, de part et d'autre, des surfaces de cambium qui peuvent se raccorder par cicatrisation, et assurer la nutrition du greffon par le sujet.

Le procédé de multiplication par greffe est surtout appliqué en horticulture, pour conserver les bonnes variétés des arbres qui ne peuvent se multiplier par boutures.

En ce qui concerne la vigne, on préfère même la greffe à la bouture. En greffant, par exemple, une variété de *Vitis vinifera* sur un pied de *Vitis riparia* ou *Vitis rupestris* d'Amérique, on a une souche dont les racines ne sont pas atteintes par le phylloxera, et dont les tiges donnent de bons raisins.

La greffe a lieu habituellement de *tige à tige*.

Cependant on peut utiliser la racine comme *greffon* (*greffe de racine*), ou inversement se servir de la racine comme *sujet* (*greffe sur racine*).

Ainsi, on peut greffer une racine jeune de navet, pourvue de sa rosette de feuilles, sur une tige de chou.

On peut greffer une tige sur une racine : on multiplie par exemple le *Ficus elastica* en greffant tiges sur racines.

La greffe sur racine est d'une réussite générale avec les plantes herbacées ; si la racine est tubéreuse, on doit la prendre jeune ; ainsi une racine jeune de carotte terminée par des entre-nœuds feuillés se greffe bien à une racine jeune de panais.

D'après le mode de jonction du greffon et du sujet, on distingue :

La *greffe en fente,* la *greffe en écusson,* la *greffe en flûte* ou en *sifflet,* la *greffe par approche.*

Pour toutes les greffes, les époques les meilleures sont le *printemps avant le départ de la végétation* ou *l'automne*.

Greffe en fente (fig. 190). — On coupe un rameau d'un an qui est le *greffon*. On sectionne transversalement la tige du sujet à greffer ; puis on fend longitudinalement l'extrémité supé-

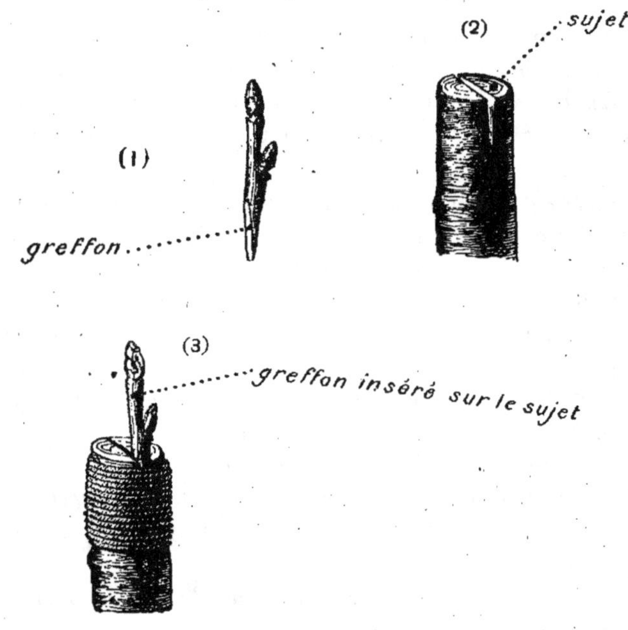

Fig. 190. — Greffe en fente.

(1) greffon.   (2) sujet préparé.   (3) greffon inséré sur le sujet.

rieure de cette tige sectionnée. Dans la fente on introduit l'extrémité supérieure du greffon, taillé en biseau, de manière que la couche génératrice libéro-ligneuse ou *cambium* du greffon corresponde à la couche génératrice cambiale du sujet.

Les deux surfaces en contact sont serrées l'une contre l'autre à l'aide d'un lien, et on recouvre le tout de mastic, pour éviter la dessiccation des tissus.

Les tissus du sujet se soudent à ceux du greffon en établissant entre eux une continuité absolue ; *la sève du sujet passe dans le greffon.*

Les branches issues du développement du greffon conservent les caractères de la plante sur laquelle a été pris ce greffon.

Il faut couper les rameaux poussés sur le sujet au-dessous de la greffe, car ces rameaux reproduiraient évidemment les caractères du sujet et non ceux du greffon.

Quand on place une série de greffons sur la section du sujet, on obtient une *greffe en couronne.*

Quand il s'agit de *greffes herbacées,* on les met habituellement *sous cloche,* afin d'éviter la dessiccation due à une transpiration trop active ; quand la cicatrisation n'est pas encore faite, l'absorption d'eau par le greffon est, en effet, très faible.

Greffe en écusson (fig. 191). — Dans la greffe en écusson, le greffon est *un simple bourgeon,* pris avec le fragment de l'écorce et des tissus extérieurs à l'assise génératrice, sur lequel adhère ce bourgeon.

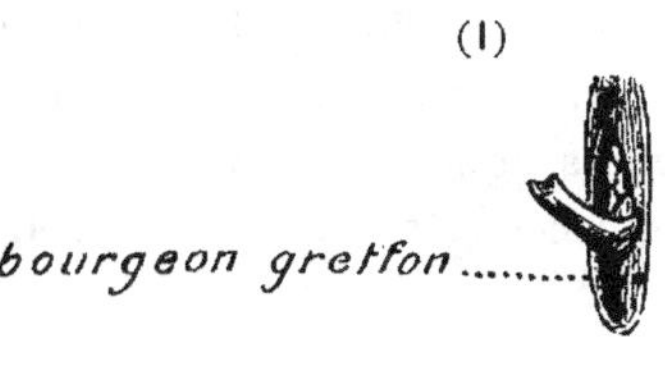

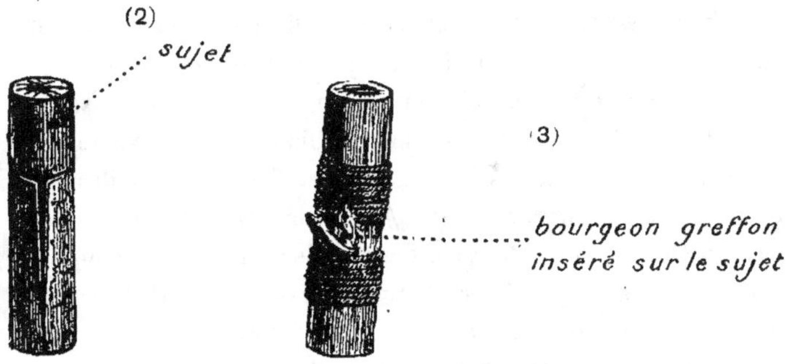

Fig. 191. — Greffe en écusson.

(1) bourgeon greffon.   (2) sujet préparé.   (3) greffon inséré sur le sujet.

On donne à ce fragment la forme d'un rectangle ou d'un *écusson*. On fait sur le sujet deux incisions en T jusqu'au bois. On décolle les deux lèvres de ces incisions de la surface du bois du sujet. Puis on place l'écusson dans l'entaille en l'appliquant sur ce bois, de manière que, par la partie supérieure, cet écusson vienne au contact du bord de l'incision transversale faite sur le sujet. On referme ensuite sur le greffon les lèvres de l'incision et on les maintient réunies par une ligature (fig. 191).

Le *bourgeon-écusson* prend la sève du sujet et donne un rameau de la variété cherchée.

La greffe en écusson est effectuée habituellement vers le mois d'août : le greffon ne pousse alors qu'au printemps suivant ; la greffe est dite *à œil dormant*.

Si l'opération était faite au printemps, le bourgeon-greffon pourrait se développer immédiatement et la greffe serait *à œil poussant*.

L'écussonnage est le plus souvent employé pour la multiplication des rosiers.

Greffe en flûte. — Le greffon est formé par un *anneau cortico-libérien* complet avec ses bourgeons. Cet anneau est adapté sur le sommet du corps ligneux du sujet, que l'on a mis à nu. Le greffon doit remplacer très exactement les tissus enlevés au sujet.

Greffe par approche. — Dans la greffe par approche, deux rameaux appartenant chacun à deux plantes différentes sont entaillés chacun en un point déterminé. Les entailles sont mises en contact de manière que les assises cambiales soient exactement réunies. Puis on ligature et on mastique. Quand la soudure est achevée, on sépare le *rameau-greffon* de la *plante mère*.

La nutrition de ce greffon est désormais assurée par le sujet.

Les greffes par approche sont fréquentes en forêt. Il arrive souvent, en effet, que des branches ou des tiges appartenant à deux arbres voisins se rapprochent et viennent en contact. Aux points de contact, il se produit une décortication plus ou moins profonde par les frottements dus à l'action du vent : la soudure a lieu.

Mécanisme de la cicatrisation. — Les cellules voisines des surfaces de section se multiplient et forment deux méristèmes se comprimant et se soudant l'un à l'autre.

La partie de méristème comprise entre les faisceaux du greffon et du sujet se différencie en éléments conducteurs nouveaux, qui établissent la communication de part et d'autre. Les cellules les plus extérieures se subérifient.

Les cellules qui se trouvent près de la soudure constituent beaucoup d'amidon chez le greffon, alors qu'on en trouve peu dans les cellules du sujet.

Parenté des plantes greffées. — Pour la réussite de la greffe, il est nécessaire qu'il y ait, entre le sujet et le greffon, certaines affinités.

On greffe habituellement entre elles les variétés d'une même espèce, les espèces d'un même genre, plus rarement les genres d'une même famille.

Quand on greffe entre genres qui appartiennent à des tribus différentes de la même famille, par exemple l'alliaire sur le chou, la carotte sur le fenouil ou le panais, il peut arriver que le greffon ne fructifie pas.

Influence du sujet sur le greffon. — En général, le greffon conserve ses caractères, quel que soit le sujet.

Cependant la loi n'est pas absolue ; si l'on greffe par exemple la même variété de poirier d'une part sur un poirier, d'autre part sur un cognassier, l'arbre greffé sur cognassier atteint des dimensions moindres, fleurit plus tôt, donne des fruits plus gros et meilleurs.

Lorsque le greffon, mis sur une plante vivace, est *annuel,* il reste annuel sur le sujet vivace et fleurit habituellement plus tard que sur la plante mère.

Souvent on observe des différences de composition entre les

sucs du greffon et ceux de la plante mère. Ainsi le chou de Milan greffé sur le chou-rave a une saveur plus douce ; inversement, le greffon de belladone, sur la pomme de terre comme sujet, communique à cette dernière son atropine.

IV — REJET DE SOUCHE

Quand on coupe la tige de certaines essences forestières au niveau du sol, à un âge variable avec l'espèce, la partie restée en terre peut développer des bourgeons proventifs ou adventifs, appelés *rejets de souche* (fig. 76, p. 86, et fig. 78, p. 87).

Ces rejets peuvent constituer de nouvelles racines ; il se forme ainsi un véritable *bouturage de tige*.

Les *bourgeons proventifs* ou *bourgeons dormants* se trouvent dans l'écorce à l'état rudimentaire et ne s'allongent chaque année que d'une longueur égale à l'épaisseur de l'anneau ligneux annuel.

Une blessure quelconque, la suppression de branches importantes, l'amputation du tronc de l'arbre, les font passer de la vie latente à la vie active. Le fait se produit également quand *on isole* un arbre se trouvant d'abord en massif.

La cause de cette évolution des bourgeons proventifs réside dans l'apport plus grand de substances nutritives ou dans l'action d'une plus vive lumière.

La vitalité des bourgeons proventifs dépend de l'espèce considérée. Ainsi chez le chêne et le charme cette vitalité subsiste jusqu'à quatre-vingts ans et plus.

Les *bourgeons adventifs* au contraire n'appartiennent pas à la constitution primitive du végétal et ne sont pas reliés à la moelle. *Ils s'organisent dans le tissu cicatriciel ou bourrelet de recouvrement formé sur les bords des blessures ou des sections de la tige.*

D'après leur origine et leur position, les rejets adventifs sont évidemment moins solidement reliés à la souche, et par suite plus fragiles que les rejets proventifs (fig. 76, p. 86, et fig. 78, p. 87).

Que les rejets soient proventifs ou adventifs, leur évolution est favorisée par la lumière et par la chaleur.

Leur évolution est plus facile en plein découvert qu'en massif, à l'exposition Sud qu'aux autres expositions.

La production des rejets est d'une importance capitale en sylviculture ; en effet, c'est sur elle qu'est basée l'*exploitation des forêts feuillues en taillis ;* et les taillis constituent la presque totalité des bois feuillus appartenant aux propriétaires particuliers.

Les rejets sont, en général, d'autant plus nombreux que l'arbre est plus jeune.

L'époque de coupe la plus favorable à l'évolution des rejets est la morte saison, de la fin de l'automne au premier printemps.

Quand on veut enlever les écorces pour le tannage, on peut retarder l'abatage jusqu'à la fin de mai. D'après *les recherches de M. Bartet,* ce retard n'a pas d'influence nuisible sur le nombre et la vigueur des rejets :

« La coupe en juin pour le chêne occasionne un déchet déjà très appréciable.

« Pour le hêtre, la coupe en juin augmente le nombre des rejets ; la coupe en avril active leur croissance.

« Chez le charme, comme chez le hêtre, la coupe en pleine foliaison augmente la proportion des rejets d'origine adventive par rapport à ceux d'origine proventive.

« Pour toutes les essences, l'époque la plus défavorable est le milieu d'août.

« Les exploitations à la fin d'août et en septembre sont moins dangereuses, car les rejets n'apparaissent qu'au printemps suivant. »

Il faut s'abstenir d'exploiter par les temps de gelée, car *le bois gelé éclate sous la hache.*

Pour éviter la rupture des racines, on coupe *à la serpe* les perches de moins d'un décimètre de tour, et à la cognée celles dont les dimensions sont supérieures. Dans tous les cas, on ne se sert *jamais de la scie,* qui peut nuire à la production des rejets en déchiquetant la couche cambiale ou assise génératrice.

La section de l'arbre doit être faite *en talus,* c'est-à-dire avec un léger bombement vers le haut, et non pas *en gouttière,* c'est-à-dire en forme de cuvette, où séjourneraient les eaux de pluie.

Il est indispensable que la section soit opérée *aussi près de terre qué possible,* afin que les rejets puissent constituer *des racines nouvelles* au contact du sol. De cette manière le rejet peut *se marcotter* et former un *sujet indépendant.*

L'ensemble des rejets issus d'une même souche s'appelle *cépée* ou *trochée.*

Les sujets d'une même cépée se trouvent groupés autour d'un centre commun ; ils sont courbés à leur base vers l'extérieur.

Il est évident que tout mode d'abatage ayant pour conséquence d'endommager ou de décoller l'écorce empêche l'évolution des rejets proventifs ou adventifs, et amène la ruine du taillis.

V — DRAGEON

Le drageon est un *rejet de racine,* un bourgeon qui se développe sur une racine.

Si ce bourgeon constitue à sa base des racines nouvelles, il peut se former un *pied affranchi,* un nouvel arbre indépendant de la plante mère. C'est une sorte de bouturage naturel de racine.

On constate de nombreux drageons chez le peuplier tremble, l'aune blanc, le robinier faux acacia, le chêne tauzin, le chêne yeuse, l'orme champêtre.

Ils se produisent, le plus souvent, sur les racines horizontales et superficielles, spécialement quand les tiges viennent d'être coupées. Car ils sont dus à une plus grande affluence de substances de réserve et à une intervention plus directe de lumière et de chaleur.

Dans certains taillis, immédiatement après la coupe, on peut voir une énorme quantité de drageons de peuplier tremble ; ils deviennent envahissants au point de faire disparaître les bonnes essences ; précieux quand il s'agit de fixer des terres en érosion dans la montagne, ils sont nuisibles en plaine.

En effet, *chez le peuplier tremble,* ces nombreux drageons croissent tout d'abord avec une extrême rapidité ; de larges feuilles, des couches d'accroissement très épaisses, tout démontre l'exubérance de leur végétation.

Sous leur couvert, les jeunes semis des bonnes essences, chêne, charme, bouleau, sont rapidement étouffés.

Après quelques années, la végétation de ces drageons se ralentit progressivement ; elle devient bientôt presque nulle ; le dépérissement s'accentue ; les feuilles deviennent rares ; les tiges meurent.

Le taillis présente alors des clairières, parfois considérables, dans tous les endroits précédemment envahis par les drageons.

En suivant les racines qui ont émis les drageons, on découvre la cause du phénomène : absence ou insuffisance de nouvelles racines produites depuis la pousse du drageon ; le drageon ne s'est réellement pas affranchi ; l'alimentation donnée par la souche mère a été immédiate et a produit une poussée brusque de végétation ; puis les réserves se sont épuisées ; le drageon, n'ayant pas constitué de racines nouvelles pour une alimentation indépendante, n'a pas tardé à mourir.

Nous avons contrôlé ces faits par des expériences de laboratoire, effectuées sur des boutures de racines de tremble, soit suspendues en milieu humide, soit trempées verticalement dans un milieu liquide, soit disposées en sols artificiels.

1° Racines suspendues verticalement en milieu humide.— Le milieu humide est réalisé par des éprouvettes revêtues à leur intérieur de papier buvard, qui trempe dans un peu d'eau mise au fond des récipients.

Des bouchons ferment hermétiquement les éprouvettes et portent, suspendues à leur centre, les boutures d'expérience.

Ces boutures se trouvent ainsi dans un milieu saturé de vapeur d'eau et favorable au développement des bourgeons et des racines.

On observe un développement considérable de drageons sur toute la longueur des boutures, mais *aucune racine nouvelle.*

2° Racines trempées verticalement par une extrémité dans un milieu liquide.— Des éprouvettes, recouvertes de papier noir, reçoivent les unes de l'eau distillée, les autres des solutions saturées de sulfate de chaux.

Dans chacune on fait tremper des boutures de racines de tremble.

Toutes ces boutures présentent bientôt sur toute leur longueur des drageons ; mais on ne voit *aucune racine nouvelle.*

3° ***Racines disposées en sols artificiels.*** — Les essais en sables siliceux donnent lieu à des observations identiques : *on voit des drageons sur toute la longueur des boutures ; aucune racine nouvelle n'est produite.*

Dans nos conditions d'expériences, les drageons de tremble ne peuvent donc constituer des pieds vivaces, indépendants de la tige-mère ; en pratique, on doit les arracher dans l'exploitation des taillis.

La question de l'indépendance et de la vitalité des tiges ayant pour origine des bourgeons proventifs ou adventifs, des rejets de souches ou des drageons, doit faire l'objet de recherches expérimentales pour chaque espèce végétale. Il faut que l'expérimentation forestière soit la base de la sylviculture.

TABLE DES MATIÈRES

ANATOMIE DE L'ARBRE

I — MORPHOLOGIE EXTERNE

PHYSIOLOGIE DE L'ARBRE

IMPRIMERIE BERGER-LEVRAULT, NANCY-PARIS-STRASBOURG

BERGER-LEVRAULT, LIBRAIRES-ÉDITEURS

NANCY	PARIS	STRASBOURG
18, Rue des Glacis	5, Rue des Beaux-Arts	23, Place Broglie

Analyse et contrôle des Semences forestières. *Des stations d'analyse et de contrôle. Des semences forestières. Prescriptions techniques. Méthodes d'analyse. Règlements,* par M.-A. Fron, inspecteur adjoint des Eaux et Forêts, professeur à l'École forestière des Barres. 1906. Un volume grand in-8 de 134 pages, broché . . . . 3 fr. 50

La Décomposition des matières organiques et les formes d'humus dans leurs rapports avec l'agriculture, par E. Wollny, professeur d'agriculture à l'Université de Heidelberg. Traduit de l'allemand par E. Henry. Préface de L. Grandeau, inspecteur général des stations agronomiques. 1901. Un volume gr. in-8 de 669 pages, avec 52 fig., br. 15 fr.

Préservation des bois contre la pourriture par le sol, les champignons et les insectes. *Recherches sur la valeur comparative de divers antiseptiques,* par Ed. Henry. 1907. Un volume grand in-8, avec 10 planches. . . . . 4 fr.

Notice sur les altérations des bois dues aux champignons *et les moyens de s'en préserver,* par Campa et Martinot-Lagarde, capitaines du génie. 1911. In-8, 44 pages, avec une planche en couleurs in-folio, broché . . . . 2 fr. 50

Traité d'Entomologie forestière, *à l'usage des forestiers, des reboiseurs et des propriétaires de bois,* par A. Barbey, expert forestier, correspondant étranger de la Société nationale d'Agriculture de France. Préface de M. Ed. Henry, sous-directeur de l'École nationale des Eaux et Forêts. 1913. Un volume grand in-8 de 639 pages, avec 350 figures originales et 8 planches hors texte, en couleurs, exécutées par l'auteur, broché. 18 fr.
Relié en percaline gaufrée . . . . 24 fr.

Atlas d'Entomologie forestière, par E. Henry, sous-directeur à l'École nationale des Eaux et Forêts. 2e édition, revue et augmentée. 1903. 49 planches avec texte explicatif. Un volume grand in-8, broché. . . . . 10 fr.

La Forêt. *Son rôle dans la nature et les sociétés,* par A. Jacquot, inspecteur des Eaux et Forêts. Préface de Marcel Prévost, de l'Académie Française. 1911. Un volume grand in-8 de 344 pages, broché sous couverture illustrée . . . . 3 fr. 50
Relié en percaline, tête rouge. . . . . 5 fr.

Pratique raisonnée de la Sylviculture, *à l'usage des propriétaires, régisseurs, marchands de bois et experts,* par P. Bizot de Fonteny, conservateur des Eaux et Forêts. 1919. Volume in-8 . . . . *Net.* 15 fr.

Sylviculture. *Manuel pratique à l'usage des propriétaires fonciers, des régisseurs des domaines forestiers, des reboiseurs et des élèves des écoles d'agriculture,* par A. Jacquot, inspecteur des Eaux et Forêts. Préface de Ed. Henry, sous-directeur de l'École nationale des Eaux et Forêts. 1913. Un volume grand in-8, broché . . . . 5 fr.
Relié en percaline . . . . 6 fr. 50

Traité de Sylviculture, par le Dr Karl Gayer, professeur à l'Université de Munich. Traduit par Étienne Visart de Bocarmé. 1901. Un volume gr. in-8 de 694 pages, relié. 12 fr. 50

Guide pratique de Reboisement, par Th. Rousseau, conservateur des Forêts. 2e édition, revue, corrigée et augmentée. 1890. Volume in-12, broché. . . . . 1 fr. 25

La Sylviculture pratique. *Les boisements productifs en toutes situations. Mise en valeur des sols pauvres,* par Alph. Fillon, inspecteur des Forêts. 1889. Un volume in-12. 3 fr.

Éléments de Sylvonomie. *Économie et politique forestières,* par Paul Descombes, directeur honoraire des manufactures de l'État. Préface de Marcel Prévost, de l'Académie Française. 2e édition. 1919. (Ouvrage couronné par l'Institut.) . . . . 3 fr.

L'Évolution de la Politique forestière, par Paul Descombes. Préface de M. Théophile Schlœsing, membre de l'Institut. 1919. Volume in-12 . . . . 3 fr.

Le Reboisement et le Développement économique de la France, par Paul Descombes. Préface de Raphaël-Georges Lévy, membre de l'Institut. 1918. Volume grand in-8 . 3 fr.

IMPRIMERIE BERGER-LEVRAULT, NANCY-PARIS-STRASBOURG

www.ingramcontent.com/pod-product-compliance
Lightning Source LLC
LaVergne TN
LVHW051104060726
842525LV00003B/770